U0302217

后浪

微生物视野下的生命图景全纪录

ED YONG [英] 埃德·扬 ———— 著 郑李 ———— 译

北京联合出版公司
Beijing United Publishing Co.,Ltd.

献 给 我 的 母 亲

目　录

序　言

动物园之旅

巴巴（Baba）看起来一点儿也不害怕。它不怕把它团团围住的兴奋小孩，而是十分镇定地接受着加州夏日烈阳的炙烤。它也不在意有人拿棉签擦拭它的脸、身体和爪子。这种漫不经心的态度很说得通，因为它就生活在既安全又轻松的环境中。这个小家伙生活在圣迭戈动物园，此时正缠在管理员的腰上。巴巴是一只肚皮雪白的穿山甲，披着一身难以刺透的铠甲。这种惹人喜爱的动物形似食蚁兽和松果的结合体，约莫一只小猫那么大。它漆黑的眼中透着一丝忧郁，脸颊边缘的一圈毛好似山羊胡，粉色的脸颊下方是一截尖尖的、没有牙齿的口鼻——十分适合吸食蚂蚁和白蚁。它的前肢矮壮，爪子又长又弯，可以牢牢地钳住树干、探进昆虫的巢穴；长长的尾巴可以吊在树枝上，也可以圈在好脾气的管理员的腰上。

但它最具特色的是覆满头、身、四肢和尾巴的鳞片。这些浅橙色的鳞片层层叠叠，形成了一件防御力极高的外套。构成这些鳞片的材料和你的指甲一样，都是角蛋白。的确，它们看起来、摸起来都有点儿像指甲，只不过更大、更光亮，像被狠狠地啃过。每片鳞片都很灵活，但又紧密地与皮肤相连。当我顺着它的背摸下去时，鳞片会随着手的走势先陷下去再弹上来；如果逆着摸，我的手很可能被划伤，因为许多鳞片的边缘都非常锋利。巴巴只有肚子、脸和爪子未被鳞片覆盖，所以它大可选择蜷成一团，简简单单地就把柔嫩的部位保护起来。它的英文名Pangolin也与这项能力有关，该词来源于马来语中的*pengguling*，意为“可以卷起来的东西”。

巴巴是圣迭戈动物园的形象大使，它性格温顺，训练得当，能参与各类公众活动。动物园的工作人员常常把巴巴带到福利院、儿童医院等地方，为患病之人带去快乐，并向他们普及关于各类珍稀动物的科学知识。不过，今天是巴巴的休息日，它就缠绕在管理员的腰间，仿佛世界上最奇异的腰带。此时，罗布·奈特（Rob Knight）正用棉签轻轻擦拭它的脸部边缘，边擦边说："我很小的时候就深深地迷上了这种生物，很惊叹世界上居然有这样的东西。"

奈特高高瘦瘦的，理着短平头。他来自新西兰，是一名研究微观生命的学者，一个鉴赏不可见生物的专家。他研究细菌和其他的微观生命体（即微生物），特别着迷于存在于动物体内或体表的微生物。开展研究前，他首先得收集它们。收集蝴蝶的人会用网兜和罐子，奈特的工具则是棉签。他把棉签伸进巴巴的鼻孔，仅仅转上几秒钟，就足以让白色棉签头上沾满来自穿山甲体内的微生物，即使没有上百万之多，也至少有好几千。此时的巴巴看起来丝毫不为所动，即使往它身边扔个炸弹，它恐怕也只会不耐烦地稍微挪几下。

巴巴不仅是一只穿山甲，也是一个携带丰富微生物的聚合体：一些微生物生活在它的体内，绝大多数分布在肠道内，还有一些附着在它的脸部、肚子、爪子和鳞片表面。奈特用棉签依次擦过这些部位。他曾经不止一次地用棉签擦拭自己的身体，因为作为人类，奈特身上也寄宿着微生物群落。我也一样。这个动物园里的每只动物也一样。地球上的所有生物都一样——唯一的例外，是科学家在实验室无菌环境下极其小心地培育出来的极少数动物。

我们身上都仿佛在举办一场盛大的微生物展览，展品统称为微生物组（microbiota或microbiome）。[1]它们生活在我们的皮肤表面、身体内部，甚至是细胞内部。其中大部分是细菌，也有一些是其他的微小生命体，例如真菌（比如酵母）和古菌——后者的身份至今保持神秘，本书的后面部分会再对其加以探讨。还有数量多到难以估量的病毒，它们会感染其他所有的微生物，偶尔也会直接感染宿主细胞。我们看不见这些微小的颗粒，但也不是没可能看到：如果我们的细胞忽然神秘消失，微生物或许会在细胞核外勾勒出淡淡发光的边缘，使我们可以探测到其存在。[2]

在一些情况下，消失的细胞很难被注意到。海绵是结构很简单的动物，其静态的身体从来不超过几个细胞那么厚。即使如此，它们的身上也寄宿着活跃的微生物。[3]有时候，通过显微镜都几乎看不到海绵的本体，因为其上覆满了微生物。结构更简单的扁盘动物几乎就是一张由细胞铺成的薄垫，虽然它们看起来像阿米巴原虫，但也还是动物，即使简单到这种程度也依旧有微生物做伴。数以百万计的蚂蚁个体组成巨大的聚居群落，而每只蚂蚁身上又各自有一个微生物群落。北极熊漫步在北极的冰原之上，举目四周除了冰块别无其他，可实际上，它们周围仍紧紧簇拥着微生物。斑头雁带着微生物飞跃喜马拉雅山，象海豹携微生物游入深海。当尼尔·阿姆斯特朗（Neil Armstrong）和巴兹·奥尔德林（Buzz Aldrin）登上月球时，他们踏出的一小步既是人类的一大步，也是微生物的一大步。

奥逊·威尔斯（Orson Welles）[①]曾经说过："我们孤独地出生，孤独地活着，又孤独地死去。"这句话并不正确。纵使我们"孑然一身"，也绝不孤独。我们以共生（symbiosis，非常棒的专有名词）的状态与许多生命体生活在一起。一些动物在还是未受精的卵子时就被微生物占据并在其中繁衍，还有一些动物在出生的那一瞬间就有了伙伴。在我们的生命历程中，微生物从未缺席：我们吃东西时，它们也吃；我们旅行时，它们也结伴而行；我们死后，它们消化我们。对于我们每个人而言，人体都自成一个动物园——以我们的身体为界，内里附着着无数有机体，每个"我"都是一个混杂着不同物种的集体，每个"我"都是一个广袤的世界。

这些概念可能有些晦涩，毕竟人类已经遍布全球，且踏无止境。我们几乎到过这颗蓝色星球的每个角落，还有人甚至飞离过地球。想象我们的肠道或细胞里自有天地乾坤，身体内部也有若起若伏的体貌风景，这多少有些奇怪。然而事实就是如此。地球表面有各种各样的生态系统：雨林、草原、珊瑚礁、沙漠、盐碱地，每一种系统内都分布着不同的生物种群。而每个动物身上也都分布着不同的生态系统：皮肤、嘴、肠胃、生殖器，以及任何与外界相连的器官——各处都分布着独特的微生物群。[4]我们只能通过卫星俯瞰横跨大洲的生态系统，但生态学家可以使用术语和概念来帮助我们凝视自己体内的微生物群。我们可以谈论微生物的多样性，通过绘制食

① 美国著名电影演员、导演，曾拍摄电影《公民凯恩》。——译者注

物链（网）来描述不同有机体之间的“捕食”关系。我们也能挑出某种关键的微生物——它们能和海獭或狼群一样，对整个环境造成与其数量不成比例的影响。我们可以把致病微生物（即病原体）定性为入侵物种，就像对待海蟾蜍或火蚁。我们可以把炎性肠病患者的内脏比作垂死的珊瑚礁或休耕田：一个受损的生态系统，其内部不同有机体之间的平衡都已打破。

这种相似性意味着，我们观察白蚁、海绵或老鼠时，也相当于在观察自身。它们身上的微生物或许与我们不同，但是都遵循相同的生存规律。与发光菌共生的乌贼只在夜间发光，而我们肠道内的细菌，每日也遵循类似的涨落起止节律。珊瑚礁里的微生物因为经历污染和过度捕捞而变得杀气腾腾，人类肠道中的菌群在不健康的食物或抗生素的侵袭下也会发生奔涌的腹泻。老鼠肠道中的微生物会左右它们的行为，而我们自己肠道内的伙伴也可能潜移默化地影响我们的大脑。通过微生物，我们能够发现自己与大大小小不同物种间的共通之处。没有一个物种独自生存着，所有生命都居于布满微生物的环境之中，持久地往来、互动。微生物也会在动物之间迁移，在人体与土地、水、空气、建筑以及周围的环境之间跋涉，它们使我们彼此相连，也使我们与世界相连。

所有的动物学都是生态学。如果不理解我们身上的微生物，以及我们与微生物之间的共生关系，我们就无法完全理解动物的生命运作。微生物如何丰富和影响了其他动物？只有探究清楚这些问题，我们才能充分认识自己与体内微生物组间的羁绊。我们需要放眼整个动物界，同时也聚焦到隐藏在每个生命体中的生态系统。我们在观察甲虫与大象、海胆与蚯蚓、父母与朋友时，看到的都是由无数细胞组成的个体：由一颗独立的大脑指导行为，通过基因组调控生命活动。但这只是一个便于理解的假想系统。事实上，我们每个人都是一支军团，从来都是“我们”，而不是“我”。忘记奥逊·威尔斯口中的“孤独”吧，请听从沃尔特·惠特曼（Walt Whitman）的诗语：“我辽阔博大，我包罗万象。”[5]

1

生命的岛屿

地球已经存在了45.4亿年。这个时间跨度漫长得令人难以产生直观的感受，因此，我们不妨把整个星球的历史浓缩为一年。[1]此刻，就在你读到这一页的瞬间是12月31日，午夜的钟声即将敲响（很幸运，人类已于9秒前发明了火药），人类本身也才存在了不到30分钟。恐龙直到12月26日前还在统治世界，然而当天有一颗小行星撞击了地球，除了鸟类，恐龙家族全都死于一旦。12月上旬逐步演化出了被子植物与哺乳动物。植物于11月占据陆地。此时，海洋中也出现了大部分动物。植物与动物都由许多细胞组成，而10月伊始，类似的多细胞生物肯定已经存在——事实上，它们有可能在那之前就已出现，只是数量很稀少（现有的化石证据较为模糊，有待进一步研究和解读）。10月之前，地球上几乎所有的活物都只由单个细胞构成，不为肉眼所见——不过那时候谁也没有眼睛。自3月的某一刻起，生命初现，而且直到10月，它们都一直维持着单细胞的模样。

请允许我再强调一遍：所有我们熟悉的可见的生命体，所有当我们提起“自然”一词时会联想到的种种迹象，在**生命**的历史中都是后来者，都是终曲的一部分。而在地球生命的大半段演化进程中，微生物都是唯一的存在形式。从这份虚拟日历的3月到10月，它们都是地球上绝对的主角。

可也就是在这段时间内，它们为地球带来了不可逆转的变化。细菌肥沃了土壤，分解了污染物，驱动了地球表面的碳、氮、硫、磷循环，把这些元素转换成了可以为动植物利用的化合物，再分解有机体，把这些元素送回各路循环。它们通过光合作用利用太阳能，成为地球上第一批能自己制造食物的有机体。它们把氧气作为代谢废气排出体外，彻底且永久地改变了地球的大气组成。多亏了它们，我们才能生活在一个富含氧气的世界中。直到今天，我们呼吸的氧气至少有一半都贡献自海洋中能进行光合作用的细菌；此外，它们还能固着同等数量的二氧化碳。[2]有人认为，我们正处在所谓的人类世（Anthropocene），即一个新的地质时期，因人类活动对地球造成的巨大影响而得名。你也可以用相同的逻辑声明，我们现在依然身处微生物世（Microbiocene）：该时期始自生命曙光乍现之时，将一直持续到生命消逝为止。

微生物的确无处不在。你能在最深的海沟，甚至岩层下寻得它们的踪迹。无论是在热液喷涌的海底热泉，还是在沸腾的地热温泉，抑或是在南极洲的冰层之中，它们都顽强地生存着。即使在云端也能寻见它们的踪影，因为微生物可以充当雨雪形成的凝结核。它们的数量是一个天文数字。实际上，“天文数字”都不足以给它们计数：可以说，你肠道里的微生物，甚至多过银河系中的天体。[3]

在这个世界上，动物起源于微生物，为微生物所覆盖，经微生物而改变。古生物学家安德鲁·诺尔（Andrew Knoll）曾经说过：“动物就像整个演化蛋糕上的糖霜，细菌才是糖霜下的蛋糕本体。”[4]它们从来都是生态系统的一部分，我们自身的演化也在它们之间进行，而且可以说，我们就演化自它们。所有动物都属于真核生物，这其中包括所有的植物、真菌和藻类。不论物种间差距多大，所有真核生物的细胞都拥有相同的基本结构，也正是这种结构把它们与其他类别的生物区分开来。这种细胞内的所有DNA都包裹在一个细胞核内，这也是“真核”之名的由来。细胞内部的“骨架”为细胞提供支撑，同时把分子运往各处。细胞内部还含有形如大豆的线粒体，为细胞提供能量。

所有真核生物都共享这些特征，我们可以追溯到20亿年前的一位共同祖先。在那之前，地球上的生命分属两大阵营（也称“域”）：一类是众所周知的细菌，另一类是不为人熟知的古菌（喜欢生活在不适宜的极端环境中）。这两类生命体都只由一个细胞构成，没有真核生物那么复杂。它们没有内部结构、没有细胞核，也没有提供能量的线粒体（其中的原因很快会揭晓）。从外表看，二者十分相像，这也是为什么科学家最初认为古菌也是细菌。但是外表具有欺骗性，从生物化学的角度分析，细菌和古菌之间的差异就好似比较PC和Mac操作系统。

从地球上最初出现生命后的25亿年内，细菌和古菌的演化路径完全不同。可是在某个决定命运的时刻，一个细菌不知为何忽然被另一个古菌吞并，失去了自由身，永久地困在了后者的内部。许多科学家认为这就是真核生物的起源。这是我们的创世故事：两个伟大的生命域走到了一起，在有史以来最伟大的共生事件中，创造出了第三个生命域。古菌提供了真核细胞的基本架构，细菌则最终转变成了线粒体。[5]

所有的真核生物都起源于那一次改变命运的结合。这也解释了为什么我们基因组中的许多基因继承了古菌的特征，而另一些基因则更像是细菌的，以及为什么我们所有的细胞中都含有线粒体。这些被驯服的细菌改变了一切，它们为细胞提供更多能量，让真核细胞长得更大、聚集更多的基因、变得更加复杂。这还解释了生物化学家尼克·莱恩（Nick Lane）为何会称其为“生物学中心的黑洞”。简单的细菌、古菌细胞和复杂的真核细胞之间横亘着一条巨大的鸿沟。在漫长的40亿年间，生命抓准这次结合，终于越过鸿沟，走上了更伟大的演化之路。但自那之后，不计其数的细菌和古菌继续极速演化，却没能再次创造出一个真核细胞。这怎么可能呢？从眼睛到鳞片再到由众多细胞构成的身体，所有这些结构都能在不同的生境下独立演化，可真核细胞真的只经历了那么一次“灵光乍现”。莱恩和其他的生物学家认为，古菌与细菌的那一次结合，成功概率微乎其微，所以之后一直都没能复现，至少再没有成功复现过。但正因为那一次结合，两个小小的微生物战胜了概率，促生了一切植物、动物，以及所有肉眼可见（或者说所有拥有肉眼）的生物。当然它们也促生了我，以及我写作这本书的缘由；也促生了你，使你能够读到本书。在我们的虚拟日历中，这次结合大约发生在7月中旬，而本书接下去要写的，是自那之后所发生的事。

自地球上演化出真核细胞之后，它们中的一些便开始合作、聚集，如动植物这样的多细胞生物相继诞生。从那时起，生命体的体型逐步变大，大到足够把大量细菌和微生物囊括进体内。[6]微生物多到数不清。之前学界普遍认为，如果忽略个体差异不计，每个人体内的微生物与细胞数量的比例约为10∶1。但是这个在各类书籍、杂志、演讲以及几乎所有相关科学评论中广为流传的比例，却是一个不可靠的猜测，就好像是在信封背面潦草算得的结果，最终却不幸地成了一个不容打破的事实。[7]最新的估算结果显示，人体内大约有30万亿个细胞，微生物的数量大约为39万亿——二者相差不多。这个数字也不太准确，但没关系：无论怎么计算，我们都确实“包罗万象”。

如果把皮肤置于显微镜之下，我们便可以亲眼看到微生物：有的是球状的小圆珠，有的是形如香肠的棒状体，有的则像逗号形状的豆子——每个微生物的长宽都只有数百万分之一米。它们太小了，即使数量众多，加起来也不过几千克重。把几十个微生物并排放在一起，宽度还不及一根头发的直径。一颗小小的针尖，就能为数百万微生物提供广阔的舞台。

不借助显微镜的话，我们大部分人都没法直接看到这些微型的有机体。我们只会注意到它们带来的影响，尤其是负面结果。我们能感受到肠胃发炎时的绞痛，也能听到不受控制的巨大喷嚏声。我们肉眼看不到结核杆菌（*Mycobacterium tuberculosis*），但我们能看到肺结核病人咳出的血丝。鼠疫杆菌（*Yersinia pestis*）是另一种肉眼不可见的细菌，但它造成的大规模瘟疫却把血淋淋的真实直呈我们眼底。这些引发疾病的微生物（又称病原体）在人类历史上造成过太多伤害，刻下了不可磨灭的文化伤痕。许多人依然把微生物视为病菌，认为它们会给人类带来唯恐避之不及的疫病，所以必须不惜一切代价地严密防治。报纸上总是时不时地刊登耸人听闻的报道，比如我们每天使用的东西都沾满了细菌，键盘、手机、门把手上无处不有，好可怕！比马桶圈上的细菌还多！言下之意是，这些微生物污染着我们的生活，它们的存在就象征着污秽、肮脏、疾病。这种刻板印象其实非常不公平，大部分微生物并不是病原体，也不会让我们得病。世界上只有不到

100种细菌能让人类患上传染性疾病，[8]与之对比，我们肠道中的数千种微生物，绝大多数都不会带来危害。它们充其量不过是常规乘客或临时搭便车的，往好了说还会为人体带去不计其数的益处。它们不是带走生命的死神，而是助益生命的守护神。它们像隐藏的器官，与胃和眼睛一样重要，只不过它们由万亿个个体集合而成，不是一个统一的聚合体。

微生物比人体的任何一个部位或器官都全能。一个人的细胞大约携带了2万到2.5万个基因，而人体内的微生物基因数量是这个数字的500多倍。[9]基因的多样性加上极快的演化速度，使微生物成了生物化学领域的专家，能够适应任何可能出现的环境变化。它们帮助我们消化食物，并释出我们在其他地方很难得到的营养。它们能生产我们无法通过食物获取的维生素和矿物质，还能分解有毒有害的化学物质。有利于人体健康的微生物会利用数量优势挤走有害的微生物，或者分泌杀灭后者的化学物质，从而保护我们。它们产生的物质会影响我们身上的气味。它们还是我们生命中不可或缺的存在，我们把许多生命运作环节都“外包”给它们处理。它们指导我们身体的构建，通过释放分子和信号引导器官形成；训练我们的免疫系统，教会后者区分敌我；影响神经系统的发育，甚至可能影响我们的行为。它们为我们的生命做出了多种多样且影响深远的贡献，不曾漏掉任何一个角落。一旦忽略了它们，我们观察生命的视野就会像透过钥匙孔窥看一样狭窄。

本书会为你彻底打开这扇大门。人体如一个不可思议的宇宙，我们可以在其中尽情探索。我们将从人类与微生物结盟的起源，一直见识到它们通过打破直觉的方式形塑我们的身体与日常生活，以及人类保证它们正常运作、保持与它们合作的小窍门。我们会看到，人类如何因为一时的疏忽而打破了与微生物之间的和谐关系，而这又会如何破坏人体的健康。我们将探究如何通过调控微生物来修复这些问题，从而造福人类自身。我们也会读到许多科学家的故事，这些快乐、充满想象力且无比勤奋的人，把自己的生命投入研究微生物的事业之中，即使面对蔑视、解雇和失败也不轻言放弃。

除了关注人类，本书还把目光投注到整个动物界。[10]我们会了解到，微生物如何赐予动物非凡的能力、提供演化的机遇，甚至改变基因。比如戴胜，它们有着锄头一样的喙和虎皮一样的羽色，其尾脂腺能分泌出一种富含细菌的油腺，涂布于蛋的表面；这其中含有可以产生抗生素的细菌，能防止有害的微生物穿透蛋壳，从而保护里面的雏鸟。切叶蚁的体表也覆有一种能够产生抗生素的微生物，可以杀死它们在地下染上的真菌。河豚浑身是刺，吸入空气会全身膨大；它们会利用一种细菌来特制体内的河豚毒素，这种毒素十分致命，试图捕食它们只有死路一条。马铃薯叶甲（*Leptinotarsa decemlineata*）是土豆田里的主要害虫，以植物为食；植物受到伤害后会分泌防御物质，而叶甲的唾液中恰好含有一种可以抵消这类物质的细菌。天竺鲷是一种体表带有斑马纹的鱼，它们携带着一种发光细菌，用以吸引猎物。蚁蛉是一种捕食性昆虫，长着可怕的颌部；它们咬到猎物后会通过唾液中的细菌分泌一种毒素，使猎物动弹不得。某些线虫会向昆虫体内注入有毒的发光细菌，杀死后者；[11]还有些线虫会掘进植物细胞的内部，用从微生物里“偷”来的基因捣乱，给农业造成巨大的损失。

我们与微生物之间的联盟一次又一次地改变了动物的演化过程，也改变了我们周围的世界。其实要认识这种合作关系的重要性，最简单的方法就是想象没有它们的状况：那样的世界会变成什么模样？如果这个星球上所有的微生物都突然消失，好处是不会再有传染病，许多害虫也会挣扎着死去。不过仅限于此。牛、羊、羚羊、鹿等食草哺乳动物都会纷纷饿死，因为它们完全依赖于体内的微生物来分解所食植物中的坚韧纤维。非洲草原上的兽群会消失。白蚁也同样依赖于微生物提供的消化功能，所以它们也将消失。而以白蚁为食的大型动物，以及寄住在白蚁堆里的其他动物也会不复存在。食物中一旦缺少细菌来补充所需的营养物质，蚜虫、蝉，以及其他吸食植物汁液的昆虫也将灭亡。许多深海蠕虫、贝类等都依赖于细菌提供维持生命的能量，如果没有微生物，它们也会死去，黝黯深海世界中的整张食物网都会崩溃。浅海的情况不会好太多。浅海中的珊瑚必须依赖于微型藻类和极其多样的细菌才能生存；没了微生物，它们将变得尤为脆弱。曾经壮观的珊瑚礁会受到腐蚀并褪得惨白，所有仰赖于它们而存在的其他生命也将受到威胁。

奇怪的是，人类会没事。对其他动物而言，彻底灭菌意味着快速死亡，而我们人类却可以坚持几个星期、几个月，甚至好几年。我们的健康最终可能会受到影响，但除此之外，我们还要面临更严峻的问题。没了作为腐朽之王的微生物，垃圾和废弃物将迅速堆积。和其他食草哺乳动物一样，我们的牲畜也将死去，作物也会遭殃：没有微生物为植物提供氮，地球表面的植被将经历灾难性的衰灭。（由于本书专注于讨论动物，所以我先在这里向各位植物爱好者诚挚地说声抱歉。）微生物学家杰克·吉尔伯特（Jack Gilbert）和乔什·诺伊费尔德（Josh Neufeld）认真地开展过这个“如果没有微生物，地球会怎样”的思维实验，[12]他们得出如下结论：“我们预计，只需一年左右的时间，食物供应链就会彻底瘫痪，人类社会将完全崩溃。地球上的大多数物种会灭绝，而幸存下来的物种，其数量也将大大减少。”

微生物非常重要，我们之前都忽视、害怕、厌恶它们，现在却是时候重拾对它们的欣赏。如果再不重视，我们对自身生命运作的理解将变得十分贫瘠。我想在本书中展示动物王国的真实面貌，深入了解我们与微生物的伙伴关系，然后我们会发现，这个世界比以往所知的更加奇妙。过去，伟大的博物学家为我们记录下了现在广为人知的自然志，而我的目标是写作一部全新的自然志，以期在过去的基础上更深入地揭示自然的奥秘。

1854年3月，一位名叫阿尔弗雷德·拉塞尔·华莱士（Alfred Russel Wallace）的31岁英国人来到马来西亚和印度尼西亚群岛，开始了历时八年的史诗级跋涉之旅。[13]他看到毛色炽烈的红毛猩猩、在树上跳跃的袋鼠、羽色华美的天堂鸟、硕大的鸟翼蝶，还看到了獠牙直冲到鼻子上面的鹿豚，长着降落伞状脚蹼、在树与树之间滑翔的树蛙。华莱士尽全力抓捕、猎杀自己看到的奇异物种，最终收集到了数量惊人的标本，合计超过12.5万件：贝壳，植物，钉在托盘上的数以千计的昆虫，经过剥制、填充或保存在酒精里的鸟类和哺乳动物。而且，不同于许多同时代的博物学家，华莱士还精心地为所有标本贴上标签，记录下采集标本的具体地点。

这很关键。华莱士正是从这些细节中总结出了特定的规律。他注意到，就生活在某一地方的动物而言，即使属于同一物种，其内部也存在诸多变异。他发现，一些岛屿拥有自己的特有物种。从巴厘岛向东航行仅35千米就可到达龙目岛，可是龙目岛上丝毫见不到亚洲动物的身影，目之所及都是迥然不同的大洋洲动物，就仿佛有一道无形的屏障分隔了两座岛屿（这一屏障后来被命名为“华莱士线”）。如今，华莱士被誉为生物地理学之父，而该学科研究的恰恰是物种出没的地点。但正如戴维·奎曼（David Quammen）在《渡渡鸟之歌》中写到的：“与其他善于思考的科学家一样，生物地理学家不止追问‘这是哪个物种’或者‘它们分布在哪里’，还会着重探究‘为什么会在那里’，以及更重要的，为什么某个物种‘不在那里’。”[14]

微生物研究的开启也经历了类似的过程。人们首先为微生物编目：它们也许发现自不同的动物，也许来自同一种动物的不同部位。哪种微生物生活在哪里？为什么？为什么不生活在别处？只有了解微生物的生物地理学，我们才能更深入地了解它们的贡献和影响。华莱士通过大量的观察和采集到的标本，最终得出了左右生物学研究进程的见解：物种会变化。“每个物种出现的地理位置与年代，都与先于它存在的相似物种非常一致。”他反复地写到这一点，有时还会用斜体强调。[15]通过生存竞争，适者得以存活、繁殖，并把有利性状传递给后代。也就是说，它们通过自然选择而演化。这或许是科学史上最重要的顿悟之一。一切都始于对世界持续的好奇，始于探究自然的意愿，也始于一种天赋：能敏锐地捕捉到物种与地点之间存在的联系。

华莱士并不是唯一一位奔波于世界各地的自然探索者，还有很多其他的博物学家在记录和整理丰富的自然万物。查尔斯·达尔文（Charles Darwin）随小猎犬号环游世界，在历时5年的航程中，他途经阿根廷时发现了大地懒和犰狳的化石，在加拉帕戈斯群岛与巨龟、海鬣蜥以及外形各异的嘲鸫相遇。达尔文的大脑因为丰富的野外经验和收集到的多样物种而触发了灵感；他独立于华莱士开展研究，却不约而同地产生了同样的想法：演化论——一个随后与达尔文的名字永远绑定在一起的名词。托马斯·亨利·赫胥黎（Thomas Henry Huxley）因为激进地捍卫自然选择理论而享有“达尔文的斗犬”之称，他也曾远航到澳大利亚和新几内亚，在那里研究海洋无脊椎动物。植物学家约瑟夫·胡克（Joseph Hooker）曾辗转前往南极洲，沿途采集各类植物。距离我们更近的还有E. O. 威尔逊（E. O. Wilson），这位在美拉尼西亚悉心研究蚂蚁的学者，之后以此为基础撰写了一部生物地理学教科书。

人们常以为，这些传奇科学家把注意力完全放在肉眼可见的动植物上，而无视了隐藏在背后的微生物世界。但这种指责并不完全正确。达尔文肯定采集过被大风刮到小猎犬号甲板上的微生物〔一种他称之为“滴虫”（infusoria）的生物〕，他甚至还与当时微生物界的领军学者通信。[16]但仅凭当时手头已有的工具，他只能深入到这种地步而已。

相比之下，今天的科学家可以采集细菌样本，分解、提取DNA，并通过基因测序对它们加以识别和分类。通过这种方式，这些科学家化身为现代的达尔文和华莱士。他们可以从不同的地点采集、识别标本，并提出最基本的问题：这是什么物种？分布在哪里？他们也可以沿用生物地理学的研究思路，只是把理论应用在了尺寸更小的微生物世界之上。轻擦动物的棉签取代了捕捉蝴蝶的网兜，解读基因的过程就仿佛翻阅野外工作指南。在动物园待上一下午，从一个笼子走到另一个笼子，就仿佛乘坐小猎犬号从一座岛屿航向另一座岛屿。

达尔文、华莱士与他们同时代的人都特别着迷于岛屿，理由很简单，如果想找到最光怪陆离、最华丽、最不可思议的动物，那么岛屿绝对是最佳选择。它们与大陆隔离，边界明确、面积有限，生物得以迅速演化。比起绵延广阔的大陆，岛屿上的生物学模式更容易明显且集中地体现各种特点。不过，“岛屿”也不单指被水域包围的一片陆地。对微生物而言，每个宿主其实都是一座岛屿，一个被虚空包围的世界。当我在圣迭戈动物园伸手抚摸巴巴的时候，我的手臂就像一条木筏，把微生物从一座人形岛屿输送给另一座穿山甲形岛屿。一个遭到霍乱侵袭的成年人，就像被外来蛇类入侵的关岛。没有人是一座孤岛？①事实并非如此：从细菌的角度看，每个人都是一座岛屿。[17]

我们每个人都有自己独特的微生物组，它们会受到以下因素的形塑：遗

① 出自约翰·多恩的《没有人是一座孤岛》，余光中译。——译者注

传基因、居住环境、药物和食物、年龄，甚至包括握过手的那些人。从微生物角度来看，我们既很相似，又很不同。当微生物学家开始为人类微生物组编目时，他们希望发现一个“核心”的微生物组，即每个人都拥有的一组微生物。但现在无法确定，是否存在这样的一组“核心”。[18]有些物种比较常见，但并非无处不在。如果的确有“核心”组，那么也应该是功能层面的，而不是生物机体层面的。微生物会参与部分生理功能，比如消化与营养转化，或特定的代谢过程——但参与其中的并不总是同一种微生物。放眼全球各地，你可以注意到相同的趋势。在新西兰，几维鸟在枯枝落叶间翻找虫子，英国的獾也有同样的行为。老虎和云豹在苏门答腊岛的森林里逡巡，跟踪在猎物身后伺机捕食；而在没有猫科动物的马达加斯加，这一生态位由一种名为马岛长尾狸猫①的巨大食肉猫鼬占据；同时，在科莫多岛，一种巨大的蜥蜴在当地扮演着顶级捕食者的角色。不同的岛屿，不同的动物种类，但是做着同样的事情。这里的“岛屿”指的可能是巨大的陆块，也可以指人。

事实上，每个人更像是一条岛链。身体的每个部位都有自己的微生物群，就像加拉帕戈斯群岛的各座岛屿上都分布着特有的乌龟和雀类。人体皮肤上的微生物主要有丙酸杆菌、棒状杆菌和葡萄球菌，在肠道中居主导地位的是拟杆菌，阴道中的则是乳酸杆菌，霸占口腔的是链球菌。每个器官的不同部位也分布着不一样的微生物。生活在小肠开端的微生物和直肠中的大有不同。牙菌斑沿牙龈线分布，而牙龈线上方和下方的也有所不同。就皮肤而言，面部和胸部“油田”里的微生物、腹股沟和腋下的微生物，以及占据前臂和手掌上干燥“沙漠”的微生物，都千差万别。说到手掌，右手和左手只有1/6的微生物是相同的。[19]同一个人不同身体部位之间的差异，远甚于不同人同一部位之间的比较结果。换言之，你前臂上的细菌和我前臂上的差不了太多，但如果和你自己嘴里的相比，那可就差远了。

微生物组会随着空间的变化而变化，也会随着时间的变化而变化。婴

---

① 马岛长尾狸猫（*Cryptoprocta ferox*），又名马岛獴。名字中虽然含有“狸猫”，但和猫没关系，实际属于食蚁狸科（*Eupleridae*）。——译者注

儿一出生就离开了母亲子宫内的无菌世界，会立刻被她阴道内的微生物定植；新生儿体内几乎3/4的菌株都可以直接追溯到母亲。接下来，新生儿会经历一段飞速发展时期，会从父母和周围环境中获得新的菌种，他们的肠道微生物群也逐渐变得更加多元。[20]优势菌种此消彼长：由于婴儿饮食结构的改变，像双歧杆菌这样的母乳消化专家，会逐渐让位给主要以碳水化合物为食的拟杆菌。微生物的种类在变，它们在肠道内施展的搞怪把戏也日益丰富。它们开始制造不同的维生素，解锁消化成人食物的能力。

这是一个动荡的时期，但各阶段依旧可以预测。想象一片最近被大火燃尽的森林，或者大海中一座新近隆起的岛屿。首先，诸如地衣和苔藓这样的初等植物会很快覆盖其上；接着是小草和小型灌木；随后，高大的树木拔地而起。生态学家称该过程为“演替”，微生物也会经历相似的过程。从婴儿的肠道菌群演替到成人的肠道状态，一般都会花上一至三年不等的时间，然后保持稳定。这些微生物组可能每天都会变动，白天和晚上，甚至餐前餐后都会有所不同；但相比早期，之后的波动都可谓很小。成人微生物组的动态变化处在一个恒定的背景之下。[21]

不同动物体内的菌群，其演替模式也各有不同，而在这之中，人类可算是比较挑剔的宿主。我们不只任由落在身上的微生物生根繁殖，也会主动地选择微生物伙伴。本书之后会深入介绍其中的挑选技巧，读者朋友现在只需简单地稍加了解：人类的微生物组与黑猩猩、大猩猩的不同，这种区别就像婆罗洲的雨林（分布着红毛猩猩、婆罗洲侏儒象、长臂猿）不同于马达加斯加（分布着狐猴、马岛长尾狸猫、变色龙）或新几内亚（分布着天堂鸟、树袋鼠、食火鸡）。科学家用棉签擦拭过动物表皮、测序微生物的基因，通过这种方式探究整个动物王国：大熊猫、小袋鼠、科莫多巨蜥、海豚、懒猴、蚯蚓、水蛭、大黄蜂、蝉、管虫、蚜虫、北极熊、儒艮、蟒蛇、鳄鱼、舌蝇、企鹅、鸮鹦鹉、牡蛎、水豚、吸血蝙蝠、海鬣蜥、杜鹃、火鸡、美洲鹫、狒狒、黏虫，等等。科学家也以同样的方法测序过各种各样的人类菌群：婴儿、早产婴儿、儿童、成年人、老年人、孕妇、双胞胎、美国和中国的城市居民、布基纳法索和马拉维的农民、喀麦隆和坦桑尼亚的狩猎采集部落、从来没与外界接触过的亚马孙部落、瘦子和胖子，以及完全健康的人和病人。

现在，这类研究正在蓬勃发展。尽管微生物科学已有上百年的历史，但过去几十年可谓一日千里。这既有赖于技术的进步，也因为人们开始逐渐认识到微生物的重要性——尤其在医疗领域。它们如此广泛地影响着我们的身体，能决定人体如何对疫苗产生反应，决定孩子能从食物中吸取多少营养，还能决定癌症患者使用的药物会产生怎样的效果。许多疾病或身体状况的变化，比如肥胖、哮喘、结肠癌、糖尿病、自闭症等，都伴随着体内微生物的变化。这表明，微生物的变化最起码可以作为疾病的标志，严重的甚至可能是直接的病因。如果事出后者，那么我们也许能够通过调整自身的微生物组而大幅提高健康水平，例如增加或者减少微生物种类，把一个人的整个菌群移植到另一人身上，或者直接人工合成。我们甚至可以调控其他动物的微生物组，使它们为我们所用：比如，针对那些导致可怕热带疾病的寄生虫，我们可以打破它们与所携带微生物的伙伴关系，让它们不再有能力折磨我们；或者建立起新的共生关系，让蚊子自身抗击登革热病毒。

微生物领域的研究仍处在迅速的变化之中，依然被不确定性、不可预测性以及不断的争论所笼罩。我们甚至鉴别不出体内的许多微生物，更别提厘清它们对我们生活和健康的具体影响。但无论如何，该领域都令人兴奋！就好像我们踏着巨浪奔向前方无垠的大海，这可比已经拍打上岸的前浪精彩多了。成百上千名科学家正是这波巨浪中的弄潮儿。大量的科研资金纷纷汇入微生物领域，相关论文的数量呈指数级上升。微生物一直统治着这个星球，但现在它们正以前所未有的速度成为前沿潮流。“该领域曾如一潭死水，现在却备受青睐，”生物学家玛格丽特·麦克福尔-恩盖（Margaret McFall-Ngai）表示，“人们意识到微生物才是宇宙的中心，该领域发展得越来越蓬勃，见证这样的变化真是太有趣了。我们现在知道，微生物形塑了生物圈中不同物种之间的巨大差异。它们与动物紧密共生，动物的生命活动是通过与微生物的相互作用而形成的。在我看来，这是生物学继达尔文之后最重要的学科革命。”

也有批评者表示，现有的研究质量与微生物领域的热度严重不符，很多都与集邮没什么差别。的确，我们知道哪些微生物生活在穿山甲的面部、哪些生活在人体的肠道内，但这只回答了“哪个物种”和“在哪里”的问题，而没有回答“为什么”或“如何”。为什么某些微生物生活在某些动物体内，却没有生活在人体内？或者，某种微生物为什么生活在少数几个人身上，而不是每个人？再或者，为什么某种微生物生活在某些身体部位，而没有分布在其他部位？为什么我们会看到现在这样的微生物模式？这些模式是怎样形成的？微生物如何找到并进入宿主？伙伴关系是如何确立的？开始共生后，微生物和宿主怎样改变彼此？如果打破这种合作关系，它们会如何应对？

这些都是微生物领域正在试图回答的深刻问题。我会在本书中告诉大家，我们已经在这条探索之路上走了多远；如果能彻底了解并操控微生物，我们将拥有多么广阔的前景；以及，要实现这个愿景，我们还必须做什么。我们现在已经意识到，这些问题只能通过收集小块数据来回答，就像达尔文和华莱士在极富革命性的远航中所做的那样。“集邮”很重要。“即使达尔文的日记只是一部科学游记，其中只遍数了丰富多彩的生物和地点，根本没有提出什么演化理论，”戴维·奎曼写道，[22]“这个理论也终会降临。”在理论诞生之前，我们需要收集、分类、编目，需要付出各种艰苦劳动。罗布·奈特解释道：“面对一片未知的新大陆，你若想了解这里‘为什么’会有这些东西、它们为什么在这儿，首先你需要找出它们在哪儿。”

奈特第一次来圣迭戈动物园时，就抱着这样的探索精神。他想用棉签擦拭各种哺乳动物的面部和皮肤，研究它们的微生物组特征，以及这些微生物的代谢产物——这些化学物质构成了微生物生活和演化的环境，不单单表明有哪些微生物，更透露出它们的生命活动。调查并记录代谢产物，就如同统计整座城市的艺术、美食、发明和出口商品，并不仅仅是简单的普查。奈特最近正在尝试研究人的脸部代谢，他发现如防晒剂和面霜这样的日化用品，完全覆盖了天然的微生物代谢产物。[23]解决方案是擦拭动物的面部。毕竟，穿山甲巴巴从不护肤。“我们也希望得到口腔中的微生物样本，”奈特说道，“也许还有阴道的。”我惊讶地抬了抬眉毛。“为了照顾猎豹和大熊猫的繁殖，这里安置了冰柜，里面放满了阴道拭子。”他化解了我的疑惑。

动物园管理员向我们展示了一处被裸滨鼠占据的地盘，一群裸滨鼠在一组相互连接的塑料管间上蹿下跳。它们的外表明显不惹人喜爱，活像长了牙齿的皱皮香肠。而且它们的确非常奇怪：对疼痛不敏感、抗癌症、寿命极长，极不善于控制自己的体温，精子多畸形、不健全。它们像蚂蚁一样以群落聚居，有类似于蚁后和工蚁的分工。它们还会挖洞，这也吸引了奈特的好奇。他刚申请到一笔经费，用于研究拥有共同性状或生活方式的动物，探究它们身上的微生物组：地下挖洞的、天上飞的、水中游的、能适应冷热环境的，甚至是拥有智能的。奈特说：“现在还只是个假说，但核心设想是，为了让你获得做很多奇特事情的能量，你身上的微生物会提前适应。”这当然还只是推测，但并不牵强。微生物为动物打开了很多扇大门，给予后者各种各样的生存可能，使它们能够实现本不可能的存活方式。动物养成相同的习惯后，它们的微生物也会趋同。例如，奈特和同事曾经发现，穿山甲、犰狳、食蚁兽、土豚和土狼（一种鬣狗科动物）等以蚂蚁为食的哺乳动物，都拥有相似的肠道微生物，即使它们已经各自独立演化了差不多1亿年。[24]

我们路过一群猫鼬的地盘，它们有些警觉地立着身子，有些则聚在一起玩耍。那位“孤独的女士”——也是这群猫鼬的女统领者——是奈特唯一可能去擦拭的对象。但她年纪太大，心脏也不太好。这并不少见。猫鼬有时会攻击其他猫鼬的幼崽或遗弃自己的幼崽，一旦出现这种情况，动物园便会介入，然后人工喂养这些幼崽。虽然它们可以生存下来，但管理员告诉我们，不知什么原因，它们长大后往往都会出现心脏问题。“这很有意思，你了解猫鼬的母乳吗？”奈特问我，因为哺乳动物的乳汁中含有婴儿无法消化的特殊糖类，但某些微生物却可以消化它们。当母亲用母乳喂养孩子时，她不只喂养了孩子本身，还给孩子喂了第一撮微生物，并确保这些“开拓者”顺利地定居在婴儿的肠道内。奈特想知道，这是否同样适用于猫鼬。这些被遗弃的幼崽在开启自己的生命历程时，是否因为没有受到母亲的母乳喂养而不幸地摄取了错误的微生物呢？这些生命早期的变化和扰动，是否也会影响晚年的健康？

奈特手头的部分项目，旨在提高动物园动物的健康水平。我们路过一个笼子，里面满是银色乌叶猴。这种美丽的动物身披青灰色毛发，面部的绒毛像过电一般蓬起。他告诉我，有些圈养的猴子会频繁地患上结肠炎，有些则不会。他推测，很可能是因为它们体内的微生物不同。在人体内部，伴随炎症性肠道疾病而来的，通常是某些过度繁殖的细菌；这些细菌会刺激免疫系统反应，而与此同时，抑制免疫反应的细菌又数量过少。肥胖、糖尿病、哮喘、过敏、结肠癌等其他病症也表现出类似的模式。人们以生态学的视角重新审视这些健康问题，发现不是哪个微生物出错了，而是整组微生物转变到了不健康的状态，即共生关系出了问题。如果的确是这些微生物组的变化导致了各种病症，那么应该可以通过调控微生物的组成比例来恢复健康。即使是某种疾病导致了微生物组的改变，我们依旧可以在症状突显之前，通过检查微生物的变化而给出较为精确的诊断。这也是奈特希望在这些乌叶猴身上看到的结果。他比较了不同物种中患结肠炎的病体与健康的个体，试图找出患病的标志，从而争取在出现明显症状前就精准诊断。这样的研究可能还有助于我们理解：人类患有炎症性肠病时，肠道内的微生物是如何变化的。

最后，我们走进里屋。一些动物被暂时安置在这里，远离公众视野。其中一个笼子里关着个大家伙：长约90厘米，黑色毛皮，外形像黄鼠狼，面部像熊。这是一头熊狸：一种身形巨大、毛茸茸的灵猫科动物——杰拉尔德·达雷尔（Gerald Durrell）[1]形容它“好似粗制滥造的炉前毯”。管理员估计我们可以很容易地用棉签擦拭它的脸部和脚，但好戏还在后头。熊狸的肛门两侧有一个嗅腺，能分泌出热爆米花的味道。这种气味很可能也拜细菌所赐。科学家已经描述过许多动物通过微生物产生气味的特性，比如獾、

① 英国著名的动物保育者，精通生物学与文学创作，曾著有《希腊三部曲》，荣获英国女王颁发的不列颠帝国勋章。——译者注

大象、猫鼬、鬣狗等均长有气味腺。熊狸正等着我们！

“我们可以擦拭它的肛门吗？”我问道。

管理员看着笼中那个看起来被吓得不轻的家伙，慢慢地转向我们，幽幽地说道：“我觉得……可能不太行。”

我们透过微生物观察动物王国时，即使面对再熟悉的生活场景，也会获得惊奇的新发现。当鬣狗在一株草上摩擦它尾部的腺体时，微生物便为它写下了“自传”，供其他鬣狗阅读。当猫鼬妈妈用母乳喂养幼崽时，微生物正在它们的肚子里建立一个全新的世界。犰狳吸满一口蚂蚁囫囵吞下肚后，它其实还摄入了一个由上万亿细菌组成的微生物群体，后者也反过来为犰狳提供能量。生病的叶猴或人类，很像一片藻类过多而富营养化的湖泊，或是一块杂草肆虐的草场——是生态系统出了问题。我们的生命会受到强大外力的深远影响，而这种外力正居于我们体内：与我们相比，成万上亿的微生物是如此不同，但又在很大程度上与我们融为一体。气味、健康、消化、成长，以及其他许多我们曾经认为完全独立发展自“个体”的特质，其实是宿主和微生物斡旋交涉的复杂结果。

那么，了解这些状况后，我们该如何定义“个体”呢？[25]从解剖学角度出发，个体就是一个特定“身体”的主人，而你不得不承认，微生物也和这个身体共享同一空间。你还可以尝试从发育的角度定义，那么一个个体的一切均源于一颗受精卵。但这个定义也不普适，因为如乌贼和斑马鱼等动物不仅在自身的基因调控下塑造身体，其体内的微生物也发挥了重要作用——这些动物在无菌条件下无法正常成长。所以你可以再从生理学角度提出定义，个体由各种组织与器官组成，整体的运作仰赖于各部位的良好配合。的确是这样，可是又如何用这一定义去解释昆虫的生命运作呢？它们必须依靠细菌和细菌宿主分泌的酶才能共同制造出维持生命运转的营养物质，而这些微生物的确是整体的一部分，而且是不可或缺的一部分。如果从遗传学角度提出定义呢？那么个体就是由一组拥有相同基因的细胞构成的整体，可是推广到所有物种上时依旧会面临类似的局限。

动物都有各自的基因组，但也带有许多微生物的基因组，而这些基因组会影响动物的生存和发育。在某些情况下，微生物基因可以永久地渗入宿主的基因组。所以，真的可以把微生物和宿主动物区分看待吗？可行的选项已经所剩无几，也许可以试着把这一辨别任务交给免疫系统，因为它的存在就是为了区分入侵者和我们自身，即为“我”与“他者”划界。但这也并不完全正确。我们接下来会看到，我们体内常驻的微生物帮助我们建立了免疫系统，并使免疫系统包容它们的存在。无论从哪个角度探索这个问题，微生物的存在都颠覆了我们过往认知中的“个体”概念，它们甚至进一步塑造了每个个体的独特性。你的基因组很大程度上与我的一样，但我们的微生物组可能迥异（病毒组的差异更大）。或许，比起“我包罗万象”，“我就是万象”是更恰当的表述。

这些概念可能令人深感不安。独立、自由意志和身份是人类生命的核心要素。微生物组先驱戴维·雷尔曼（David Relman）曾指出，“失去自我认同、自我认同所产生的幻象、有‘被外人控制’的经历”等，都是罹患精神疾病的潜在迹象。[26]“最近关于共生关系的研究引起了人们极大的兴趣和关注，这不足为奇，”但他也补充道，“（这样的研究）正体现了生物学之美。我们是社会生物，因此会寻求理解其他生物体与我们之间的联系。共生便是生物充分得益于协作和亲密关系的极佳示例。”

我同意。共生关系仿佛一条把地球上所有生命联结起来的暗线。为什么像人类和细菌这样如此不同的有机体可以一起生存、合作？因为我们拥有共同的祖先，用相同的编码方法存储DNA信息，都把ATP分子作为通用的能量货币。所有生命都一样。想象一个培根生菜番茄三明治：从生菜、西红柿、提供培根的猪，到烤面包用到的酵母，再到必定落在三明治表面的微生物，每个部位的分子都在讲同一种语言。就像荷兰生物学家阿尔伯特·扬·克鲁维（Albert Jan Kluyver）曾说过的：“从大象到丁酸菌，全都一样！”

一旦了解到不同生物是多么相似，以及动物与微生物之间的关系能多么深入，我们对世界的观察和理解就会丰富到远超想象。对此我深有感触。

我从小就热爱自然，书架上堆满了野生动物纪录片与关于猫鼬、蜘蛛、变色龙、海蜇和恐龙等各种动物知识的书籍。但这些书影从未谈及微生物如何影响、提升、指导宿主的生命过程，所以它们都不完整：就好似没有框的油画，表面没有覆盖糖霜的蛋糕，抑或是没有麦卡特尼相伴左右的约翰·列侬。现在我发现，一切生物的生命都有赖于这些肉眼看不见的微生物：它们与生物共存，但生物自身意识不到；它们赋予，甚至有时候还决定生物的生存能力。它们在这颗星球上的生存历史，比任何生物都长。这样的视角转变令人晕眩，但同时打开了绚烂的新世界。

在我记事之前（或是在还不知道不应该爬进巨龟笼子的时候），我就是动物园的常客。但与奈特（和巴巴）的这次圣迭戈动物园之旅，让我有了截然不同的认识。虽然动物园依旧色彩斑斓、喧闹十足，但我意识到，这里的大部分生命是看不见，也听不到的。一些微生物容器付钱买票、穿过大门，看向笼子里另一些四处走动、形状不同的微生物容器。上万亿的微生物乘着羽毛覆盖的身体飞过鸟舍，另一些则成群招摇地爬过树枝、穿过天窗。一大群细菌挤在那条黑色炉前毯的尾部，释放出一股热爆米花味。这是一个生机勃勃的世界该有的样子，虽然我现在无法通过肉眼看到它们，但它们终将可见。

2
显微镜之眼

细菌无处不在，但若只用肉眼观察，那么在哪儿都看不到它们。不过有少数几个例外：比如费氏刺骨鱼菌（*Epulopiscium fishelsoni*），这是一种只生活在褐斑刺尾鲷内脏里的细菌，大概有一个句号那么大。但如果不借助相关工具，对人类的肉眼而言，其他绝大多数细菌都是不可见的。这也意味着，在很长一段时间内，根本没人看到过它们。根据第一章中设置的虚拟日历（即将地球历史浓缩在一年之内），细菌最早出现在3月中旬。事实上，它们统治地球期间，任何东西都很难说是具有意识的，更谈不上注意到微生物的存在。在一年即将结束的几秒前，有人打破了它们的"隐身"状态。一名好奇的荷兰人异想天开地想透过手中那个全世界质量最好的手造镜头，观察眼前的一滴水珠。

1632年，安东尼·列文虎克（Antony van Leeuwenhoek）出生在荷兰的代尔夫特市（Delft）。那是一个热闹的外贸枢纽城市，布满了运河、树木以及鹅卵石小道。[1]白天，列文虎克在政府担任官员，同时经营着一间小杂货铺；晚上则在家中磨制镜片。在当时的代尔夫特，镜片制作可是一门好生意，因为荷兰人不久前刚发明了复式显微镜和望远镜。透过镜头上的那块小圆玻璃，科学家能够通过肉眼观察以前对他们来说太远或者太小的对象。英国的通才罗伯特·胡克（Robert Hooke）便是其中之一，他热衷于观察一切微小的事物：跳蚤、黏在毛发上的虱子、针头、孔雀羽毛，还有罂粟籽。1665年，他梳理了自己的发现，并配上了非常华丽且十分详尽的插图，最终结集出版了一部名为《显微图谱》（*Micrographia*）的著作。此书甫一出版便在英国畅销，可谓小物件赶上了大时代。

不同于胡克，列文虎克从没上过大学，算不上是一名训练有素的科学家，而且只会讲荷兰语，也不会使用学术界通用的拉丁文。即便如此，他还是通过自学习得了制造镜片的技术，水平之精湛无人可比。关于他所掌握的技术，具体细节尚不清楚，但简单而言，他把一块玲珑的小玻璃磨成了平滑、完美的对称透镜，直径不足2毫米，然后把它夹在一对矩形的黄铜片之间。随后，他把标本钉在透镜前的一颗针头上，并用几颗螺丝微调透镜的位置。这台显微镜看起来像一块漂亮的门铰链，实际上不比一个可调节距离的放大镜强多少。列文虎克只有把它凑到自己眼前，保持几乎碰上脸的距离，才能眯缝着眼睛、透过微小的镜头进行观察，而且最好还得在光线充足的条件下。与胡克极力推崇并亲自使用的多透镜复合显微镜相比，这个单镜头显微镜真的非常难用。但是在更高的放大倍率下，列文虎克的这台显微镜能生成更清晰的图像。胡克使用的显微镜能够放大20至50倍，列文虎克的则能达到270倍。毫无疑问，这是那个年代全世界最棒的显微镜。

但是列文虎克不仅仅是一名“出色的显微镜制造者”，我们可以在阿尔玛·史密斯·佩恩（Alma Smith Payne）的著作《克利尔的观察者》（*The Cleere Observer*）中看到，“他还是一位出色的显微镜专家（microscopist），也就是使用显微镜的能人”。他记录下一切，一遍遍地反复观察，系统地开展实验。虽然他只是一名业余的科学家，但以科学方法探究问题对他来说几乎是本能——就像一位训练有素的科学家，任由自己的好奇心在大千世界中驰骋。透过显微镜，他观察了动物的皮毛、苍蝇的头、木材、种子、鲸的肌肉、脱落的死皮、牛的眼睛，等等。他看到有如神迹一般的东西，并把它们展示给朋友、家人，以及代尔夫特的学者。

其中有一位名叫雷尼尔·德·格拉夫（Regnier de Graaf）的医师，他是英国皇家学会会员。皇家学会的总部设在伦敦，是一个新近成立的颇有名望的科学公会。在他眼中，列文虎克的显微镜“水平远超迄今面世的所有显微镜”，并把列文虎克引荐给其他博学的同事，并恳求他们与列文虎克取得联系。学会秘书兼学界领头期刊的编辑亨利·奥尔登堡（Henry Oldenburg），真的照格拉夫说的去做了，最终还翻译出版了列文虎克这个外行人的几封非正式信件，其中涉及对红细胞、植物组织和虱子内部结构的描述。列文虎克的行文杂乱得扰人，但却以极其严谨的态度提供了无与伦比的细节。

之后，列文虎克用显微镜观察了一些水，更准确地说，是取自代尔夫特附近的博克尔瑟湖（Berkelse Mere）的湖水。他用玻璃细管从湖中吸取了一些浑浊的液体，放在自己的显微镜前。他看到了一个充满生命的世界：宛如“绿色小云彩”的水藻，成千上万的微小生物在镜头下舞动。[2]“大部分微型动物（animalcules）都在水中迅速地移动，上上下下、不停转圈，真是奇妙极了，”他写道，“根据我的判断，其中一些微小生物，甚至可能不及我在奶酪外皮上看到的最小霉点的千分之一。”[3]这些便是原生动物，其中所包含的生物体十分多样，囊括了阿米巴原虫（又称变形虫）等单细胞真核生物。列文虎克成了第一个看到它们的人。[4]

1675年，列文虎克在自己的房子外面放了一把蓝色的小壶，用来收集供显微镜观察的雨水。取到雨水进行观察后，映入眼帘的是又一个可爱的动物园。他看到蛇形的东西不断蜷曲、伸展，还有“长着不同形状的小脚”的椭圆状东西——这些都是原生动物。他还看到一类更小的生物，比虱子眼睛的千分之一还小，它们的“转身速度迅疾无比”——细菌！他接着观察了收集自不同地方的水：书房、楼顶、代尔夫特的运河、附近的海水，还有花园里的井水。这些微型动物无处不在。原来，大量生命存在于我们肉眼看不到的地方，远远超出人类的感知范围，只有这一个人通过最精妙的镜头才得以目睹它们的真面目。正如历史学家道格拉斯·安德森（Douglas Anderson）写到的：“他透过镜头看到的几乎所有东西，都是人类首次目击到的。”但为什么他最先选择观察水呢？究竟是什么迷住了他、让他用小壶收集雨水并仔细观察？类似的问题，也可以提给整部微生物研究史中的许多人——这些人，是想到要去看一看的人。

1676年10月，列文虎克把他观察到的东西报告给了英国皇家学会。[5]他送出的所有公函，都截然不同于发表在学术期刊上的古板科学论述。列文虎克递交的材料中充斥着邻里八卦，甚至还有他自己的健康报告。（安德森笑称:“他需要建一个博客。”)比如,10月的信件记录了代尔夫特那年夏天的天气。不过除此之外,里面也详尽地描述了微型动物的各种细节,着实令人着迷。它们“小得令人难以置信;不,不仅如此,据我亲眼观察,即使把100个这样极小的动物首尾相连地排成一列,可能都没有一颗谷粒或一粒粗沙子长;如果真是这样,那么这些小活物,每个的体积大小可能大约只有一颗谷粒或者粗沙粒的一百万分之一那么大。”(他后来指出,沙粒大概长0.3毫米,那么这些“极小的动物”大约只有3微米长。这个数字已经很接近细菌真实的平均长度了,可见列文虎克的计算结果惊人地准确。)

如果有人突然声称他看到了你看不到的奇妙生物,而且此前从没有人亲眼看到过,你会相信他吗?奥尔登堡当然有他的疑虑,他对列文虎克早先关于微型动物的描述也持有类似的怀疑。但是,他依然于1677年出版了列文虎克的信件。在尼克·莱恩看来,此举堪称“体现科学开明怀疑精神的非凡里程碑”。不过,奥尔登堡还是谨慎地加上了一条注释:皇家学会希望获取列文虎克实验方法的详细信息,以便让其他人能够重复实验、确认这些意外发现。列文虎克并没有完全照做。他对自己的镜头制作技术讳莫如深。他并不希望透露制作机密,因此只向一名公证人、一名律师、一名医生,以及其他颇具声誉的绅士展示了这些微型动物,再由这些人向英国皇家学会保证:列文虎克的发现是可靠的。与此同时,也有其他显微镜制造者试图重复他的工作,然而均告失败。即使强大如胡克也挣扎着尝试过,最后还是不得不采用他手里那台讨厌的单镜头显微镜,才终告成功。由此,他证明了列文虎克的正确性,也最终夯实了这位荷兰人的声誉。1680年,这个从未接受过科学训练的布商当选了英国皇家学会院士。因为他还是不会读拉丁文和英文,所以皇家学会只好同意用荷兰语撰写他的院士聘书。

继成为第一个看到微生物的人之后,列文虎克又成了第一个看到自身携带的微生物的人。1683年,他注意到自己的牙齿间卡着某种白色的糊状斑块。出于习惯,他取下这些斑块,放在显微镜下观察。他看到了更多移动的生物,“极漂亮的移动”!修长的、如鱼雷般的棒状物“像梭子一样”在水中穿梭,还有一些小一点的生物,像陀螺一样转个不停。他记录道:

“今天我嘴巴里的生物数量，可比我们荷兰共和国的所有居民还多。”他把这些微生物画了下来，为它们创建了简单明快的形象。这些图像后来成了微生物界的“蒙娜丽莎”。他研究了代尔夫特当地居民嘴巴里的微生物：两个女人，一个8岁大的孩子，还有一个以从不刷牙而远近闻名的老男人。列文虎克还往自己的口腔碎屑中添加酒醋，然后看到微型动物纷纷死去——这是史上第一次抗菌消毒。

列文虎克于1723年去世，享年90岁。当时，他已是英国皇家学会最负盛名的成员。他把一个黑色的漆柜赠予皇家学会，里面放置的正是那26台不可思议的显微镜，剩下的则是整整一柜子标本。奇怪的是，这个柜子后来不见了，而且再没找到过。这是一项十分惨痛的损失，因为列文虎克从未把自己制作显微镜的具体方法告诉过其他任何人。他在一封信中抱怨道，学生更感兴趣的是金钱或名声，而不是“寻找隐藏在视野以外的事物”。“一千个人中很少有一个人能够胜任这项研究，因为它既占用很多时间，也需要花费大量金钱，”他感叹道，“更重要的是，大多数人都没有这份好奇心。不，有些人甚至都没有勇气明说：知道这些能为我们带来什么呢？不知道又能怎样？”[6]

他的态度几乎粉碎了自己留下的所有遗产。透过其他的劣质显微镜，别人什么也看不见，或者最多只能臆想出一些碎片。人们对微生物的兴趣日益减退。18世纪30年代，卡尔·林奈（Carl Linnaeus）开始分类命名所有的生命体，他把所有的微生物集中分入了“混沌属”（*Chaos*）和“蠕虫门”（Vermes）。直到一个半世纪后，人们才发现了微生物世界，并开始认真地探索。

如今，人们普遍把微生物与污垢、疾病联系在一起：如果你向某人揭示其口腔中的“万象”，对方大概会恶心反胃吧。列文虎克对微生物却毫不反感。成千上万的小东西？在他的饮用水里？在他的嘴里？在大家的嘴里？这多么激动人心！他似乎从未怀疑微生物可能会引发疾病，至少他没有在自己的著作中表现出来。的确，他的著作有个很大的特点，那就是很少粗略地加以推断。其他学者就没有这么克制。1762年，维也纳一位名叫马库斯·普兰西兹（Marcus Plenciz）的医生声称，微小的生命体可以在体内繁殖倍增，再通过空气传播，进而引发疾病。他很有预见性地总结道："每种疾病的致病源都是一种微生物。"但很可惜，他拿不出证据，没能说服他人相信：这些微不足道的小生物其实拥有显著的影响力。甚至有批评家说："我不会再花力气去驳斥这些荒谬的假设了，实在是浪费时间。"[7]

19世纪中叶，微生物研究出现了一些改变。这要归功于一位名叫路易·巴斯德（Louis Pasteur）的人。[8]这个极度自信、不惮与他人辩论的法国化学家，接连证明了细菌会令酒变味、让肉腐烂。他辩称，既然细菌可以促进发酵和腐烂，那么它们也很有可能导致疾病。之前早有普兰西兹等人倡导类似的"细菌论"，但仍饱受争议。当时更普遍的看法是，疾病是由不洁的空气或者腐烂物质释放的某种"瘴气"所致。1865年，巴斯德证明了"细菌论"的正确性。当时，蚕身上的两种疾病深深地困扰着法国丝绸业，而巴斯德发现，这两种疾病均由微生物所致。巴斯德隔离了受到感染的卵，成功地阻止了疾病的传播，挽救了整个丝绸产业。

与此同时，一场炭疽病席卷了德国当地的某处农场，感染了不少动物。一位名叫罗伯特·科赫（Robert Koch）的医师正致力于解决这个问题。其他的科学家已经在感染者的身体组织内发现了一种名为炭疽杆菌的细菌。1876年，科赫把这种细菌注入小鼠体内，结果小鼠死了。接着他又从小鼠尸体中提取细菌，再注入另一只小鼠体内——这只小鼠也死了。他执着地在20多代小鼠的身上重复这个残酷的过程，每次结果都一样。科赫的实验明确表明，炭疽病是由细菌引起的。疾病的"细菌论"是正确的。

这一次对微生物的重新发现影响很大，而且被立即等同于死亡的化身。它们是细菌，是病原体，是会带来瘟疫的东西。在科赫研究炭疽病后不到20年，他和其他许多人都陆续发现导致麻风病、淋病、伤寒、肺结核、霍乱、白喉、破伤风和鼠疫的细菌。与列文虎克成功地发现微生物一样，新工具为新的研究指明了方向：更好的镜片，在凝胶状的琼脂上培养微生物，以及新的着色技术，都可以帮助人们更好地使用显微镜发现和识别细菌。刚识别出细菌不久，人们就长驱直入，直奔消灭它们而去。受巴斯德的启发，英国外科医生约瑟夫·利斯特（Joseph Lister）开始把灭菌技术应用到医疗实践中，强制诊所职员用化学试剂彻底清洁和消毒双手、仪器，以及手术室，保证无数患者不受肆虐的细菌感染。另外也有人在探求阻挡细菌的手段，旨在更好地治疗疾病、改善卫生条件、保存食物。细菌学成了一门应用科学，而研究微生物就是为了驱除或消灭它们。

这一波微生物大发现的浪潮，恰好发生在达尔文1859年出版《物种起源》之后。微生物学家勒内·杜博（René Dubos）写道："这是一次历史的巧合，细菌理论刚好在盛行达尔文主义的伟大时代得到发展。根据达尔文主义的解读，生物与生物之间的相互作用都是生存斗争，因此必须敌我分明，不允许存在模糊地带……之后所有试图控制微生物疾病的努力，一开始就被这种认识主导，并激发了人类对微生物的敌意，使前者对后者发起进攻，力图从患病个体与群体中彻底消灭微生物。"[9]

这种认识持续至今。随便走进一家图书馆，取下一本微生物教材扔出窗外，依然很容易吓到路人。如果我把本书中与有益微生物有关的书页全部撕下来递给别人，在他们眼中，这依旧是一叠令人心生厌恶的纸张。疾病与死亡的叙事，仍然主导着我们今日对微生物的看法。

在这个领域中，一些细菌理论家一个接一个地识别出致命病菌，在聚光灯下大出风头；但还有一些生物学家在学术边缘地带辛勤工作，最终用另一种方式揭示了微生物的又一面真相。

荷兰人马丁努斯·贝杰林克（Martinus Beijerinck）是第一位展现这些"次要部分"之重要性的生物学家。他平日深居简出，性情粗暴，很不受他人待见。他不爱和人打交道，只与少数几位同事关系较近；他对当时风头正劲的医学微生物学兴趣寥寥。[10]他对疾病不感兴趣，更想研究在自然条件下生存的微生物：土壤、水环境、植物的根部。1888年，他发现细菌可以固定空气中的氮，然后把它们转化成能为植物所用的氨；之后，他分离出一个菌种，该菌种有助于促进土壤和大气间的硫循环。这项工作使微生物研究得以在贝杰林克所在的城市——代尔夫特重生。两个世纪前，正是在同一座城市，列文虎克第一次亲眼确证了细菌的存在。贝杰林克与其他几位科研界的知音，如俄罗斯的谢尔盖·维诺格拉茨基（Sergei Winogradsky）等一起创立了新的代尔夫特学派，并自称“微生物生态学家”（microbial ecologists）。他们发现，虽然微生物会对人类构成威胁，但它们也是自然界的重要组成部分。

彼时的报纸上开始涌现关于“好细菌”的报道。这些好细菌滋养土壤，催化酒与乳制品发酵。一部1910年的教科书这样写道：“每个人都关注的‘坏细菌’，实际上它们只是细菌界的一个特殊分支，仅占一小部分，而且从广义上而言，它们的实际影响微乎其微。”[11]这本教科书还表示，大多数细菌会帮助分解腐烂的有机物，让营养元素重新进入循环、重返自然。“这并不是在耸人听闻，如果没有（它们）……地球上所有的生命必定会消失”。

20世纪初，其他微生物学家也意识到，许多微生物会同时寄宿在动植物与其他肉眼可见的有机体上。人们逐渐发现，地衣（附着生长在墙壁、石头、树皮和树干上的彩色斑点）是一种复合有机体，由寄宿在真菌上的微藻组成，其中微藻为宿主提供营养，以此来交换矿物质和水分。[12]海葵和扁形虫等动物细胞也含有藻类，木虱身上也寄宿着细菌。人们长期以来都认为，附着在树根上的真菌是寄生虫，但后来却发现它们与树互相合作：真菌为树供氮，树为真菌提供碳水化合物。

这种伙伴关系得到了一个新的专有名词：共生（其词源由希腊语的“共同”和“生存”构成）。[13]这个词本身是中性的，可以用来描述任何形式的共存。如果一方受益、另一方付出代价，二者就构成寄生关系（parasite）〔如果会引起疾病，那么其中一方就是病原体（pathogen）〕。如果一方受益，且不影响宿主，那就是共栖关系（commensal）。如果寄宿者反过来有益于宿主，二者就构成互助关系（mutualist）。所有这些共存类型，都归属在共生范畴内。

不过，这些概念出现的时间不太合适。在达尔文主义的强势影响下，生物学家讨论的是优胜劣汰、适者生存，还有大自然中鲜血淋漓的各路爪牙。托马斯·亨利·赫胥黎把动物世界比作一场“角斗士的表演”。因此，在满是冲突和竞争的解释框架内，强调合作与团队协作的共生观念很难找到合适的位置，而且也不契合微生物留给人们的邪恶印象。后巴斯德时代，微生物已成为疾病的标志，它们的缺席与否则成为衡量机体健康程度的标准。1884年，弗雷德里希·布洛赫曼（Friedrich Blochmann）第一次看到弓背蚁身上的细菌。那时盛行一种非常反直觉的想法，即认为寄居于人体的微生物无害于健康。布洛赫曼不得不在文字上下功夫，避免透露它们的真实身份。[14]“细胞质小棒（plasma rodlets）”，他这样称呼它们，或者是“非常可疑的纤维状卵质”。他历经数年的严格研究，终于在1887年明确表态：“我们不得不宣布，这些小棒其实是细菌，除此之外很难再有别的解释。”

与此同时，其他科学家也已经注意到，人类和其他动物的内脏中也含有众多共生菌，它们并没有导致显著的疾病或腐败，只是作为所谓的“正常菌群”栖居在人体内。“随着动物的出现……不可避免地，细菌会时不时地被动物摄入体内。”内脏研究先驱亚瑟·艾萨克·肯德尔（Arthur Isaac Kendall）写道。[15]人体只是细菌的另一处栖息地，而肯德尔认为，应该好好地研究人体的微生物，而不只是单纯地消灭或抑制它们。不过，说起来容易做起来难。即使是那时的研究者，也已经很清楚地知道，我们体内存在着大量微生物，数量多到令人沮丧。发现大肠杆菌（*E. coli*，后来成了重要的实验材料）的西奥多·埃希里希（Theodor Escherich）曾表示：“研究、分辨各种随机出现在正常粪便和肠道中的细菌，这项工作看起来毫无意义，也令人心生怀疑，因为肠道环境仿佛受着一千个巧合的调控。”[16]

尽管如此，埃希里希和他的同辈人已经尽己所能。他们分别确定了猫、狗、狼、老虎、狮子、马、牛、绵羊、山羊、大象、骆驼以及人类等动物各自的细菌特征，此时距离微生物组成为流行语还有一个世纪之遥。[17]他们勾勒出了人类微生物生态系统的基础，甚至比1935年提出的生态系统（ecosystem）还早了几十年。他们让人们认识到：从出生的那一刻起，微生物就开始在我们体内积累，并且在各个器官中占据优势的微生物各有不同。他们也了解到，肠道中的微生物特别丰富，而且会随动物摄食的不同而变化。1909年，肯德尔把肠道形容为“完美的细菌孵化器”，而这些细菌“不会主动破坏人类的正常生理活动”。[18]当宿主抵抗力下降，它们可能会伺机引发疾病；但在一般情况下，它们大多无害。

它们可能有益于宿主吗？讽刺的是，在与微生物漫长战斗中打头阵的巴斯德，竟然给出了肯定的答复。他认为，细菌可能有益于宿主，甚至可能是必不可少的：比如，人们都知道牛胃能够消化植物纤维素，然后转化成营养丰富、易于牛吸收的氨基酸。肯德尔提出，人体肠道中的微生物可能帮助宿主与外来细菌战斗，防止它们占领人体的肠道（虽然他怀疑细菌的消化作用）。[19]俄罗斯的诺贝尔奖获得者埃利·梅奇尼科夫（Élie Metchnikoff）把这种看法发挥到了极致。他曾被形容为“陀思妥耶夫斯基小说中一个歇斯底里的角色”，[20]他的身上体现出了极强的自我矛盾：作为一个深度的悲观主义者，他曾至少两次试图自杀，但却写下了一部名为《延寿：关于乐观主义的研究》（*The Prolongation of Life: Optimistic Studies*）的著作。在这本出版于1908年的书里，他把自己的矛盾投射进了微生物的世界。

一方面，梅奇尼科夫认为肠道细菌会产生引发疾病和促进衰老的毒素，这是“导致人类短命的主要原因”；而另一方面，他又相信一些微生物可以延长寿命。就后者而言，他曾受到保加利亚农民的启发。这些农民经常饮用发酵变酸的牛奶，都能轻松活过100岁。梅奇尼科夫把这两个特点联系起来。发酵乳中含有细菌，其中包括由他命名的保加利亚杆菌（*Bulgarian bacillus*）。这些细菌产生乳酸，杀死那些农民肠道中“致人短命”的有害细菌。梅奇尼科夫坚信这个想法的正确性，并开始定期大量饮用酸牛奶。其他很多人因为十分相信梅奇尼科夫，也纷纷开始效仿。〔他的此番断言，让结肠造口术风靡一时。著名作家奥尔德斯·赫胥黎（Aldous Huxley）也经梅奇尼科夫的启发，在《夏来夏去》（*After Many a Summer*）中描写了一位好莱坞大亨：他给自己灌入鲤鱼肠子来改变肠道中的微生物，试图实现永生。〕当然，人类饮用发酵乳制品已有几千年的历史，但现在，人们一边喝一边还惦记着微生物。梅奇尼科夫71岁时死于心脏衰竭，而这股潮流却在他死后延续了很长时间。

尽管有肯德尔、梅奇尼科夫等人的努力，但有关人体和动物体内共生细菌的研究，却被越来越重视病原体的趋势压垮。公共卫生部门开始鼓励人们用抗菌产品给身体和周边的物品彻底消毒，创造一个极其卫生的环境。与此同时，科学家发现了抗生素（可以将病菌和其附带物全部消灭干净），并开始大规模制造生产。终于，我们有了打败这些微小敌人的机会。可是，共生菌的研究也由此陷入了长时间的停滞状态，一直持续到20世纪后半叶。1938年，一本关于细菌学的详细历史记录出版，但其中没有一句提到寄生在我们体内的微生物。[21]该领域当时的顶尖教科书把一个单独的章节分配给了该主题，但讲的主要是如何区分它们与病原体——只有在必须与"更有趣"的同类加以区分时，生命体内的共生细菌才会受到人们的关注。即使有科学家研究细菌，也只是为了更好地理解其他有机体。基因的表达是如何开启的、能量是如何存储的等诸多生物化学问题，在原理上都是相通的，因此适用于整棵生命树上的任何生物。科学家希望通过研究大肠杆菌来更好地了解大象。细菌成了"普世生命的极简替身"，历史学家芬克·桑戈德伊（Funke Sangodeyi）曾这样写道："微生物学成了科学的侍女。"[22]

微生物学走向显学的道路十分漫长。新技术提供了一些帮助，包括培养厌氧菌的手段。在动物内脏中占绝大部分的厌氧菌是非常重要的微生物，但在此之前，科学家很难获得它们，当然也不可能开展大规模研究。[23]人们对于微生物的态度也有所改变。这得感谢代尔夫特学派的微生物生态学家。他们意识到，不应该把细菌看作单个的个体而孤零零地放进试管研究，而应该把它们视为生活在各个栖息地（即宿主动物）中的群落来研究。当时，在例如牙科和皮肤科等边缘医学分支，人们开始研究相应器官中的微生物生态学。[24]桑戈德伊写道：他们"把自己的工作置于当时的主流微生物研究的对立面"。但是，这些学者都是在相互孤立的不同领域中开展研究的。例如，植物学家研究植物微生物，动物学家攻克动物微生物。微生物学分裂成多个小领域，因此各领域的点滴努力很容易被忽视。没有一个紧密联系的科学家共同体去研究微生物的共生现象，也没有一个领域能给他们机会发话。本着共生精神，必须有人把这个领域的零碎部件组装成一个更大的整体。

西奥多·罗斯伯里（Theodor Rosebury）是一名口腔微生物学家，他于1928年开始统合人类微生物群系的研究工作。历时30余年，他收集自己能找到的每一项相关研究，最终于1962年把这些细碎的丝线织成了一张结实的挂毯：他撰写了一本具有开创性的大部头专著，《人类原生微生物》（*Microorganisms Indigenous to Man*）。[25]“据我所知，还没有别人尝试过写这样一本书，”他写道，“事实上，这似乎是第一次……把这个课题视为一个有机整体。”他写得很对。这本书细节丰富，涉猎广泛，是该领域的先行者。[26]他十分详细地描写了每个身体部位的常见细菌，还论述了婴儿出生后被微生物定植的过程：他认为，微生物可能在这个过程中产生维生素和抗生素，防止病原体在婴儿体内引起感染。他表示，使用抗生素后，微生物会恢复到正常比例，但长期使用可能导致体内产生永久不可逆的变化。他说的大部分都正确。“我们忽视了许多曾经受到过关注的微生物，人类从未正眼瞧过它们中的大多数，”他写道，“写这本书的目的之一，就是还原它们本来的面目。”

罗斯伯里的书大获成功，而他的统合工作也为原本步履蹒跚的研究领域注入了一剂强心针，许多新研究随之喷涌而出。[27]后来者纷纷用自己的贡献扩大该领域的影响力，其中就有一位充满魅力的美国人。他出生在法国，名为勒内·杜博，早早地就为自己挣得了名声。他效仿代尔夫特学派，用生态学方法研究土壤中的微生物，并从这些微生物中分离出了一种引领抗生素时代的药物。不过，在杜博看来，他的药物不是杀掉微生物的武器，而是“驯化”微生物的工具。即使后来转向肺结核和肺炎研究，他也尽量不用敌对眼光看待微生物，还尽量避免任何对立于细菌的隐喻式表述。在杜博的内心深处，自己是一名纯然的自然爱好者，而微生物正是自然的一部分。他的传记作者苏珊·莫伯格（Susan Moberg）写道：“面对一个具有生命的有机体，只有通过研究它与其他一切事物的关系，才能彻底理解它。这是他一生的信条。”[28]

他看到微生物的共生价值，为人们忽视它们的益处而深感失望。“微生物可以帮助人类，对公众而言，这种认识有着前所未有的吸引力。人们曾经先入为主地相信，微生物十分危险，甚至会威胁我们的生命；而他们现在意识到，微生物是我们赖以生存的生力军，”他写道，“战争的历史总是比合作的历史更吸引人。鼠疫、霍乱、黄热病都被写成了故事，排成了戏剧，拍成了电影，但却没有人漂亮地讲出肠道和胃部微生物发挥有益作用的故事。”[29]他与同事德韦恩·萨维奇（Dwayne Savage）和拉塞尔·夏德乐（Russell Schaedler）一起讲出了他们的研究故事。他们指出，用抗生素消灭原生菌种后，有害的菌种变成了霸主。他们研究了在无菌条件下培养起来的小鼠，发现这些小鼠更短命，成长速度也更缓慢，内脏和免疫系统都发育异常，且更容易因为压力或病菌而受到感染。他写道：“在动物和人类的发育和生理活动中，有几种微生物发挥了至关重要的作用。”[30]

但是杜博知道，他只窥见了冰山一角。他写道：“可以肯定的是，（人类目前识别出的细菌）只是全部微生物中很小的一部分，也不是最重要的。”剩下的——也许有99%之多——没法在实验室条件下生长。“没办法培育”成了当时阻碍微生物研究发展的巨大障碍。自列文虎克起，人们虽然有诸多新发现，但微生物学家对大部分有待研究的微生物仍一无所知。强大的显微镜解决不了当时面临的问题，微生物培育技术也解决不了。研究者亟须找到一种截然不同的方法。

20世纪60年代末，年轻的美国科学家卡尔·乌斯（Carl Woese）开始了一项古怪但非常精专的小研究：他收集了不同种的细菌，分析了一种存在于所有收集到的细菌中的核糖体分子——16S rRNA。所有科学家都觉得这项工作没有任何价值，也就没人与乌斯竞争。他之后回忆道：“这是一场只有一匹马的赛马比赛。”[31]这场比赛昂贵、缓慢又危险，其中涉及的放射性液体多到令人心惊。但是，该研究起到了革命性的推动作用。

当时的生物学家完全依靠体表特征来推断物种间的关系：比如体型大小、身材形状，以及细微的解剖特征差异。乌斯认为，他完全可以做得更好。他的方法就是检测所有生物都携带的生命分子：DNA、RNA和蛋白质。这些分子会随着时间的流逝而逐渐分化，亲缘关系越近的相似度就越高。乌斯相信，如果能找到那个对的分子，再比较足够多物种的亲缘关系远近，生命之树的演化枝干就将清晰显现。[32]

他确定以16S rRNA核糖体（由同名基因指导合成）为研究对象。这种核糖体参与了所有有机体中基础蛋白质的制造过程，所以，它正是乌斯渴望寻找到的、适用于广泛比较多样物种的基本单元。截至1976年，他已经为大约30多种微生物的16S rRNA建立起档案。同年6月，他开始研究某一物种。之后，这一物种不仅改变了他的生活，还改变了人们已经熟知的生物学。

这种不起眼的微生物由拉尔夫·沃尔夫（Ralph Wolfe）提供，他是产甲烷菌（methanogens）方面的权威专家。这些小东西可以仅靠二氧化碳和氢气生存，并将其转化成甲烷。它们生活在沼泽、海洋和人类的肠道中，首次发现于灼热的下水道污泥中，被命名为嗜热自养甲烷杆菌（*Methanobacterium thermoautotrophicum*）。与其他人一样，乌斯一开始也认为，虽然这种小东西有奇怪的癖好，但终究只是另一种细菌。但是，分析了它的16S rRNA后，他意识到这绝对不是细菌。对该发现的解释可能要依据当时的具体情况而定，比如他是否充分理解了自己观察到的现象，当时的他是精力旺盛还是小心谨慎，他是否要求重复这次实验等。但到了12月，他的团队测序了更多产甲烷菌基因，结果都呈现出相同的模式。至此，结论已经显而易见。沃尔夫还记得乌斯是这么告诉他的："这些东西甚至都不是细菌。"

乌斯于1977年发表了他的研究结果，他在论文中把产甲烷菌重新归至古菌之下（当时古菌还被称为archaebacteria，后来去掉了当中的"细菌"部分，直接记作archaea）。[33]乌斯坚信，它们并不是怪异的细菌，而是另一种完全不同的生命形式。这是一项惊人的发现。乌斯从淤泥中挑选出这些不起眼的微生物，并把它们视为与无所不在的细菌和强大的真核生物同等重要的存在。这就如同每个人都盯着世界地图看，以为这就是世界的全部，只有乌斯悄悄展开了折叠着的另外1/3的地图。

不难预料，他的说法招致了猛烈的批评，甚至连一些同样志在打破传统的叛逆者，都觉得他走得太远了。后来，《科学》评价他"为微生物学的研究发展烙下了一道伤疤"，甚至到他2012年去世时，这道伤疤仍未消除。[34]今日，他留下的知识遗产不可否认，他关于古菌完全不同于细菌的断言也非常正确。而在他所有的研究中，更重要的也许是他倡导的“通过比较基因来研究物种间关系”的方法——这成了现代生物学研究中最重要的部分。[35]他的方法为其他科学家，比如他的老朋友诺曼·佩斯（Norman Pace）的研究铺平了道路，生物学家得以真正迈出探索微生物世界的脚步。

20世纪80年代，佩斯开始研究生存在极热环境下的古菌，主要检测它们的rRNA。他对黄石国家公园的章鱼泉（Octopus Spring）特别感兴趣：在这口深蓝色的大汽锅里，水温高达91℃，里面翻滚着众多人类还未识别的喜热微生物。这些微生物大量积聚，在泉水中形成人们肉眼可见的粉红色游丝。佩斯还记得，他读到关于章鱼泉的描述后，兴奋不已地冲进实验室大喊：“嘿，伙计们，瞧瞧这个！好几千克的微生物！赶紧拿桶去捞啊。”组里的另一个人说：“喂，你连它们是什么都不知道啊。”

佩斯回答道：“没关系。我们可以给它们测个序。”

其实，他当时应该大喊“尤里卡（Eureka）”①！佩斯已经意识到，如果采用乌斯的方法，那么无须培养就可以识别某种微生物。他甚至无须看到它们，只需从周边环境中抽取DNA或RNA，然后为它们测序。这可以一步回答“泉水中生活着哪些微生物”，以及“它们处于微生物生命树的哪个位置”等问题——既涵盖了生物地理学，又探讨了演化生物学，可谓一举两得。佩斯介绍道：“我们带着水桶来到黄石公园，立刻着手干了这些活。”佩斯的研究小组为两种细菌和一种古菌测了序，它们取自“寂静、美丽又布满危险”的水域，没有一个微生物是从实验室里培养出来的，所见之物都是科学新发现。他们最终于1984年发表了该项研究结果，[36]这也标志着人类第一次只凭基因就能够发现新物种，而这绝不是最后一次。

1991年，佩斯和他的学生埃德·德隆（Ed DeLong）分析了一些捞自太平洋的浮游生物。他们发现了一个比黄石公园热泉中更复杂的微生物群落：共计15个细菌新种，其中两种不同于任何已知的细菌。那棵原本十分疏落的细菌生命树慢慢长出了新叶，有时甚至直接长出了整根全新的枝条。20

---

① 源自希腊语，用以表达发现某件事物、真相时的感叹词。最早为阿基米德所用，后来成为各领域，特别是科学研究领域中感叹重大发现的流行词。——译者注

世纪80年代，所有已知的细菌都被妥当地分置在十几个大类别（门）中。到了1998年，这一数字已涨到40。佩斯与我聊天时告诉我，现在已经接近100个门了，其中大约有80个门从来没有在实验室培养过。一个月后，吉尔·班菲尔德（Jill Banfield）宣布，在科罗拉多州的一个含水层中新发现了35个门。[37]

从培养皿和显微镜中解放出来后，现在的微生物学家可以更全面地普查地球上的微生物。“这一直是我们的目标，”佩斯说道，“微生物生态学曾一度停滞不前。一个人走出去，翻开一块岩石，发现一种细菌，并认为它能代表该地区的微生物组成——现在看来，这种方法愚蠢极了。从采用新方法的第一天起，我们就像是轰开了自然微生物世界的大门。我想把这句话写进我的墓志铭。这种美妙的感觉延续至今，一直没有褪色。”

他们并没有局限在16S rRNA的研究上。佩斯、德隆等人很快发展出了新方法，能够测序一团土壤或者一勺水中每种微生物的基因。[38]他们提取了所有本地微生物的DNA，切成小碎片，然后一同测序。佩斯说：“我们可以得到任何想要的基因。”通过16S rRNA，他们可以确定某个地方有哪些微生物；但通过搜索合成维生素、消化纤维素或者抵抗抗生素的基因，他们能发现当地微生物所拥有的具体能力。

这项技术将毫无疑问地彻底改变微生物学，现在只缺一个让人过眼难忘的名字。1998年，乔·汉德尔斯曼（Jo Handelsman）想出了一个名字：宏基因组学（metagenomics），旨在研究一个群落的基因组。[39]汉德尔斯曼曾说过：“自显微镜问世以来，宏基因组学可能是微生物研究中最重要的事件。”终于，我们有了一套完整理解地球生命的研究方法。汉德尔斯曼等人开始研究生活在各种环境中的微生物：阿拉斯加的土壤、威斯康星州的草原、从加利福尼亚州矿山上冲下来的酸性物质，还有马尾藻海的海水、深海蠕虫的尸体、昆虫的内脏，等等。当然，也有微生物学家像列文虎克一样，把研究对象转向了自己。

上文提到的杜博以及许多其他人，一开始都打算消灭微生物，最后却爱上了它们。戴维·雷尔曼也是其中一员。他最早是一名临床医生，主攻传染性疾病方向。20世纪80年代后期，他用佩斯的新技术识别了一些导致疑难杂症的未知微生物。他起初深感沮丧，因为待检测的组织样本中总是充斥着人体内的正常菌群，因而难以分辨病原体。但后来雷尔曼意识到，这些菌群本身就很有趣：与其专攻少数致病菌，为什么不转而去研究这些微生物呢？

所以，雷尔曼继承了微生物学家的光辉传统，开始测序自己的微生物组基因。他让牙医从他的牙龈缝隙里刮下一些碎屑，收集在一根消过毒的试管中。他把这一管黏糊糊的东西带回实验室，然后测序它的DNA。他很可能研究不出什么新东西，毕竟口腔可算是人体中被研究得最透彻的微生物栖息地了。列文虎克研究过它，罗斯伯里仔细调查过它，微生物学家已经培养了近500种来自不同生态位的细菌。如果说哪个身体部位与新发现无缘，首先想到的一定是嘴。然而，雷尔曼在他的牙龈中发现了一系列远超出当前认知范围的细菌；若采用同样的口腔样本，那么只能在培养皿中培养出很少一部分。[40]即使在人类最熟悉的栖息地，依然有数量惊人的未知物种等待我们去发现。2005年，雷尔曼在肠道中发现了同样的现象。他从三名志愿者肠道中的不同部位收集了一些样本，鉴别出了近400种细菌和一种古菌——其中80%都是新发现。[41]换句话说，杜博的预感是对的：在他的时代，微生物学家才刚刚触及了人类正常菌群的皮毛。

一切改变都发端于21世纪早期，研究人员开始调查和测序人体各个部位的微生物。我们将在后面的章节中见到微生物领域的领军人物杰夫·戈登（Jeff Gordon）。戈登通过研究发现，人体内的微生物能控制脂肪的储存与血管的生成，胖子和瘦子的肠道微生物各不相同。[42]雷尔曼开始把人体微生物群称为“必不可少的器官”。这些先驱吸引了生物学各领域的研究者前来合作，也吸引了大众媒体的关注，还招募到了上百万美元的国际大项目资金。[43]几个世纪以来，人类的微生物组一直潜伏在生物学的外场，只受到一些反叛者的推崇。而现在，它已经成为生物学研究的重要组成。这既是微生物的故事，也记述了人类关于身体和科学研究的新想法从边缘渐渐走向中心的历程。

走进荷兰阿姆斯特丹阿提斯皇家动物园（Artis Royal Zoo）的大门，你会看到一幢两层楼高的建筑，其侧面的墙上有一幅大步行走的巨大人像。这个人像由毛茸茸的小球拼成：橘色的、米色的、黄色的，还有蓝色的，它们代表了人体内的微生物。他向路过的游客挥手，仿佛在友好地邀请他们进来参观这座微生物博物馆（Micropia）。这是全世界第一座以微生物为主题的博物馆。[44]

这座博物馆历时12年才策划修建完成，总造价约为1 000万欧元（约合7 800万人民币），于2014年9月正式开放。选址荷兰再合适不过了。正是在距离此地约64千米的小城代尔夫特，列文虎克第一次为人类打开了神秘的细菌世界大门。而现在当我穿过微生物博物馆的检票口时，第一眼看到的就是列文虎克的显微镜复制品：低调地摆在一个玻璃罐里，大头朝上，结构简陋得有些不协调。放置在显微镜旁的是列文虎克曾用它观察到的简单物体，其中包括一撮混合胡椒粉、捞自当地池塘的浮萍，以及一块牙菌斑。

我与朋友以及另外一家人一起走入一架电梯。一抬头，我们就能从电梯天花板上的屏幕中看见自己的脸。随着电梯渐渐上升，屏幕中的视频镜头忽然急速拉近，我们的脸被放大再放大，可以陆续看到自己眼睫毛上的螨虫、皮肤细胞、细菌，最后是病毒。当电梯到达二楼打开大门时，一块由无数针眼大小的光点组成的标志牌出现在我们眼前。它们明灭闪烁，仿佛一簇活体菌群，上面写着："靠得很近很近时，你会看到一个全新的世界，美丽、震撼，超乎你想象。"

"欢迎来到Micropia。"

首先映入眼帘的是一排显微镜，我们可以通过它们立即亲眼观察到美妙的微生物世界：蚊卵、水蚤、线虫、黏菌、海藻以及绿藻，等等。显微镜下的绿藻被放大了200倍，而一想到楼下陈列的那支列文虎克自制的显微镜也能观察到同样的奇景，我就觉得不可思议。列文虎克一定亲眼看过这些奇妙之物，虽然可能不如我们今天观察得这么自在：他必须斜视，让视线透过那块小小的镜片；我则能把眼睛舒服地靠在目镜上，畅览眼前清晰明亮的电子影像。

走过显微镜，再往前便是一个全尺寸展示人体内微生物分布状况的装置。游客可以站在一台相机前，待相机扫描全身；接着，一人高的屏幕上会生成一幅由微生物构成的影像：白色部分勾勒出了皮肤的轮廓，明亮的颜色突出表现了器官，并模拟它们在体内的活动。这幅影像会随着游客的移动而移动。游客可以挥手，选择不同的器官，了解皮肤、肠、胃、头皮、嘴、鼻子等不同部位的微生物状况。游客可以由此知道哪些微生物生活在哪些特定部位，以及它们在那儿会怎样活动。这个展示装置所呈现的内容，浓缩了微生物学家几十年来的发现：从肯德尔到罗斯伯里，再到雷尔曼——可以说，整座博物馆都在向这一段微生物发现史致敬。馆内还展示了一排地衣，它们的结构反映了19世纪的微生物学家关于共生现象的重要发现；还有一台显微镜下摆着乳酸菌，梅奇尼科夫曾经醉心于此。在这个狭小的空间里，乳酸菌被放大了630倍，移动的样子十分可爱。

这一切信息直白得令我猝不及防，游客们却很快接受了这个充斥着微生物的世界，没有人畏惧、紧缩眉头或者皱起鼻子，这着实令我惊讶。一对夫妇站在一个红色的心形平台上，面前的“0米亲吻”（Kiss-0-Meter）告诉他们刚才接吻时交换了多少细菌。一位年轻的女士凝视着面前摆满粪便样本的墙壁，它们分别来自大猩猩、水豚、小熊猫、小袋鼠、狮子、食蚁兽、大象、树懒、苏拉威西黑冠猴等，均直接收集自隔壁的动物园；粪便放在密封的真空罐子里，外面还封着一层有机玻璃柜。一群十几岁的少年在细细地参观一堵放着琼脂培养皿的墙，背光灯照亮了正在琼脂中生长的霉菌和细菌，其中一些收集自我们的日常用品，可以通过这些微生物勾勒出的形状辨别它们的来源：钥匙、电话、电脑鼠标、遥控器、牙刷、门把手和长方形的欧元纸币。他们呆呆地盯着克雷伯氏菌（*Klebsiella*）形成的橘色小点，肠球菌（*Enterococcus*）铺开的一块蓝色小垫子，以及葡萄球菌（*Staphylococcus*）留下的铅笔涂鸦般的灰色印迹。

与我一同乘坐电梯上楼的那家人，此刻正在仔细地欣赏一幅覆满整面墙壁的漂亮图画，这是卡尔·乌斯“生命之树”的另一种呈现。动植物退居画面的一角，细菌和古菌占据主干和枝条。那一家人中的父亲出生时，可能还没有任何人发现古菌的存在，而他的孩子们现在已经在这个著名的景点学习它们。

微生物博物馆展现了人类350年来不断增长的微生物知识，同时也反映了人类面对它们不断改变的态度。在这里，微生物不再是遭受忽视的次等生物，也不再是预示凶兆的坏东西。在这里，它们看起来奇妙、美丽，非常引人关注。在这里，它们就是明星。乔治·艾略特在《米德尔马契》中写道："确实，那些伟大的创始者要等升到天上，成为明星，左右着我们的命运以后，才会引起我们大多数人的重视。"[①]她笔下所写的，可以是那些为我们揭开微生物奇妙世界的科学家，也可以是微生物本身。

① 译文来自1987年人民文学出版社出版的《米德尔马契》，项星耀译。——译者注

3

身体修筑师

“你要找的东西大概有高尔夫球那么大。”妮尔·贝基亚雷斯（Nell Bekiares）向我说明道。[1]

这里是威斯康星大学麦迪逊分校的一间实验室，我正在窥视一个小鱼缸的内部。它看起来是空的，没有什么高尔夫球大小的东西。实际上，除了一层沙子，我什么都没看到。贝基亚雷斯把手轻轻探入水中，忽然有什么东西往外喷射出一团黏稠的、墨水般的黑云，我这才注意到缸里有一只大约只有我拇指大小的雌性夏威夷短尾乌贼（Hawaiian bobtail squid）。贝基亚雷斯用勺子把乌贼舀到碗里，只见它慌张地四处喷射，身体透白如幽灵，触腕伸展，侧鳍疯狂摆动。过了一会儿，它慢慢平静下来，把触腕卷进身体下方，悬浮在水中漫游，从飞镖变成一颗豆豆糖的形状。它的皮肤也变了样，有色小点从针眼大小迅速扩大成圆斑，遍布身体各处：深褐色、红色、黄色，其间还点缀着闪亮的微粒。乌贼不再透白，它此刻的颜色宛若修拉①笔下的秋天。

“变成这种褐色时，说明它们很高兴，”贝基亚雷斯解释道，“褐色代表状态不错。通常雄性更容易被激怒，它们会不停地喷啊喷，喷得到处是墨。它们往你脸上或胸口射水时，很可能就是故意的。”

我被迷住了。这种乌贼真有性格，而且美得惊人。

碗里没有其他动物，但这只乌贼并不孤单。它的身体底部有两个腔体（也是发光器官），里面充盈着一种名为费氏弧菌（*Vibrio fischeri*）的发光

---

① 乔治-皮埃尔·修拉（Georges-Pierre Seurat），法国画家，点彩画派代表人物，代表作《大碗岛的星期天下午》（*A Sunday Afternoon on the Island of La Grande Jatte*）。——译者注

细菌，它们会向下投射微光。这些微光暗弱得连在实验室的荧光灯下都看不到。不过，这种乌贼的真实生境是夏威夷周围较浅的礁坪，而这些微光会让它们在那种环境中显得更加醒目。但是到了夜晚，微光恰似洒在海面上的柔和月光，正好模糊了乌贼的身影，使海洋中的捕食者无法发现它们。可以说，这种动物没有影子。

从下往上看，短尾乌贼可能是隐身的，但从上往下看就很容易发现它们。所以你只需飞到夏威夷，等夜幕降临后，戴上头灯、拿着网兜，涉进齐膝深的海水；只要反应足够迅速，日出前就可以抓到半打。之后的饲养也很容易，喂食、繁殖都不难。这间实验室的负责人是动物学家玛格丽特·麦克福尔-恩盖，她说道："如果它们能在威斯康星州的中部存活，那么在其他任何地方都没问题。"这位泰然自若、举止优雅又热情洋溢的科学家，近30年来一直在研究这种乌贼和它的发光细菌。她把该项目打造成了共生领域的标志性研究，自己也在这个过程中磨砺成了一位传奇人物。她在同事眼中有着很多面：直言不讳的反叛者、热情的滑板爱好者（希望没让读者朋友太意外），并且早在微生物组成为时髦流行语之前，就开始不懈地倡导微生物研究。一位生物学家告诉我："当她谈到'新生物学'时，这个词条全部都是大写加粗的。"可她并不是一开始就这样想的，正是这种乌贼让她改变了主意。[2]

麦克福尔-恩盖在研究生阶段研究了一种同样携带发光细菌的鱼类。她深深地为其吸引，但却遇到了令她十分沮丧的研究困境。因为她发现不可能在实验室里繁殖这种鱼类，所以之前抓到的每一条鱼实际上均已被细菌定植。她不能回答真正引发她深度好奇的问题：发光细菌和鱼第一次相遇时发生了什么？它们如何建立起联结？是什么让别的微生物不再占领宿主？直到有一天一位同事问她："嗨，你有没有听说过这种乌贼？"

夏威夷短尾乌贼对于胚胎学家而言已经十分熟悉，它们携带的发光细菌也早已为微生物学家关注，但二者之间的合作关系却完全遭到了忽略。可正是这种伙伴关系激发了麦克福尔-恩盖的研究热情。不过，她首先要为自己招募一名伙伴，一个十分了解细菌的人，其知识水平可以与她自己在动物学研究方面的专业素养相辅相成，这个人便是内德·鲁比（Ned Ruby）。“我想，我是她问过的第三个微生物学家，不过是第一个答应的。”鲁比说道。二人成了专业上的伙伴，随后又成了生命中的伴侣。鲁比有像冲浪男孩一样的悠闲气质，麦克福尔-恩盖则如政治家一般好强，两人刚好阴阳互补，只不过他为阴、她为阳。他们的一个朋友告诉我，他俩“构成了真正的共生关系”。如今，他们的实验室相互紧挨，甚至会用同一只乌贼做实验。

这些动物被安置在一道水槽中。这一装置沿着狭窄的走廊直线排放，一次可容纳24只乌贼。每当新一批乌贼运抵实验室后，贝基亚雷斯会随机挑选一个字母，让所有学生用相应的字母开头组词，为这些乌贼命名。我在那儿见到的雌性乌贼分别是耀西（Yoshi）、雅虎（Yahoo）、伊索德（Ysolde）、亚德利（Yardley）、亚拉（Yara）、伊芙（Yves）、优素福（Yusuf）、优克尔（Yokel），还有一位雅克（Yuk）先生，它们共同生活在附近的水槽中。雌乌贼每两周会共赴一场“约会之夜”；完成交配后，她们被安置在布满聚氯乙烯（PVC）管子的育儿室中。她们通常会产下几百枚卵，而这些卵一般需要几周时间才能孵化。我们参观育苗室时发现，架子上放了一口小碗，里面上下浮游着几十只乌贼宝宝，每只都只有几毫米长。10只雌性乌贼一年能产下并孵化6万只小乌贼，这也是它们能作为理想的实验室动物的原因。还有一个原因：幼体出生时是无菌的。在野外环境下，它们出生几小时后就会被费氏弧菌定植；而在实验室，麦克福尔-恩盖和鲁比可以控制幼体接触共生体的过程。他们可以用发光的蛋白质标识费氏弧菌，跟踪它们进入乌贼的发光器官，从而目睹完整的伙伴关系形成过程。

一开始是物理过程。发光器官的表面覆盖着黏液以及舞动的纤毛。纤毛会制造一股湍流，从而吸进细菌大小的颗粒，但更大的颗粒会滞留在外。这些微生物积聚在黏液中，其中就有费氏弧菌。接着，物理过程让位于化学过程。一个费氏弧菌接触乌贼不会发生什么；两个呢？依然没动静。但是如果达到五个，乌贼基因中的计数器就会启动。这些基因会让乌贼生成一种含有多种抗菌化学物质的混合物，令费氏弧菌免受伤害，但同时又让周围环境变得不适合其他微生物生存。其他基因会指导合成并释放一种酶，这种酶能分解黏液，并产生一种吸引更多费氏弧菌的物质。这些变化解释了：尽管一开始其他细菌的数量是费氏弧菌的几千倍，最终为什么却是后者迅速占据了黏液层。是费氏弧菌，也只有它拥有转变乌贼体表环境的能力、吸引更多同类，并阻止竞争对手落脚。它们就像科幻故事的主角，把荒凉的星球改造成宜居的家园。只不过，这次的场景从星球换到了动物的身体。

改变乌贼的体表后，费氏弧菌开始向体内移动。它滑进几个小孔，向下穿过一条很长的管道，挤过一个瓶颈部位，最终到达封闭的隐窝。它的入驻进一步改变了乌贼的身体。隐窝周围排列着的柱状细胞此时变得更大、更密集，把刚刚到达的微生物紧紧围住。等细菌适应经过改变的体内环境，它们身后的大门就会关闭。隐窝入口变窄、管道收缩，纤毛覆盖的地方也逐渐退化。这时候，发光器官已经成熟。被正确的细菌定植后（再次强调，费氏弧菌是唯一能够完成这趟旅程的微生物），乌贼不会再被其他微生物定植。

所以，这意味着什么呢？这种不起眼的小动物所经历的特殊成长过程，似乎充满了神秘的细节。但拨开迷雾，这种乌贼个例其实暗含了深远的意义，并很快得到了麦克福尔-恩盖的重视。1994年，她完成了乌贼的第一阶段研究，写道："我们通过这些研究首次得到了证明以下结果的实验数据，即特定的细菌共生可以诱导动物的发育。"

换句话说，微生物形塑了动物的身体。

那么，究竟是怎样塑造的呢？2004年，麦克福尔-恩盖的研究小组发现，费氏弧菌表面的两种分子是主导转变的左右手，它们分别是肽聚糖（PGN）和脂多糖（LPS）。这令人十分惊喜。当时只有与疾病相关的用语才会涉及这些化学物质，人们把它们描述为与病原体相关的分子模式（pathogen-associated molecular patterns，简称PAMPs），即唤醒动物免疫系统对抗感染扩散的警报器。但费氏弧菌并不是致病菌，它和导致霍乱的细菌有关联，但并不会伤害乌贼。所以，麦克福尔-恩盖更正了缩写，把代表致病性的第一个P换成了更包容，同时也代表了微生物的M，把这种分子模式重新命名为MAMPs。这个新名词象征着微生物研究统合成了一门专业学科，并告诉世人：这些分子不只是疾病的表征。它们的确可以引发有损健康的炎症，但也可以与动物开启一段美好的友谊。没有它们，乌贼的发光器官不会正常发育；没有它们，乌贼尽管可以生存下去，但却不会走向完整的成熟状态。

现在我们都很清楚，从鱼到老鼠再到其他许多动物，它们的生长都伴随着细菌伙伴的影响，就像塑造乌贼发光器官的MAMPs一样，支持着动物的成长。[3]多亏了这些发现，我们可以用全新的视角看待从受精卵到一个功能齐全的成熟个体的发育过程。

如果你小心地把受精卵分离出来，人类的可以，乌贼的也行，任何动物的都没问题，然后放到显微镜下观察，你最终会看到它们一分为二、二分为四、四分为八……细胞逐渐变大，长出褶皱和隆起，形状开始扭曲。细胞间交换信号分子，相互告知各自需要在哪里形成什么组织或器官。身体各部位就这样陆续形成。一个胚胎只要得到足够的营养，就会不断地生长，整个过程看似完全由自身调控完成，仿佛一个单靠自己就可以有条不紊地快速运行的复杂计算机程序。但是，夏威夷短尾乌贼和其他动物的例子告诉我们，个体的发育并不这么简单。该过程不仅在动物的基因指令下进行，也受微生物基因的影响。个体的发育裹挟在微生物与动物的持续协调之中——多个物种共同互作，但具体影响的是其中一种物种的发育过程。而这正是整个生态系统的运作方式。

如何判断某个动物是否需要微生物才能正常发育呢？最简单的方法是剥离它们身上的微生物。有些物种会直接死去：例如，如果没有微生物，携带登革热的埃及伊蚊（*Aedes aegypti*）发育到幼虫状态后就不能再继续发育。[4]有些物种可以稍稍应付无菌状态：例如，失去微生物的夏威夷短尾乌贼只是失去了发光能力，若继续生活在麦克福尔-恩盖的实验室里，那么问题不大；但失去伪装的它们，一到野外就很容易被捕食者锁定目标。就最常见的实验动物而言，科学家几乎饲养过所有动物的无菌版本，斑马鱼、苍蝇、小白鼠，等等。这些动物也能继续生存，但已大不同于原来。“总的来说，无菌动物非常可怜，它们生命历程中的每一个关键节点，几乎都需要人工替代品来补充所缺乏的细菌，”西奥多·罗斯伯里写道，“它就像一个脆弱的孩子，我们只能把它放在玻璃后面，隔绝外界所有的侵害。”[5]

无菌动物的怪异生物学在肠道中体现得最为明显。一条运作良好的肠道需要巨大的表面来吸收营养，这也是为什么肠壁上密密麻麻地排列着手指状的突起。流经肠道的食物会严重地磨损表皮细胞，所以需要不断地再生更新。表层下面必须分布丰富的血管网络，因为需要运载和输送营养物质。肠壁应该密而不漏——细胞间必须紧紧相连，防止外来分子（和微生物）渗漏到血管中。如果没有微生物的参与，所有这些基本属性都会大打折扣。在无菌环境下长大的斑马鱼或小鼠，其肠道无法充分发育，指状突起较短，肠壁容易渗漏，血管看起来更像是稀疏的乡间小路，而不是密集的城市电网；与此同时，细胞本身也缺乏再生的驱动力。如果适当地给这些动物施予微生物或单独的微生物分子，就可以简单地矫正许多小缺陷。[6]

这些细菌并不直接重塑肠道本身。相反，它们通过与宿主合作而达成目标，这使得它们更像是管理者而不是劳工。罗拉·胡珀（Lora Hooper）给无菌小鼠注射一种常见的肠道菌——多形拟杆菌（*Bacteroides thetaiotaomicron*，或B-theta）后证明了这一点。[7] 她发现，微生物激活了小鼠体内多方面的基因，涉及对营养物质的吸收、建立不渗透的屏障、分解毒素、建造血管，以及创建成熟细胞等。换言之，该微生物教会了小鼠如何使用小鼠自己的基因，进而打造出一个健康的肠道环境。[8]发育生物学家斯科特·吉尔伯特（Scott Gilbert）把这个模式称为共同发育（co-development）。这与你我心中挥之不去的微生物只会威胁人体健康的印象相去甚远，相反，微生物真的在帮助我们成为我们应该成为的模样。[9]

怀疑论者可能会争辩，小鼠、斑马鱼和短尾乌贼并不需要微生物才能发育：一只无菌小鼠看起来仍然像小鼠，走路像小鼠，叫声也像小鼠，因此，除掉细菌后并不会突然得到另一种完全不同的动物。但是无菌动物只能生活在安全的环境中：一个恒温、有充足的食物和饮水、没有捕食者和任何形式的传染源的安全气泡之中。在残酷的野外，它们无法生存很长时间。

它们可以存在，但可能无法存续。它们可以单独发育，但与微生物伙伴一起显然可以过得更好。

为什么呢？为什么动物会把自身的发育阶段外包给其他物种？为什么不自己完成一切？“我认为这是不可避免的，”曾与无菌小鼠和乌贼一起工作过的约翰·罗尔斯（John Rawls）解释道，“微生物是动物生命的必要组成部分，不可能摆脱它们。”请记住，动物出现在地球上时，微生物已经挤满地球长达数十亿年之久。在人类出现以前，它们才是这个星球长久以来的统治者。我们出现后当然会与周围的微生物相互作用，一同演化。如果你捂着双眼、塞住双耳、堵上嘴巴地搬进一座新城市，不得不说，这看起来很荒唐。除此之外，微生物不仅仅是不可避免的，还十分有用。它们为最早出现在地球上的动物提供食物。而它们的存在也为动物提供了寻找营养丰富地带的宝贵线索，指示适合生存的气温或者适宜定居的平坦表面。通过感知这些线索，那些最早出现的动物获取了关于周围世界的重要信息。正如我们接下去会看到的，那些古老的互动痕迹，今天仍然比比皆是。

妮科尔·金（Nicole King）现在离家正远。她平时负责运作加州大学伯克利分校的一个实验室，不过目前正在伦敦休假。她马上要带8岁的儿子内特（Nate）去看音乐剧《舞动人生》（*Billy Elliot*）的日场演出，只要他能在公园长椅上耐心地坐上半个小时，等我们在一旁谈论完一种鲜为人知的生物：领鞭毛虫（choanoflagellates）。金是全世界少数专门研究这种生物的科学家之一，她亲切地称其为“领鞭”（choanos），我也干脆跟着她这样称呼。

它们的身影遍布世界各地的水域，从热带的河流到南极冰面下的海洋。我们正说着，一旁正在笔记簿上安安静静涂鸦的内特，忽然兴奋地凑了过来，并画下了一条领鞭毛虫。他勾勒出一个长着蜿蜒尾巴的椭圆，还缀上了细丝一般的“领口”（collar），活像一颗穿着短裙的精子。摇动的尾部会驱动细菌和其他碎屑朝“领口”游动，然后领鞭会围住、吞食和消化它们。领鞭是一种活跃的捕食者。内特的涂鸦漂亮地抓住了这种动物的精髓，尤其是领鞭作为单细胞生物的特征。它们是与你我一样的真核生物，功能强大，拥有线粒体和细胞核（细菌则不具备）。但是，和细菌一样，它们仅仅由一个自由游动的细胞构成。[10]

这些细胞有时会表现出具有社会性的一面。金特别喜欢玫瑰领鞭毛虫（*Salpingoeca rosetta*）①，它们往往会形成一团花簇样的菌落。内特依旧可以把它们画下来：几十个领鞭头部朝内地聚在一起，尾部不断向外挥舞，像某种毛茸茸的覆盆子。从外观上看，这像是一组游到一起的领鞭毛虫凑成了一团，但这种形状实际是分裂所致，而非各条领鞭个体碰撞在一起的结果。领鞭的繁殖方式是一分为二，但有时两个子细胞不能完全分裂，而是通过短桥相连。这种情况一再发生，直到这些联结在一起的细胞裹上了一层鞘，形成了一个球。这就是所谓的"玫瑰丛"（rosette）。这团看起来毫不起眼的微小生物，其实是与地球上所有动物关系最近的物种，[11]是每一只青蛙、蝎子、蚯蚓、鸕鹚和海星的远房亲戚。对于想要解开动物王国最初演化之谜的金而言，领鞭毛虫十分迷人。"玫瑰丛"的形成过程——从单个细胞变成聚成一簇的多个细胞——尤其引人入胜。

我们对世界上第一种动物的样貌所知甚少，因为它们躯体柔软，没有形成化石。它们像冬日的寒风，悄无声息地来了又走，不留下一丝印记。但我们可以适当地推断。所有现代动物都是多细胞生物，其生命运作都始于一个中空的球型细胞，以吃其他东西为生，所以可以合理地猜测，我们的共同祖先拥有相同的特质。[12]这些"玫瑰丛"可能呈现了地球上第一种动物当下的面貌。它们在形成过程中由单个细胞分裂成一个紧密结合的群体，这个过程也折射出了更宏观的演化历程，即从某种动物原型到松鼠、鸽子、鸭子和小孩，以及我和金所在的这座公园里的一切动物。研究这些人畜无害、看似无关紧要的单细胞生物，能让金尽可能地揭示整个动物王国的神秘起源。

她与"玫瑰丛"的关系并非一帆风顺。她知道这种细菌在野外能形成菌落，但无法在实验室再现这一过程：在她和其他科学家的研究中，这些社

① rosetta 指"玫瑰"，如下文所述，与其整个群落的形态有关；虽然"罗塞塔"是更为人所知的名称，但这里的微生物与考古文物并无关联，因此译作别名。——译者注

会性动物不知为何变得独来独往。她改变温度、营养水平、环境酸度……均毫无起色。唯一的选择就是放弃。沮丧的她转向了另一个目标：测序“玫瑰丛”的基因组。但这么做还是有问题。金已经用细菌喂养了“玫瑰丛”，但她现在需要摆脱这些细菌，使它们的基因不会污染测序结果。于是，她给领鞭喂了一管抗生素，结果令她大吃一惊：没有了细菌之后，领鞭形成菌落的能力严重受损。如果说它们以前只是不愿形成菌落，现在则是彻底拒绝。与细菌相关的某些因素赋予了它们社交性。

金的研究生罗茜·阿列加多（Rosie Alegado）取了原始水样，分离了其中的微生物，一种种地单独喂给领鞭。在64种不同的微生物中，只有一种细菌让“玫瑰丛”恢复形成了菌落。这解释了为什么金之前的实验从未成功过：因为只有遇到正确的微生物，它们才会形成“玫瑰丛”菌落。阿列加多确定了这种细菌的身份，并将其命名为马岛噬冷菌（*Algoriphagus machipongonensis*）①：这是一种新的微生物，与我们肠道中的主要菌类同属拟杆菌。[13] 她还确定了细菌诱导“玫瑰丛”菌落形成的过程：通过释放名为RIF-1的类脂肪分子。阿列加多解释道：“我把它称为RIF，代表rosetta-inducing factor（‘玫瑰丛’诱导因子），然后标上数字1，因为我敢肯定这个过程中还有其他细菌参与。”她说对了。自那以后，他们的团队还识别出了其他一些微生物。它们聚拢领鞭，使后者以菌落形式存在。

阿列加多怀疑，这种现象的形成很可能意味着附近有食物。领鞭作为一个群体，比单个个体更擅长捕捉细菌，所以它们一感到细菌靠近便会联合起来。“我觉得领鞭就像聚在一起窃听，”阿列加多说道，“它们缓慢地游动着，拟杆菌则指示它们进入一个富含食物资源的区域，之后便开始形成‘玫瑰丛’。”

后来这一切导致了什么？细菌是否为我们的单细胞祖先提供了食物线索，从而使这些单细胞形成多细胞菌落，从而促成了动物的起源？金觉得

① 属名*Algoriphagus*中的*Algori*意为寒冷，而*phagus*是吞噬的意思。*Machipongonensis*意为“属于Machipongo之地”，*Machipongo*是阿岗昆族（北美原住民）对霍格岛（Hog Island）的称呼。——译者注

我们应该谨慎地下结论。今天的领鞭毛虫只是我们的远亲，并不是我们的祖先。如果能从它们的行为中推断出其祖先的行为，这将是一步巨大的飞跃，更别说了解它们对古老微生物的反应了。金还没准备好。她现在想知道，现代动物对微生物的反应是否和以前一样。如果是，即同样的细菌直接通过相同的分子引导了领鞭以及其他动物的发育，那将极大地支持这个古老现象促使动物起源的猜想。"演化出第一个动物的海洋中含有众多细菌，我觉得这点没有争议，"金说道，"它们十分多样，主宰着那时候的世界，动物必须适应它们。我们不难拓展一下思维，想象细菌产生的一些分子可能影响了第一种动物的发育。"不，这不仅仅是发散思维，尤其是想到珍珠港至今还面临着的微生物困境。

1941年12月7日上午，日本战机中队偷袭了夏威夷珍珠港的美国海军基地。美国海军的"亚利桑那"号（USS Arizona）很快被击沉，随船的1 000名军官和船员也长眠海底。7艘战列舰在港口被摧毁或遭到严重损坏，其他18艘船和300架飞机也惨遭不测。如今，珍珠港已恢复平静。不过，虽然仍是重要的海军基地，且部署着多艘重要的舰艇与潜艇，但珍珠港现在面临的最大威胁并非来自天上的战机，而是来自大海。

这些舰船出了什么问题呢？你可以随意丢一块金属到水里，看看会发生什么。不到几小时，细菌就开始附着在金属上生长，藻类可能随之而来，蛤蜊或藤壶也可能出现。但不消几天工夫，金属上就会出现白色的管子：它们很小，每个只有几厘米长、几毫米宽，很快会增至数百个、成千上万个，乃至数百万个；最终，金属的整个表面都会像盖上了一层冻过的粗毛地毯。这些白管子无处不在：岩石上、木桩上、渔笼上、船上，等等。一艘航母在海港停泊数月，船体上就会积起好几厘米厚的白管。有一个专业术语可以描述这种现象，那就是生物污染（biofouling），更形象的描述也许是"芒刺在背"（a pain in the ass）。海军有时需要派潜水员下海，用塑料袋覆盖螺旋桨和其他敏感结构，避免遭到白管的堵塞。[14]

这些白色的管状物本身就由动物组成，其内部还充斥着动物。海军称其为"弯扭虫"（squiggly worm）。在夏威夷大学海洋生物学家迈克尔·哈德菲尔德（Michael Hadfield）的眼中，这种管状物的真实身份是华美盘管虫（*Hydroides elegans*）。人们第一次发现它们是在悉尼港，并详细地描述了它们，随后在地中海、加勒比海、日本和夏威夷海岸等地均有发现。只要是有船只停泊的温水港，就能见到它们的身影。这种附着在船体上搭便车偷渡的生物，已经随船航行占领了世界。

在海军的请求下，哈德菲尔德于1990年开始研究这种弯弯扭扭的虫子。当时的他已经是海洋幼虫方面的专家，海军希望请他来测试一系列的防侵蚀涂料，看看哪一种可以抵抗这些虫子。但是他认为真正的解决方案，是找出促使这些虫子定居于此的因素。到底是什么让它们突然出现在船体上的呢？

这是一个古老的问题。阿尔芒·玛丽·勒鲁瓦（Armand Marie Leroi）在那本精彩的亚里士多德传记中写道："（根据亚里士多德的说法）一支海军中队停靠在罗德斯岛，大量陶器被扔到海里。陶器中聚起了泥沙，引来活牡蛎。由于牡蛎不能移动到陶器或任何其他地方，所以它们一定是从泥里长出来的。"[15] 从泥里自发生长的想法流行了几个世纪，但实则错得离谱。导致牡蛎和管虫突然出现的原因其实非常普通。珊瑚、海胆、贻贝、龙虾等动物都会经历幼虫阶段，可以乘着洋流进入开放海域，直到找到落脚地。这些幼虫非常微小，数量极其庞大（一滴海水里可能就有上百个），形态与成体完全不同。海胆的幼体看起来像个毽子，之后才会长成圆乎乎的球状针垫。华美盘管虫的幼体并不呈长长的、外覆管子的蠕虫状，而更像是长了眼睛的插头。很难相信这是同一种动物的两种形态。

到了一定时候，幼虫会定居于某处。它们不再像年轻时那样四处游荡，而是重塑自己的身体，转变成定栖的成体。这个过程即为变态（metamorphosis），是它们生命中最重要的时刻。科学家一度怀疑该过程是随机发生的，与此同时，幼虫随波逐流地寻找任何地方定居，如果足够幸运地占据了一个很好的位置，它们便能生存下来。事实上，它们是带有目的和选择性的。它们会追随一些线索，比如化学物质的痕迹、渐变的温度，甚至是声音，然后找到最适宜变态的地点。

哈德菲尔德很快了解到，华美盘管虫会被细菌吸引，特别是菌膜（biofilm），即水下一层黏黏的薄垫子：细菌在上面快速繁殖，不久便密布其上。幼虫发现菌膜后会沿着细菌游动，正面压向它们。几分钟后，幼虫从尾巴处挤出一股黏液，向下锚定，然后继续分泌，形成一个透明的套子，接着把整个身体藏入其中。着苗后，它的身体开始变化：先脱落曾经在水中摆动并帮助自己往前游动的纤毛；再拉长身体，头部周围长出一圈触须，帮它小口小口地捕捉周围的食物；其体外坚硬的管状物开始形成并往下固定；现在它成了一个成体，不会再移动。这种转变完全有赖于细菌。对华美盘管虫来说，一个干净、无菌的烧杯就是彼得潘的梦幻岛。在那里，它永远不会长大、成熟。

面对任何来来往往的微生物，这种成虫都不会产生反应。哈德菲尔德发现，夏威夷水域中的许多菌株，只有少数几种能诱导盘管虫变态，仅有一种会起到强烈作用。这种细菌有一个特别绕口的名字：藤黄紫假交替单胞菌（*Pseudoalteromonas luteoviolacea*）。还好，哈德菲尔德以P-luteo称呼它就行。这种微生物比其他任何微生物都更擅长把幼虫转变为成虫。如果没有这种细菌，幼虫就永远不会成熟。[16]

它们并不是例外。海绵的幼体也会降落到菌膜表面，遇到细菌后便转变为成体。贻贝、藤壶、海鞘和珊瑚也是如此。要对亚里士多德说声抱歉：牡蛎也在这份名单上。长着触手的贝螅（*Hydractinia*）是水母和海葵的近亲，必须接触到寄居蟹壳里的一种细菌后才开始成熟。海洋里充满了这些动物的幼体，它们只有接触细菌后才会完成完整的生命周期。对P-luteo来说，成长过程尤其如此。[17]

如果这些微生物突然消失，那会发生什么呢？这些动物是否都会灭绝、无法发育成熟或繁殖？如果没有这些细菌测量师先行侦察适宜停栖的菌膜表面，海洋中生物多样性最高的生态系统珊瑚礁是否就无法形成？“我可没设想过这么宏大的图景，”哈德菲尔德回应道，带着科学家特有的谨慎，不过他补充了一句令我惊讶的话，“但这么说也很有道理。当然，不是海洋里的每个幼体都需要细菌的刺激，更何况茫茫多的幼体都未经过实验检测。

只是，管虫、珊瑚、海葵、藤壶、苔藓虫、海绵……我还可以继续举出很多例子，对这些物种而言，细菌的作用十分关键。”

同样，有人可能会问：为什么要以细菌为线索？有可能是微生物提高了幼体在某个表面的附着力，或者提供了把病原体阻拦在外的分子。但是，哈德菲尔德认为可以更简单地解释细菌的价值。菌膜的存在为动物的幼体提供了很多重要的生存信息：（1）有一个提供可附着表面的固体底物；（2）细菌已经在这里存在了一段时间；（3）周围环境中没有太多毒素；（4）有足够的营养来维持微生物的生存。这些都是促使它们定居下来的充分条件。更有价值的问题也许是，为什么不以细菌为线索呢？或者说，你还有什么别的选择呢？“当第一个海洋动物的幼体准备找地方落脚的时候，没有一处表面是干净的，”哈德菲尔德的这番话也呼应了罗尔斯和金的看法，“所有地方都覆盖着细菌。这并不奇怪，这些细菌群落的差异，将成为寻找定居点的最初线索。”

金的领鞭毛虫和哈德菲尔德的华美盘管虫，自身都经过精确的调谐以适应微生物的存在，也因为微生物而发生了显著的改变。没有细菌的话，原本善于抱团的领鞭将永远孑然一身，盘管虫的幼虫也永远无法成熟。这些都是微生物彻底形塑动物（或动物近亲）身体的绝佳实例。然而，这些还不是传统意义上的共生。盘管虫其实没有把P-luteo包含在体内，而且它们长为成体后似乎也不再与细菌互动。这种关系很短暂，就像游客向路人打听方向后又继续前行。不过，其他动物和微生物会形成更持久的相互依存关系。

扁形虫下有一个半链涡虫属（*Paracatenula*），属内都是这样的生物。这种微小的动物生活在全世界温暖的海洋沉积物中，它们把共生发挥到了极致。在它们长约一厘米的身体内，共生细菌占了一半：这些共生细菌挤在一个名为营养体的部位，而这个营养体又占了这种扁形虫身体的90%，相当于大脑背后差不多住满了微生物。研究扁形虫的哈拉尔德·格鲁伯-福迪卡（Harald Gruber-Vodicka）把细菌描述为扁形虫的发动机和电池，因为它们为扁形虫提供能量，并以脂肪和硫化物的形式把能量储存在体内。这些储存物给了扁形虫明亮的白色身体，并且为扁形虫极不寻常的生存技能提供能量。[18]半链涡虫是再生高手，把它一剪为二，两端都能变成功能齐全的活体，后半部分甚至会重新长出头和大脑。“把它们砍成一截一截后，最终会变出10条，”格鲁伯-福迪卡说道，“它们在自然条件下也很可能这样。越长越长后，一端脱落，然后形成两条虫。”这样的能力完全取决于营养体中的细菌和细菌锁住的能量。只要扁形虫的一段包含足够多的共生细菌，它便可以再生出一个完整的活体；如果共生菌太少，那么这一段就会死去。与我们的直觉相反，这意味着扁形虫唯一不能再生的部位，是不含细菌的头部。它们的尾巴上可以重新长出一个脑袋，但单靠脑袋却长不出一条尾巴。

纵观包括你我在内的动物王国，半链涡虫属与微生物的合作算是典型。我们可能不会有扁形虫那样奇妙的自愈能力，但我们体内确实寄宿着不少微生物，并且在整个生命过程中都与它们互动。哈德菲尔德的盘管虫是身体在单个时间点受环境中的细菌影响而实现转变的，与之不同的是，我们的身体不断地由体内的细菌建造和重塑。我们与它们的关系不是一锤子买卖，而是持续的协商和周旋。

目前已知微生物会影响肠道等器官的发育，但完成这项任务后，它们不能休息，仍要继续工作，以保持动物机体的正常运转。奥利弗·萨克斯（Oliver Sacks）①曾说过：“对有机体的独立存续而言，没什么比维护一个恒定的内部环境更重要——无论是大象还是原生动物，都是如此。”[19]而微生物在这其中扮演了至关重要的角色。它们影响脂肪的储存，有助于修复肠道和皮肤的表皮，用新的细胞更换受损和死亡的细胞。它们确保血脑屏障的不可侵犯：那里的细胞紧密衔接，允许营养物质和小分子从血液传递到大脑，但把较大的物质和活体细胞挡在外面。它们甚至会影响骨骼的重塑，新骨一刻不停地形成，旧骨又被重新吸收。[20]

① 美国著名生物学家、医生，著有《火星上的人类学家》等。——译者注

没有什么比免疫系统能更清楚地体现微生物对稳定性的影响：免疫细胞与分子共同保护我们的身体，使其免遭感染或其他的外来威胁。该系统复杂到令人生恨：你可以把它想象成一台巨大的、鲁布·戈德堡式的机器①，由一系列数不清的零部件组成；它们产生信号，触发彼此，一个接一个地传递下去。现在请想象一台同样的机器，但却是摇摇欲坠的混乱半成品，每一个零部件要么不完整，要么数量过少，要么连接出错。这就是无菌啮齿动物体内的免疫系统。就像西奥多·罗斯伯里解释的那样，这就是为什么这些动物“总的来说极易受到感染，因为它们一直以婴儿般的不完整状态面对外部世界的威胁”。[21]

这告诉我们，动物的基因组并没有为一个成熟免疫系统的建立提供所需的一切。该过程还需要微生物的贡献。[22] 数百篇关于小鼠、舌蝇、斑马鱼等一系列物种的科学论文表明，微生物有助于以某种方式帮助免疫系统的形成。它们影响免疫系统创建完整的免疫细胞类别，也能帮助储存这些细胞的免疫器官发育。这些微生物在生命早期发育过程中发挥着特别重要的影响。那时，机体的免疫机器被首次建造出来，它开始调整自己，以适应这个庞大且充满危险的世界。机器开始轰鸣后，微生物继续工作，帮助它校准面对外部威胁的反应。[23]

以炎症为例。炎症是一种防御反应，免疫细胞冲向损伤或受到感染的部位，造成肿胀、发红、发热的症状。这对保护人体免受威胁而言非常重要，因为如果没有炎症，我们会持续遭受感染。但有时候，免疫本身也会成为问题。如果免疫反应遍及全身、持续时间过长，或者轻易就能触发，那么就会导致哮喘、关节炎，以及其他炎性和自身免疫性疾病。所以，炎症必须在正确的时间点被触发，并适当地加以控制。抑制和激活它同样重要。而这两方面的工作，微生物都能胜任。有些微生物会刺激“鹰派”免疫细胞的反应、触发炎症，另一些则会诱发“鸽派”抗炎细胞。[24] 它们把人体状态平衡在二者之间，使我们能够应对威胁做出反应，但又不至于过度反

① Rube Goldberg，美国犹太漫画家，画了许多用极其复杂的方法从事简单小事的幽默漫画，后来美国人用“鲁布·戈德堡机械”指代被设计得过度复杂的机械。——译者注

应。没有它们，这种平衡会消失，这就是为什么无菌小鼠既容易发生感染，又容易患上自身免疫性疾病，因为它们既不能在威胁入侵时让免疫系统做出合适的应答，也不能在相对安全时阻止不恰当的反应发生。

现在让我们暂停一会儿，看看这整件事有多奇特。人们对免疫系统的传统描述，充斥着敌对意味的军事术语。我们把它视为一种防御系统：判定“自我”（我们自己的细胞）和“非我”（微生物和其他一切）；保护自我，抵御非我。但是现在可以看到，微生物从一开始就打造和调整了我们的免疫系统！

请看以下这个例子。脆弱拟杆菌（*Bacteroides fragilis*）或B-frag是一种常见的肠道细菌，2002年，萨尔基斯·马兹马尼亚（Sarkis Mazmanian）通过研究表明，这种特殊的微生物可以修复无菌小鼠免疫系统的一些问题。具体而言，这种细菌的存在能够恢复辅助性T细胞，这是一类关键的免疫细胞，负责聚集、协调其余的免疫细胞。[25]马兹马尼亚的研究显示，甚至不需要整个微生物出马，其表面的多聚糖A（PSA）就能提高辅助性T细胞的数量。这是第一次有人表明，一个单一的微生物——甚至一个单一的微生物分子——就能纠正一个特异的免疫问题。马兹马尼亚的团队后来又发现，PSA可以防治炎症性疾病，比如影响肠道的结肠炎和影响神经细胞的多发性硬化症，至少在小鼠研究中都表现出一定的效果。[26]这些都是免疫系统过度反应所导致的疾病，而PSA能通过镇静作用保持机体健康。

但是请记住，PSA是一种细菌分子：根据常识，免疫系统应该视其为威胁才对，PSA应该引发炎症。但事实正相反：PSA能够消炎，镇静免疫系统。马兹马尼亚称其为“共生因子”，即一种微生物发给宿主的化学信息，仿佛在说“我为和平而来”。[27]这清楚地表明，免疫系统天生并没有一种根深蒂固的倾向，即不一定能区分无害的共生体和充满威胁的病原体。正如以上例子所示，在这种情况下，微生物会帮助它区分。

既然如此，我们是否能把免疫系统视为一支誓将微生物杀得丢盔弃甲的军队？实际情况显然更微妙。它有时能把身体内部搅得如同大锅快煮，特别是在患有I型糖尿病或多发性硬化症等自身免疫性疾病的患者体内。而在B-frag等原生微生物存在时，它也可以表现得如同温火慢炖。我认为，把免疫系统视为负责国家公园的护林员队伍可能更准确：它们就是生态系统的管理者，必须小心地控制本地物种的数量，并驱逐侵略者。

但有一处转折：公园里的生物首先聘请了这些护林员。它们教护林员区分需要照料的物种与应该驱逐的侵略者，而且还在不断地生成像PSA这样的化学物质，影响护林员对警报的反应程度。这样看来，免疫系统并不只是控制微生物的手段，它至少部分地由微生物控制。这是我们体内“万物”保护我们的另一种方式。

如果按种类列出一个特定微生物组中的所有微生物，便可以知道“谁”在“哪里”。一旦列出了这些微生物的所有基因，你就可以知道“谁”有“什么能力”。[28]如果列出所有微生物产生的化学物质，即它们的代谢产物，便可以知道这些微生物“实际做了什么”。前述几章已经提及了很多这类化学物质，例如共生因子PSA、麦克福尔-恩盖识别的两种操纵乌贼的MAMPs。我们才刚刚开始理解这些化学物质都发挥了什么功用，还有数十万种等着我们去破译。[29]动物正是通过这些物质与其共生体“对话”。现在，许多科学家都在试图“窃听”这些交流。不只是对话，这些微生物分子还可能走出宿主的身体，在空气中飘荡一定距离，再传递信息。如果你取道非洲大草原，随处都可以闻到这些生物信息公告。

在非洲所有的大型食肉动物中，斑鬣狗最善于社交。狮群一般由十几个个体组成，但一支斑鬣狗族群大约由40到80个个体组成。它们不会每时每刻都出现在同一个地方，很多小群体会在一天之内不断地形成又解散。这种群体组成的动态变化，是新兴生物学领域中的极佳研究对象。“你可以实地观察狮子，但它们只会躺在那儿；你可以追随狼群多年，但只能看到狼爪的抓痕或者听到狼嚎，”鬣狗迷凯文·泰斯（Kevin Theis）说道，“但鬣狗不一样……它们之间会问候，会重复融入，还会发出占据优势和表示顺从的信号。你可以看到幼崽努力地学着在族群内争夺地盘，从别群移居过来的雄性鬣狗会为了结识伙伴而跑遍整个部落。它们的社交生活比你想象的复杂得多。”

它们使用一整套信号来应付这些复杂的社交活动，其中包括化学信号。一只斑鬣狗会跨坐在一根长草秆上，挤压尾部的臭腺。它在秆上来回地蹭，留下一些膏状物，黑色到橙色均有，有可能黏稠如白垩粉，也有可能稀如液体。气味呢？“对我来说，它闻起来像发了酵的护根覆盖物，但也有人觉得像切达干酪或廉价肥皂。”泰斯描述道。

他一直在研究这些膏状物。有一次一位同事问他，细菌是否参与了气味的形成。泰斯被问住了。然后他发现，早在20世纪70年代，就有科学家提出过类似的猜想，即认为许多哺乳动物的臭腺中含有细菌，它们会通过发酵脂肪和蛋白质来产生异味分子，并利用空气传播。这些微生物的不同，可以解释为什么不同的物种都有自己独特的味道——你是否还记得，圣迭戈动物园里散发着爆米花香味的熊狸？[30] 这些味道还可能提供身份信息，透露宿主的健康状况。而当动物互相玩闹、挤攘、交配时，它们还会彼此交换、共享微生物，从而形成一个群体的特别气味。

这些假设都说得通，但一直很难验证。过了几十年，有了基因工具的帮助，泰斯得以轻松地开展研究。在肯尼亚工作时，他从被麻醉的鬣狗身上收集了73个臭腺中的膏状物，并为样本中含有的微生物测序了DNA。这次他发现了许多种细菌，比从前所有调查加起来的还要多。他的研究还显示，在斑鬣狗和黑纹灰鬣狗之间，这些细菌和它们产生的化学物质均有所不同，不同族群的斑鬣狗之间也有所不同，雌性和雄性、生育和不育者之间也有所区别。[31] 基于这些差异，研究者可以把这些膏状物作为化学笔记，循迹找到真正的信号发布者：它们年龄几何，是否已经做好交配的准备。通过把带有气味的微生物涂满秸秆，鬣狗把自己的个人名片洒满大草原。

不过，这目前仍然是一个假设。“我们需要操作、改变产生气味的微生物，看看其传递的信息是否也有所改变，”泰斯说道，“我们需要证明，当气味发生变化后，鬣狗也会关注和回应这些变化。”与此同时，其他科学家也发现，在包括大象、猫鼬、獾、老鼠、蝙蝠等在内的其他哺乳动物中，其臭腺和尿液也表现出类似的规律。一只老猫鼬的气味和小猫鼬不同，雌雄大象的气味也各不一样。

接着便轮到观察我们自己了。人的腋下和一只鬣狗的臭腺并无太大区别：温暖，湿润，富含细菌。每一个物种都会制造自己的“芳香”。棒状杆菌（*Corynebacterium*）把汗水转换成闻起来像洋葱的东西，把睾酮转换成闻起来像香草、尿液或者什么都不像的物质，这些完全取决于闻者的基因。这些气味都在传递有用的信号吗？当然！腋下的微生物构成出奇地稳定，腋窝的气味也一样。每个人都有自己独特的气味。在几例相关研究实验中，志愿者能通过各自T恤上的气味辨别出不同的人，甚至还成功匹配了同卵双胞胎的气味。也许，像鬣狗一样，我们还可以嗅探到自己身上的微生物所发出的信号，以此来收集对方发出的消息。这也不仅限于哺乳动物。荒地蚱蜢（desert locust）的肠道细菌会分泌聚集信息素，刺激这些平日里独来独往的昆虫聚成铺天盖地的集群。德国小蠊总是绕着对方的粪便转圈，这种恶心的习惯也拜肠道细菌所赐。大型豆科灌木会依靠自己的共生体产生一种信息素，彼此警告周围的危险。[32]

动物为什么要依靠微生物产生的化学信号？泰斯和罗尔斯、金、哈德菲尔德给出了同样的答案：这不可避免。微生物占据着地球的每一处表面，释放出具有挥发性的化学物质。如果这些化学线索有助于判断性别、强壮与否或生育能力等，那么宿主动物可能演化出产生气味的器官，藏匿并滋养特定的微生物。最终，无意中生成的线索变成了成熟的信号。因此，通过制造随空气传播的信息，微生物可以超越宿主，在更广阔的范围内影响其他动物的行为。如果的确如此，它们会影响宿主本身的行为也就毫不奇怪了。

2001年，神经学家保罗·帕特森（Paul Patterson）给怀孕的小鼠注射了一种物质，可以模仿病毒感染并触发免疫应答。这些小鼠会诞下健康的幼崽，但帕特森注意到，在幼鼠的成熟过程中，它们会表现出一些有趣的怪癖。小鼠天生不愿进入开放空间，但这些新生儿尤为拒斥。它们很容易受到巨大噪声的惊吓，会一遍遍地舔舐自己的毛，或反复尝试埋一颗玻璃球。

它们比同龄的小鼠更少社交，也会回避社会联系。焦虑、重复动作、社会问题，帕特森从这些小鼠身上看到两种人类病症的表现：自闭症和精神分裂症。这些相似性并非完全出乎意料。帕特森读到过，曾严重感染流感或麻疹的孕妇更可能诞下患有自闭症和精神分裂症的孩子。他认为，母亲的免疫反应可能会影响宝宝的大脑发育，但只是不知道究竟是如何产生影响的。[33]

几年后，谜题才终于解开。帕特森与同事萨尔基斯·马兹马尼亚共进午餐，后者正是发现肠道细菌B-frag具有抗炎作用的学者。二位科学家发现，他们一直在通过两个不同的视角研究同一个问题。马兹马尼亚表明，肠道微生物会影响免疫系统；帕特森发现，免疫系统会影响大脑发育。他们意识到，帕特森实验中那些患有肠道问题的小鼠，与真实世界中的自闭症儿童有共同点：都更容易产生腹泻等胃肠功能紊乱问题，并且肠道内的微生物很不寻常。二人推测，这些微生物以某种方式影响了小鼠和儿童的行为表征。他们甚至更进一步地推测：解决肠道问题可能改变行为。

为了验证这一猜想，他们二人给帕特森的小鼠喂了一些B-frag。[34]效果显著。这些小鼠变得更热衷于探索，更难受到惊吓，也不容易重复动作，而且更善于沟通。他们仍然不太愿意接近其他小鼠，除此之外，B-frag已经扭转了母亲免疫反应引发的变化。

这一切都是怎么发生的呢？为什么会出现这样的状况？以下恐怕是最佳猜想：在怀孕小鼠身上模拟病毒感染会触发免疫反应，后果是，它们产下的后代，其肠道特别容易渗漏，肠道中的微生物群落也很不寻常。这些微生物产生化学物质透入血液，再进入大脑，从而引发不正常行为。其中的罪魁祸首是一种名为4-乙基苯基硫酸盐（4-ethylphenylsulfate，缩写为4EPS）的毒素，它能使健康的动物产生焦虑症状。小鼠吞下B-frag后，这种微生物会帮助封死它们的肠道，把4EPS（和其他物质）挡在血管外，防止其影响大脑，从而扭转异常症状。

帕特森于2014年去世，马兹马尼亚仍在继续这位朋友的研究。他的长期目标是开发一种细菌，人们吞服后便可以控制一些难以治疗的自闭症症状。开发备选可能是B-frag：它在小鼠身上的实验效果不错，而且恰好是自闭症患者肠道内最缺乏的微生物。自闭症孩子的父母了解到他的研究后经常发来电子邮件，询问可以去哪里获得这种细菌。很多这样的父母已经给他们的孩子服用了益生菌，帮助解决肠道问题。一些父母表示，孩子的行为已经有所改善。除了这些个别反馈，马兹马尼亚还想收集更坚实的临床证据。他对前景充满信心。

一些人则持怀疑态度。最显著的批评来自科学作家埃米莉·威林厄姆（Emily Willingham）："老鼠不会得自闭症。自闭症某种程度上是人类社会和文化观念建构出来的。"[35] 小鼠反复掩埋玻璃珠，与自闭症孩子来回摇摆身体是一回事吗？发出比一般小鼠更低频的吱吱声，真的能与自闭症患者无法正常交流的状况相提并论吗？简单一瞥，你可能会发现相似之处；再仔细一看，可能还会注意到其他的相似症状。事实上，帕特森的小鼠最初是用来模拟精神分裂症，而不是自闭症的。不过话说回来，马兹马尼亚的研究团队最近通过实验表明，这些小鼠的行为可能与自闭症患者的行为有相关性。他们把自闭症儿童的肠道微生物移植到小鼠体内后发现，这些小型啮齿动物发展出的怪异行为，其中有不少与帕特森发现的相似，比如机械地重复行为，厌恶社交。[36] 这表明，微生物至少部分地导致了这些行为。"我不认为有人会声称能在小鼠身上重现人类的自闭症，"马兹马尼亚乐观地说道，"因为有生理遗传上的限制，但实验结果就是那样。"

最起码，帕特森和马兹马尼亚通过研究表明，调整小鼠的肠道微生物——哪怕只是一个单一的微生物分子4EPS——就可以改变它的行为。我们此前已经知道，微生物可以影响肠道、骨骼、血管和T细胞的发育。而现在我们又看到，它们甚至可以改变大脑，而大脑比任何其他器官都能说明"我们是谁"这个问题。这个想法有些令人不安。我们如此珍视自由意志，害怕被看不见的力量剥夺独立性，这无疑是深藏在人类社会中的恐惧之一。就像一部最黑暗的小说，充满了奥威尔反乌托邦式的隐喻、藏在暗处的阴谋，以及控制我们心灵的超级反派。但事实证明，这种没有大脑的微观单细胞生物一直存在于我们体内，并在幕后操纵着我们的命运。

1822年6月6日，五大湖地区的一座小岛上，一个名为亚历克西斯·圣马丁（Alexis St. Martin）的20岁毛皮商，不小心被距离很近的步枪误射。岛上唯一的医生是一位名叫威廉·博蒙特（William Beaumont）的军队外科医生，当他赶到现场时，圣马丁已经出了半个多小时的血。圣马丁的肋骨被击碎，肌肉破损，一块烧焦的肺暴露在外。他的胃开了一个手指宽的口子，食物从里面倾泻而出。博蒙特后来写道："我当时认为，都到这种地步了，再怎么试图挽救他的生命都回天乏术。"[37]

不过他还是试了一把。他把圣马丁带到家中，克服种种困难，经过多次手术和几个月的护理，好不容易才稳定了伤情。但圣马丁的伤口一直没有完全愈合。他的胃附着在皮肤的创口上，形成了一个连通体内与外界的洞。用博蒙特的话说，这是一个"意外之孔"。圣马丁不能再打猎，也无法继续经营毛皮生意。于是，他干脆成了博蒙特的杂役及仆人，而博蒙特把他当成了一只实验豚鼠。当时的人们对消化系统的具体运作一无所知，而通过圣马丁的伤口，博蒙特仿佛看到了一扇机会之窗。他收集了许多胃酸样本，有时还直接把食物送进这个开口，用肉眼观看消化过程。实验一直持续到1833年，在此之后，二人分道扬镳。圣马丁回到加拿大魁北克省，余生一直务农，直到 78岁离开人世。 同处一个时代的博蒙特则摇身一变，成了"胃生理学之父"。[38]

博蒙特通过多次观察注意到，圣马丁的情绪会影响他的胃。当他生气或变得易怒时——当你的外科医生往你身上的开孔里塞食物时，你很难不暴躁吧——他的消化速度会改变。这是大脑影响肠道运作的第一个明确信号。近两个世纪过去了，这一关联对于我们而言已太过熟悉。情绪变化时，我们会没胃口；当我们感到饥饿时，情绪也会变化。精神状况和消化问题往往紧密相连。生物学家用"肠-脑轴"（gut-brain axis）来描述连通肠道和大脑之间的双向线路。

我们现在知道，肠道微生物是这条"轴"的一部分，而且于两个方向而言都很重要。20世纪 70年代以降，断断续续的小规模研究已经表明，任何一种压力，例如饥饿、失眠、与母亲分离、突然碰到一个好斗之人、不舒服的温度、身处人满为患的地方，甚至周围噪声太大等，都可以改变小鼠的肠道微生物。反向亦然：微生物组会影响宿主的行为，包括其社交态度和应对压力的能力。[39]

2011年之前，这类研究只能算是一股涓涓细流，但一到2011年，诸多细流忽然汇成洪流。几个月之内，多位科学家发表了一系列令人着迷的研究，表明微生物可以影响大脑和行为。[40]瑞典卡罗林斯卡医学院的斯文·彼得森（Sven Petterson）发现，无菌小鼠不太容易焦虑，与拥有正常微生物的鼠兄鼠弟相比，它们更愿意冒险。但是，如果这些小鼠幼年时就被微生物定植，它们长大后所表现出的谨慎与其他成年个体并无不同。在大西洋的另一边，麦克马斯特大学的斯蒂芬·柯林斯（Stephen Collins）也很巧合地发现了类似的现象。胃肠病学专业出身的他，当时正在研究益生菌对无菌小鼠肠道的影响。他回忆道："一位技术员对我说：好像有什么东西不对劲，益生菌让小鼠跳来跳去的。它们看起来好像不太一样。"随后，柯林斯研究了两种实验室常用的小鼠，其中一种一生下来就比另一种更胆小，更容易焦虑。他发现，如果在胆大的"无菌版"小鼠体内种上胆小鼠体内的微生物，前者也会变得胆小。反之亦然："无菌版"的胆小鼠若能获得强悍表亲身上的微生物，就会变得底气十足。实验结果如柯林斯期望的一样充满戏剧性：交换动物肠道内部细菌的同时，也交换了它们的一部分个性。

正如我们所见，无菌小鼠是一种奇怪的生物，其生理变化可能导致行为差异。所以，当爱尔兰大学的约翰·克赖恩（John Cryan）和特德·迪南（Ted Dinan）在拥有完整微生物组的正常小鼠身上也发现了类似的现象时，这一结果就显得更有指导价值。他们实验用的小鼠与柯林斯用的"胆小鼠"一样。他们给小鼠喂鼠李糖乳杆菌（*Lactobacillus rhamnosus*，又名JB-1，一株在酸奶和乳制品中常用的细菌），并成功地改变了它们的行为。小鼠摄入细菌后，能更好地克服焦虑：身处一个迷宫时，在暴露于外的部分或开放的中央地带，它们不急于躲藏，能在其中活动更长时间。它们也更善于抵抗消极情绪：被投入水中后，它们会花更多时间划水前进，而不是漫无目的地随意漂浮。[41]类似的实验通常用于测试精神病药物的有效性，而JB-1的效果类似于抗焦虑、抗抑郁药物中的成分。“这就像给小鼠注射了低剂量的百优解或安定。”克赖恩解释道。

为了了解哪些细菌在做什么，该团队观察了小鼠的大脑。他们看到，JB-1改变了大脑不同部位对GABA（一种镇静、平息兴奋神经元的化学物质）的应对方式，包括那些参与学习、记忆和控制情绪的部位。同样，这和人类的精神障碍惊人的相似：焦虑和抑郁的征兆之一就是大脑对GABA的应答出现了问题，而苯二氮䓬类药物正是通过增强GABA应答来对抗焦虑的。该团队还研究出微生物对大脑的影响。他们认为，迷走神经是关键媒介。这是一种细长、有许多分岔的神经，在大脑和肠道等内脏之间传递信号，也是“肠-脑轴”的一种物理形式。该研究团队切断这种神经后发现，可以改变意识的JB-1失去了所有影响。[42]

这些研究以及后续的许多研究均显示，改变小鼠体内的微生物可以改变其行为乃至大脑中的化学物质，让它们更容易患上小鼠意义上的焦虑和抑郁。但这些研究也有很多不一致之处。一些研究发现，细菌仅影响小鼠幼体的大脑；另一些研究则显示，性成熟期和成年的小鼠也会受到影响。有人发现，细菌能使小鼠减少焦虑；另一些人则发现细菌会促进焦虑。一些研究表明，迷走神经至关重要；另一些研究则强调，微生物可以产生像多巴胺和血清素这样的神经递质，携带信息，在神经元中传递。[43]出现这些矛盾并不令人意外。大脑和微生物都极为复杂，不可能很快就把二者的碰撞与交互研究透彻。

现在的大问题是，这些东西在现实生活中是否也同样重要。微生物产生的细微影响可以在受控的环境条件下、在实验室用的啮齿动物身上得到体现，但在真实世界中所能发挥的影响是否同样显著？克赖恩明白，对这个问题持有怀疑是有道理的，而打消怀疑只有一种方法，即选用比啮齿动物更复杂的实验材料。他展望道：“我们必须进入真实的人体。”

现在有一些研究主要是给人注射一定剂量的抗生素或益生菌，然后观察其行为变化。但这些研究方法存在严重的问题，结果也模棱两可。另有一些更有前途的研究，其中，（虽然研究规模还很小）柯尔斯滕·蒂利希

（Kirsten Tillisch）发现，与食用不含微生物的奶制品的女性相比，每天食用两次富含微生物的酸奶的女性，其大脑中参与情绪处理的部位较少活动。这些实验所体现的差异还有待进一步研究，但它们至少表明，细菌可以影响人类的大脑活动。[44]

在判断细菌是否可以帮助人们应对压力、焦虑、抑郁等心理健康问题时，这些研究将面临真正的考验。不过，目前已有一些成功的迹象。斯蒂芬·柯林斯刚刚完成了一个小型的临床试验：他用某食品公司专有的一种益生菌，一种双歧杆菌菌株，来减少患有肠易激综合征的抑郁症患者的症状。[45]他表示："我认为，这个试验首次证明，益生菌能用来减少特定患者群体的异常行为。"同时，约翰·克赖恩和特德·迪南的实验也接近完成：他们研究的是益生菌〔或用他们的话说是"精神益生素"（psychobiotics）〕，看其是否可以帮助人们应对压力。迪南是一名心理医生，负责一家诊疗抑郁症的诊所。随着实验的推进，他的期望有了明显的变化："我必须承认，一开始我深信不疑，给动物植入微生物不能改变它们的行为。"但现在他改变了想法，虽然仍然认为："不可能通过某种'益生菌鸡尾酒疗法'①治疗严重的抑郁症。但有可能开发出温和、有效的治疗方案。对于很多不希望采取抗抑郁药物治疗或者觉得当前疗法太昂贵的人，如果能够给他们提供有效的益生菌疗法，那将是精神病学方面的一大进步。"

这些研究的出现，已经使科学家不得不通过微生物这面透镜来窥探人类行为的不同方面。饮酒过度会使肠道更容易渗漏，使细菌更容易影响大脑——这是否有助于解释：酗酒者为什么常常会患上抑郁症或焦虑症？我们的饮食会重塑肠道中的微生物——这些变化是否也可能波及大脑？[46]中老年人肠道中的微生物不太稳定——这是否能帮助解释：为什么中老年人更容易罹患脑部疾病？我们体内的微生物是否在操控我们对食物的渴望？比如，你面前放着一个汉堡或一块巧克力，究竟是什么让你伸出手去的呢？

---

① 鸡尾酒疗法：一般指一种治疗艾滋病的方法，通过使用三种或三种以上的抗病毒药物联合使用来治疗；这里泛指用"调配"一套益生菌的方法来治疗抑郁。——译者注

从你的角度出发，有没有从菜单上点到正确的菜肴所导致的区别，仅仅在于吃了一顿好的还是坏的。但是对于肠道细菌而言，这个选择异常重要。在不同的饮食条件下，不同微生物的生存、生长状况也不同。比如，有些十分善于消化植物纤维，有些则能在脂肪的供给下茁壮成长。选择用餐的同时，你也选择了喂饱哪种细菌，并且使某种细菌获得优于其他细菌的地位。但细菌也不会耐心地等待你的决定。正如我们所见，细菌能想办法侵入你的神经系统。如果它们能在你吃到“正确”的食物时释放多巴胺(一种与愉悦和奖励相关的化学物质)，这是不是在潜在地“训练”你对食物的偏好？你点菜时，它们有发言权吗？[47]

现在这只是一个假设，但并不牵强。自然环境中充斥着控制宿主头脑的寄生虫；[48]狂犬病病毒会感染神经系统，使携带者变得暴力且极具侵略性；如果感染者向同类发起攻击，并咬伤或抓伤同类，那么病毒会趁机传染到新宿主上。弓形虫（*Toxoplasma gondii*）是一种大脑寄生虫，是另一种如傀儡师一般的存在。它只能在猫的体内进行有性生殖，一旦进入老鼠体内，就会抑制啮齿动物对猫的气味的自然恐惧，甚至能把这种恐惧转换为性引诱。老鼠会屁颠屁颠地跑向附近的猫，直接送上小命。弓形虫因此得以重新进入猫的体内，完成生命周期。[49]

狂犬病毒和弓形虫是彻头彻尾的寄生虫，它们以宿主的生命和健康为代价，自私地达成自己的繁殖目的，常常导致有害且致命的结果。我们的肠道微生物则不同，它们是我们生命中的自然组成。它们帮助塑造了肠道、免疫系统、神经系统等身体部位，造福我们。但是，我们不能因此而陷入一种虚假的安全感。共生的微生物仍然自成一体，它们也需要拓展自己的利益，在演化的战场上拼杀。它们可以是我们的合作伙伴，但不是我们的朋友。即使在最和谐的共生关系中，也总有冲突、自私和背叛。

4

条款与条件

1924年，马歇尔·赫蒂希（Marshall Hertig）和希米恩·伯特·沃尔巴克（Simeon Burt Wolbach）在波士顿和明尼阿波利斯附近收集淡色库蚊（*Culex pipens*），他们从中发现了一种新的微生物。[1]它看起来有点像立克次体（*Rickettsia*，沃尔巴克曾把立克次体鉴定为导致洛基山地区斑疹发烧和斑疹伤寒的元凶），但是这种新的微生物似乎并不对任何疾病负责，因此基本遭到了忽略。赫蒂希花了12年时间才正式以拉丁名*Wolbachia pipientis*命名沃尔巴克氏体，以纪念发现这种细菌的朋友，以及记录携带它的蚊子。之后，生物学家花了好几十年时间，才意识到这种细菌是多么特别。

对于经常写作微生物专题的科学作者来说，内心有一种最喜欢的细菌并不奇怪，就像人们有各自心仪的电影或乐队一样。沃尔巴克氏体就是我最喜欢的细菌。它的行为和传播范围都令人惊叹。它还完美地佐证了所有微生物都拥有双重身份的事实：既是我们的合作伙伴，又是寄生体。

20世纪八九十年代，卡尔·乌斯向全世界展示了如何通过基因测序来鉴定微生物，自那之后，生物学家开始发现，沃尔巴克氏体无处不在。而许多独立研究这种细菌的科学工作者逐渐意识到，他们的研究都导向了同一个发现：这种细菌能够操纵其宿主的性生活。理查德·斯陶特海默（Richard Stouthamer）发现了一组进行无性生殖、实际上全为雌性的黄蜂，它们完全通过克隆来繁殖。这种特性正是拜细菌沃尔巴克氏体所赐：当斯陶特海默给黄蜂用抗生素杀死细菌后，雄性又突然出现，不同性别的个体再次开始交配。蒂埃里·里戈（Thierry Rigaud）在木虱中发现了一种细菌，它会干扰雄激素的产生，从而把雄性转化为雌性——而这种细菌，也是沃尔巴克氏体。

在斐济和萨摩亚，格雷格·赫斯特（Greg Hurst）发现，美丽的幻紫斑蛱蝶的雄性胚胎总是被一种细菌杀死，从而使得雌雄比超过了100∶1。这里的罪魁祸首，还是沃尔巴克氏体。也许具体种类不完全一致，但这些与赫蒂希和沃尔巴克在他们抓到的蚊子中找到的微生物大致相同，只是版本不同罢了。[2]

这种细菌所采用的全部策略都不利于雄性，因为沃尔巴克氏体只能通过动物的卵把自己传递到下一代宿主，而精子太小，容纳不下它们。雌性给了它们通向未来的车票，雄性只会带着它们走入演化的死胡同。所以，沃尔巴克氏体演化出了许多方法，欺骗雄性宿主，扩大雌性群体占有的地盘。它像赫斯特的蝴蝶一样杀死雄性，或者像里高的木虱一样使雄性变成雌性，甚至可以像斯陶特海默的黄蜂一样允许雌性无性繁殖，完全排除雄性存在的必要。这些手段都不是沃尔巴克氏体独有的，但它是唯一能够用全这些策略的细菌。

在一些地方，沃尔巴克氏体允许雄性生存，但仍然操纵它们。它经常改变宿主的精子，使它们不能成功地让卵子受精，除非卵子也感染了同一种沃尔巴克氏体。从雌性的角度来看，这种不相容意味着：与未感染的雌性（只能与未感染的雄性交配）相比，受感染的雌性会获得更多竞争优势。这样一代代地繁衍下去，受感染的雌性越来越多，它们携带的沃尔巴克氏体也会传播开去。这就是细胞质不亲和，是沃尔巴克氏体最常采用，也最为成功的策略。使用这一策略的菌种，通常能够迅速地在一个群落中传播，感染100%的潜在宿主。

除了这些"厌男"手段，沃尔巴克氏体还擅长入侵卵巢、进入卵细胞，所以很快可以成为昆虫留给后代的"传家之宝"。它也极其擅长感染新宿主。因此，即使它与任何一个物种"分手"，也会找到好几十个可以"安家"的新物种。研究这种细菌的杰克·韦伦（Jack Werren）猜测："或许能够在澳大利亚的甲虫和欧洲的苍蝇中发现同一种沃尔巴克氏体。"基于以上这些原因，沃尔巴克氏体已经变得非常普遍。最近一项研究估计，每10种节肢动物中，至少有4种会感染沃尔巴克氏体。这个比例听起来十分荒诞。要知道，节肢动物包括各种昆虫、蜘蛛、蝎子、螨虫、木虱等，动物界中现存的大约780万种物种都属于节肢动物。如果沃尔巴克氏体感染了其中的40%，[3]那么几乎可以说，它是世界上最成功的细菌，至少是陆地上的王者。[4]不过，令人悲伤的是，沃尔巴克永远不知道自己的名字被用于命名了生命史上最重大的一种传染病，死于1954年的他对此毫不知情。

对于许多动物而言，沃尔巴克氏体是一种生殖寄生虫：它操纵宿主的性生活，进而实现自身的目的。宿主会因此受苦，有些会死亡，其他一些会失去生育能力；即使是没有受到影响的个体，也必须生活在一个畸形的世界中，几乎找不到潜在的伴侣。这么说来，沃尔巴克氏体可能像是典型的“坏微生物”，但它也有有利于宿主的一面。它能给某些线虫提供一些人类未知的益处；没有它，这些线虫便无法生存。它还能保护一些苍蝇和蚊子，使它们免受病毒和其他病原体的侵扰。缩基反颚茧蜂（*Asobara tabida*）离了沃尔巴克氏体就不能产卵。对床虱而言，沃尔巴克氏体是一种营养补充剂。因为床虱吸食的血液中不含B族维生素，沃尔巴克氏体正好能补充这种缺失；没有它，床虱便会发育不良，也无法生育。[5]

到了秋天，如果你有机会去到欧洲的苹果园，便能见证沃尔巴克氏体最惊人的用处。在苹果树黄橙相间的叶片上，你可能会发现一些绿色的斑点，仿佛在对抗季节性的枯萎。这是斑幕潜叶蛾制造的结果，它的幼虫住在苹果树的叶片里，且几乎都携带着沃尔巴克氏体。微生物在这种昆虫体内释放激素，阻止叶片变黄枯萎。它们让幼虫拖慢秋天的脚步，给自己足够的时间蜕化成蛾。如果消灭了沃尔巴克氏体，叶片便会凋零，里面的毛虫也会随之死去。

因此，沃尔巴克氏体是一种多面的微生物。它们可以是自私的寄生虫，无所不用其极，搭载宿主的翅膀和腿脚散布到世界各地；它们杀死动物，破坏其生理功能，并对宿主的择偶施加限制。但它们中的另一些则是互助主义者，给予恩惠，是动物不可或缺的盟友。还有一些二者均沾。而在微生物的世界里，沃尔巴克氏体也不是唯一如此多面的存在。

虽然本书意在介绍与微生物一同生活的益处，但这里涉及了一种微妙但又很关键的认知：没有所谓的“好微生物”或“坏微生物”。只有童话故事才会这样定性，这种简单的标签并不足以描述自然界中各种复杂的爱恨情仇。[6]

事实上，在“坏”寄生虫到“好”共生体之间有一段连续的性质分布范围，细菌分布其间。如沃尔巴克氏菌这样的微生物，能从连续范围的一端滑到另一端，变好变坏取决于菌种和它们所在的宿主。但许多细菌同时存在于连续范围的两端，同样的菌种却能同时导致好坏两种结果[7]：比如胃里的幽门螺杆菌（*Helicobacter pylori*）能引起胃溃疡和胃癌，但也能防止食管癌。其他一些菌种可以根据具体环境而在同一宿主体内更换角色。所有这一切都意味着，诸如互助、共生、共栖、病原体或寄生虫等标签，并不完全指一种固定的身份，更像是代表了当下的一种状态，与饥饿、清醒、活着类似；抑或是一种行为，比如合作或战斗。它们是形容词和动词，而不是名词：它们描述的是两个伙伴在何时何地如何彼此关联。

妮科尔·布罗德里克（Nichole Broderick）在研究一种名为苏云金芽孢杆菌（*Bacillus thuringiensis*，简称Bt）的土壤微生物时，发现了一个展现以上互动模式的绝佳例子。Bt产生毒素，在昆虫肠道上蚀出孔，从而杀死昆虫。20世纪20年代，农民开始利用微生物的这种能力，把Bt作为活性杀虫剂喷洒到作物上。甚至连有机农业也采用了这种做法。这种微生物的有效性毋庸置疑，但关于它是如何杀死昆虫的，科学家几十年来都想错了。他们一直认为，该微生物的毒素对昆虫的肠胃造成了很大的伤害，进而导致后者饿死。但这不能解释整个故事。毛虫不吃不喝一个多星期才会饿死，但Bt只消一半时间便可以置它们于死地。

布罗德里克几乎是在完全偶然的状况下发现了真相。[8]她怀疑毛虫肠道中的微生物会保护它们免受Bt侵害，所以她先给毛虫使用了抗生素，再喷洒Bt。她想，肠道微生物消失后，毛虫可能死得更快。可是它们最后却都幸存了下来。事实证明，肠道细菌不仅没有保护毛虫，反而被Bt借来杀死毛虫。它们留在肠道中时是无害的，但却可以通过由Bt毒素在肠道上蚀出的孔而侵入昆虫血液。毛虫的免疫系统一感受到这些微生物的存在，便会陷入狂暴状态，制造一大波炎症，并传播至毛虫身体各处，损害各种器官、阻断血液流动。这便是败血症，也是昆虫死得如此快的原因。

同样的事情也发生在人体内，每年可能有数百万人遭受影响。这类能在肠道中蚀出孔洞的病原体同样会感染人类，而当肠道中常见的微生物进入血液时，我们也会得败血症。就像在毛虫体内，相同的微生物可以在肠道中扮演“好菌”，也可以在血液中变身为危险分子。只有待对了地方，它们才会成为互助主义者。同样的规律也适用于生活在我们身体中的所谓“机会主义细菌”。它们通常是无害的，但也可以感染免疫系统变弱的人群，甚至危及生命，[9]一切都取决于它所处的环境。即使对于长期存在于人类体内的最基本的共生体线粒体而言，情况也是如此。所有动物细胞都含有线粒体，它们是提供能量的动力工厂；而一旦出现在错误的地方，它们也可以造成严重的破坏。一些细胞会因为伤口或擦破了皮而裂开，其中的线粒体片段便会溅入你的血液。要知道，这些片段仍然保留了它们自古以来的细菌特性。你的免疫系统发现它们后，会错误地认为体内发生了感染，于是会建立起强大的防御机制。如果损伤严重而释放出足够多的线粒体，那就可能导致全身性炎症，而这种全身性炎症反应综合征（SIRS）甚至会危及生命。[10] SIRS比最初的伤口更糟糕。荒唐的是，线粒体已经历经了20多亿年的驯化，而人体再面对它时依然会错误地过度反应。正如长错了地方的鲜花与杂草无异，我们的微生物在一个器官中可能极其宝贵，但在另一个器官中却可以变得危险异常；在细胞内是必需品，在细胞外却成了致命物质。“如果你的免疫系统受到一点抑制，它们就会杀了你；你死后它们会吃了你，”珊瑚生物学家福瑞斯特·罗威尔（Forest Rohwer）说道，“它们才不在乎。你和它们之间不是一段美妙的姻缘，只是一幕纯粹的生物学戏剧。”

所以，在共生的世界里，盟友随时可能背弃，敌人却可以与我们结盟。从共生到毁灭，只有区区几毫米之隔。

为什么我们之间的关系如此脆弱？为什么微生物能轻易地在病原体和共生体之间切换？首先，这些角色不像你想象得那么矛盾。试想象，“友好”

的肠道微生物需要与宿主建立稳定的关系。它必须在肠道中存活、扎根、不被扫地出门，并与宿主细胞相互作用。这些也是病原体必须做的。因此，无论是共生体还是病原体，无论是英雄还是恶棍，通常都会使用相同的分子，服务于相同的目的。其中一些分子拥有比较负面的名称，比如“毒力因子”（virulence factors），只有当人们生病时，它们才会被发现；但本质上它们是中性的，就如电脑、钢笔和刀这样的工具：可以用来创造美妙的作品，也可以唤醒可怕的妄念。

即使是能给人类带来益处的微生物，也可以间接地伤害我们：先让身体变得脆弱，让其他寄生虫和病原体有机可乘。它们的存在本身导致了纰漏。蚜虫体内某种必需的微生物会释放出一种随空气传播的分子，可以吸引细扁食蚜蝇的注意。这种看起来像黄蜂的黑白昆虫，对蚜虫而言意味着死亡。它的幼虫在其生命史内可以吃掉数百只蚜虫，成虫则通过嗅得这种蚜虫没法不散发的“微生物之香”（Eau de Microbiome）来为后代瞄准猎物。自然界充满了这些不经意的诱惑，就连你，现在也散发着某种气味。某些细菌可以把它们的宿主变成吸引疟蚊的磁体，其他细菌则能把这种小吸血鬼拒之门外。你是不是也曾好奇，为什么二人同时穿过一片郁郁葱葱的森林，一个被叮成筛子，另一个则毫发无伤、轻松一笑？其中一部分答案就藏在你的微生物中。[11]

病原体也可以利用我们的微生物发起入侵。比如导致小儿麻痹症的病毒，它会攫住肠道细菌表面的分子，就像抓住绳子一般，随着这些细菌荡入宿主细胞。这种病毒能更好地附着在哺乳动物的细胞上，并且在接触肠道微生物之后，能更稳定地适应人体温暖的体温环境。这些微生物无意间把这种病毒变得更强。[12]

所以，共生并非毫无代价。它们既能帮助宿主，也会捅出娄子。它们需要喂养、寄住和传播，一切都在耗费能量。最重要的是，与所有其他有机体一样，它们有自己的利益目标，但也经常与宿主发生冲突。像沃尔巴克氏体这样依靠母系遗传的共生体，若彻底驱逐其中的雄性，短期内会得到更多的宿主，但长此以往却有令宿主灭绝的风险。如果短尾乌贼体内的细菌停止发光，它们当然可以节省能量，但如果不发光的细菌太多，乌贼就会失去“保护光”，捕食者就会注意到它们并将其双双吞噬。如果肠道微生物抑制了我们的免疫系统，它们当然更容易生长，但我们却会罹患疾病。

自然界中的伙伴关系都是如此。欺骗永存，背叛四伏。伙伴们可能一起工作，但如果其中一方不用太努力或花费太多精力便可搭上便车、获得同样的好处，它肯定会这样做，除非会面对惩罚或被施加管理。赫伯特·乔治·威尔斯（Herbert George Wells）[①]曾于1930年写道：“每段共生关系背后都多多少少暗藏敌意，只有通过适当的规则加以约束以及精心地调节，才能保持互利状态。尽管人类拥有智慧、能够掌握互利关系的意义，但在人类事务中，互利的伙伴关系也不容易维持。低等生物更是没有这样的理解能力来帮助它们保持关系。相互成立的伙伴关系在建立之初多是盲目的，是他者无意间造就的一种适应。”[13]

这些原则很容易被遗忘。我们喜欢非黑即白的叙事，英雄与恶棍泾渭分明。过去几年，我见证了从“所有细菌必须被消灭”到“细菌是我们的朋友，希望它们帮助我们”的转向。但是后者与前者是同一种错误的一体两面。我们并不能因为某种特定的微生物生存在我们体内，就简单地假设它是“好”的。甚至连科学家有时也会忘记这点。“共生”这一术语原有的意义已经扭曲，其原本的中立含义“共同生活”被注入了积极色彩，浅薄地暗示着合作与和谐的内涵。但这不是演化的真实面貌，它不一定利于合作，即使结果符合双方利益；它甚至会为最和谐的关系绑上导致冲突的定时炸弹。

现在让我们把目光暂时移离微生物世界，转而去更宏观的世界看看。以牛椋鸟为例。你可以在非洲大陆找到这些棕色的鸟，它们通常都紧抓在长颈鹿和羚羊的腹侧。人们过去总视它们为清洁工，认为它们会吃掉动物身上的蜱虫和吸血的寄生虫等。但其实它们也会啄向没有闭合的伤口，这就比较不利于动物，会阻碍伤口的愈合，增加感染的风险。牛椋鸟渴望鲜血，而它们满足这种渴望的方式既可以给宿主带去好处，也可能制造危机。

① 英国著名小说家，他创作的科幻小说中包括了“时间旅行”“外星人入侵”“反乌托邦”等概念。——译者注

珊瑚礁中也上演着如此悲喜交加的闹剧。一种名为清洁工濑鱼的小鱼，在珊瑚礁中经营着“健康水疗中心”。大鱼经过时，濑鱼会食取它们下巴、鳃和其他难以触及之处的寄生虫。清洁工可以饱餐一顿，“客户”也获得了医疗服务。但清洁工有时也会作弊，例如吸取客户身上的黏液和健康组织。一旦发生这种事情，客户便会另觅别地以示警告，而清洁工内部也会惩罚惹恼潜在客户、搞砸生意的同事。还有一例。南美洲的金合欢树依靠蚂蚁防御杂草的侵袭，以及害虫和食草动物的啃食。作为回报，金合欢树会送一些甜味“零食”给它们的“保镖”，让后者住在树上的空心刺中。这看起来像是公平的互助关系，但实际上这种树会用一种酶阻止蚂蚁消化来源于其他地方的含糖食物。蚂蚁和金合欢树签订了主仆契约。以上这些都是很有代表性的合作实例，常常能在教科书和野生动物纪录片中找到。每个参与者都难免卷入冲突、操纵和欺骗之中。[14]

“我们需要区分**重要**与**和谐**这两个概念。微生物组非常重要，但这并不意味着它们的关系是和谐的。”演化生物学家托比·凯尔斯（Toby Kiers）说道。[15]运作良好的伙伴关系其实是一种互惠的剥削，这很容易理解。“两个合作伙伴都可能从中受益，但是其内部固有一种紧张关系。共生是冲突，是永远不能完全解决的冲突。”

然而，这种关系可以经由管理保持稳定。夏威夷周围的海域中没有因此而充斥着不发光的乌贼，[16]许多感染沃尔巴克氏体的昆虫仍有雄性个体，我们的免疫系统工作正常，所有人都会找到各自的方法与体内微生物保持稳定的关系：促进发挥彼此的功能，且不会轻易背叛。我们演化出各种方式，以此来选择与哪些物种共生，以及学会如何在体内限制和控制它们的行为，使其更倾向于与我们共生，而不是致病。就如经营好每一段关系，这些方式都很耗费精力。生命史上的每一次重大转型——从单细胞到多细胞，从个体到共生体——都不得不解决同样的问题：如何克服个体的私利，形成合作的团体？

换言之，我如何“包罗”我的“万象”？

包罗万象的方式很像农耕作业。我们用栅栏和围墙标记菜园的边界，为作物施肥，把杂草斩草除根，甚至直接扼杀在萌芽初期。我们为园子选址在一个温度、土壤条件和阳光适宜的地方，为任何我们想要种植的作物提供养分。动物也会采取类似的措施来制定它们和微生物伙伴合作的条款和条件。[17]所有与微生物有关的共生细节，待我们细细数来。

首先，每个物种的每个身体部位，各自都有动物学意义上的“水土条件”：特定的温度、酸碱度、含氧量，以及其他决定特定微生物可以在那里生长的条件。人体的肠道可能看起来像是微生物的天堂，因为会定期供应食物和水。但是，这样的环境也具有挑战。食物仿佛汹涌的洪流倾泻而入，微生物必须快速生长或携带分子锚而立足。肠道也是一个黑暗的世界，依赖阳光制造食物的微生物无法在此处生长。这里还缺氧，所以也解释了为什么绝大多数肠道微生物是厌氧菌，即通过发酵食物生存，在没有氧气的环境下也能生长。其中一些细菌太过依赖厌氧环境，以至于一旦置身有氧环境之中便会死去。

皮肤则完全不同：有的地方像凉爽、干燥的沙漠，比如前臂；有的地方像湿润的丛林，比如腹股沟和腋窝。人体可以照到充足的阳光，但这也会带来潜在的问题，因为阳光通常会带来紫外线辐射。人体周围不缺氧气，并且由于大部分皮肤都暴露在新鲜空气中，所以需氧菌会茁壮成长。然而皮肤上也有隐蔽的一隅，比如汗腺可以庇护痤疮丙酸杆菌（*Propionibacterium acnes*）这类厌氧菌生长，导致皮肤上长出痤疮。在人体内外，物理和化学规律形塑着生命体。

动物也可以主动改造自己的体内环境，为不同的微生物铺上红地毯，或者设置封锁区。我们的胃会分泌强劲的胃酸，把大多数细菌拒之于外，只有幽门螺杆菌等极能忍受酸性环境的特殊细菌才能驻扎其中。木蚂蚁没有分泌酸的胃，但其身体后端的腺体可以分泌蚁酸。通常情况下，它们喷洒酸性物质是用来防御的，但木蚂蚁也可以从自己的后端吸进蚁酸，酸化消化道，防止不需要的微生物入侵。[18]

这些身体条件制定了准入标准，决定了哪些微生物能够进入人体的某处并生存下来。它们是粗略的过滤器，大致决定了可以与我们共存的微生物类型，同时标出了它们可以落脚的地方。但我们还需要更具体的微调微生物菌群的方法，以及建构起保证它们处在正确位置的坚实围栏。请牢记，自始至终，“位置”都非常重要：微生物可以很容易地从有益的盟友转换为致命的威胁，一切都取决于它们身处何方。所以许多动物体内设置了屏障，把微生物团团围住。我们演化出一套围栏，让微生物相安无事。短尾乌贼用隐窝暗藏它们的发光伙伴。可再生的扁虫把身体的大部分都用于存放微生物。椿象的消化道中间有一条非常狭窄的通廊，可以阻止食物和液体流动，并把肠道的后半部分打造成一间宽敞的微生物公寓。全世界1/5的昆虫，都把它们的微生物共生体包裹在一种特殊的含菌细胞（bacteriocytes）中。[19]

含菌细胞在昆虫的不同谱系中重复演化。一些昆虫把它们安插在其他细胞之间，另一些则把它们捆绑在一起，形成一种名为怀菌体（bacteriome）的器官，像一串串葡萄似的增生到肠道旁。无论它们起源于何处，发挥的功能都大抵相同：储存并控制细菌共生体，阻止它们扩散到其他组织，并保护它们不被免疫系统发现。含菌细胞不是豪华公寓，一个含菌细胞可以包含数以十万计的细菌。它们紧紧地挤在一起，即使拿沙丁鱼罐头做比，后者所在的空间都可算得上十分宽敞了。它们是以不同形式存在的细胞。

它们也是控制工具。尽管许多昆虫与其共生体之间的依存关系存在已久，但仍然可能爆发大量冲突。如果你觉得这很奇怪，不妨想一想，每年都有数百万人被诊断患有癌症，这是细胞“造反”所导致的疾病，即让细胞抵抗其所在身体的调节作用，不受控制地生长、分裂，形成可能危及宿主生命的肿瘤。癌症细胞其实是我们身体的一部分，既然连身体细胞都可以如此肆无忌惮，那么不难想象，作为一个单独的生命体，弓背蚁体内的布赫曼菌也会像癌细胞一样增殖、扩散。而这种扩增可以演变成一种共生癌症，不经身体控制而疯狂地复制自己，吸收蚂蚁自身所需的能量，并侵入本不应该侵入的细胞。[20]

利用含菌细胞，昆虫可以阻止此类情况发生。昆虫可以控制营养物质穿过含菌细胞的过程，阻止“骗子”共生体出现：它们既违背合作条件，也不为对方提供既定的必需利益；它们会用有害的酶和抗菌的化学物质攻击捕获到的微生物，严格管控群体数量。米象是一种以米和其他谷物为生的长触角甲虫，它们就用这种手段对付自己含菌细胞中的一种伴虫菌（*Sodalis*）①。这种细菌会产生某种化学物质，在米象体外形成一层硬保护壳。米象在成虫阶段第一次形成这层壳时，会放松对细菌的控制，而后者的数量会翻两番。壳一旦形成，米象便不再需要它的共生伴侣——它们会杀死这些微生物。含菌细胞内的伴虫菌和其他所有内容物都会被米象循环成原材料。接着，细胞自毁。如果是迫于生存形势，米象还会再次使用体内的“细胞监狱”培养足量的细菌，并在伙伴关系不再具有利用价值时销毁它们。[21]

对于脊椎动物而言，内含微生物更加困难。与昆虫的内含细菌相比，人类必须控制一个规模更大的微生物菌群，而且我们体内也没有含菌细胞，大多数微生物都生活在细胞周围，而不是内部。试想象你的肠道。那是一条层层叠叠地堆在一起的极长的管子，如果完全展开，其完整的表面能够覆盖一整片足球场。肠道里云集了数以万亿计的细菌，只有一层上皮细胞（也是隔开其他器官的细胞）阻止它们穿透肠道壁，不然它们就能到达血管，并被带往其他身体部位。肠道的上皮细胞是我们与微生物伙伴的主要接触点，也是最脆弱的防线。如珊瑚和海绵这样的简单水生动物，甚至更脆弱，因为它们整个身体的外部就好比完全浸没在微生物的上皮层中。但即使如此，它们仍能控制这些共生关系。这到底是怎么做到的呢？

首先，它们会使用黏液，这种黏糊糊的东西和感冒时堵住鼻子的鼻涕差不多。“黏液太酷了，几乎不会让你失望。”福瑞斯特·罗威尔说道。[22]他对此非常了解。多年来，他已经从动物王国中收集了许多不同的黏液样本。几乎所有动物都使用黏液来覆盖暴露在外的身体组织。对人体而言，这些组织包括肠道、肺、鼻子和生殖器；对珊瑚而言，黏液几乎覆盖了所有地方。这些黏性物质是一道物理屏障。黏液由黏蛋白大分子构成：每个分子都由蛋白质构成一条主链，然后分出千万个糖分子分支。这些糖允许多个黏

① *Sodalis*源于拉丁语中的“伙伴”（sodalis），由于与特定昆虫物种构成的共生关系，本书采用“伴虫菌”这一译名。——译者注

蛋白缠结在一起，形成一片密集、几乎不可渗透的荆棘丛，这一道黏液长城能够阻止有害微生物穿透并进入身体。如果这道防线还不足以构成威慑，那么身体会派出病毒严加看守。

看到病毒二字，你可能会想到埃博拉、艾滋病毒或流感病毒：它们导致疾病，是臭名昭著的恶棍。但大多数病毒主要感染和杀死微生物。它们便是噬菌体，顾名思义，就是细菌吞噬者。它们长有犄角的头部由细长的腿支撑着，好似搭载阿姆斯特朗的“阿波罗”号登月探测器。一旦接触细菌，它们便会把自己的DNA注入其中，把该微生物变成制造更多噬菌体的工厂。最终，它们会以致命的方式从微生物宿主中释放出来。噬菌体并不感染动物，其数量也远大于感染动物的病毒。人类肠道中数以万亿计的微生物，能支持数以千万亿计的噬菌体。

几年前，罗威尔团队的成员杰里米·巴尔（Jeremy Barr）注意到，噬菌体特别喜欢黏液。在一般环境下，细菌细胞和噬菌体的比例大致是1∶10。[23]而在黏液中，这个比例达到了1∶40。在人类的牙龈、小鼠的肠道、鱼皮、海生蠕虫、海葵和珊瑚中，噬菌体也差不多以4倍于宿主的比例存在着。试想象，成群结队的噬菌体，伸长腿、探出头，等待给路过的微生物一个致命的拥抱。并且，这些与黏液相结合的噬菌体，可能不仅仅是用于杀死微生物的粗糙工具。罗威尔怀疑，动物可能可以通过改变黏液的化学成分而招徕特定的噬菌体、杀死某些细菌，同时为别的细菌提供安全通道。也许，这是我们为自己所偏爱的微生物合作伙伴选择的一种生存方式。

这一畅想可谓影响深远。它表明，噬菌体（记住，噬菌体是病毒）能与包括人类在内的动物形成互惠关系。它们保证把我们的微生物数量控制在一定范围内；作为回报，我们为它们提供一个充满细菌的环境，供它们寄生。就找到寄生对象的概率而言，附着在黏液上的噬菌体比一般条件下高出15倍。并且，由于黏液普遍存在于动物中，噬菌体也随之广泛分布，这种伙伴关系可能在动物王国形成之初就已开始。实际上，罗威尔推测，噬菌体是我们最原始的免疫系统，即动物守住微生物进入体内的最简单手段。[24]周围有不少这样的病毒，因此，给它们提供一个可以集中停靠的黏液层并不困难。

随着这种基本合作关系的成形，更多更复杂的控制手段也陆续涌现。

以哺乳动物的肠道为例。其上覆盖了两层黏液：内层非常致密，直接覆盖在上皮细胞上；外层则相对松散。外层的黏液中充满了噬菌体，但也能令微生物在此立足、建立繁荣的菌落，形成一片丰饶之地。相比之下，致密的内层只含有非常少的微生物，这是因为上皮细胞会向这个区域喷射充足的抗菌肽（AMPs）——这种小分子“子弹”能够驱逐侵入其中的微生物。它们创造了罗拉·霍珀口中的“非军事区”：一个紧靠肠道内衬的区域，微生物不能在此定居。[25]

如果有任何微生物能成功地穿过黏液、噬菌体和抗菌肽的重重防守，并偷偷地穿过上皮细胞——不必高兴得太早，因为另一边还有一个营的免疫细胞等着吞噬并销毁它们。这些免疫细胞不只停驻在一边，而是会十分主动地穿过上皮细胞去检查另一侧的微生物，仿佛透过栅栏的板条向另一边窥探。它们一旦在“非军事区”发现细菌，就会马上开始实施抓捕，再把它们带到另一边吃掉。吃多了这些不守规矩的“犯罪分子”，免疫系统也就愈发清楚哪些细菌会在黏液中逗留，从而可以提前制备抗体，准备其他合适的对策。[26]

黏液、抗菌肽和抗体也会左右人体决定哪些微生物可以留在肠道中。[27]科学家培育了一种或多种缺失这些成分的突变小鼠，它们体内的微生物会变得不正常，通常会患上某种炎症性疾病。所以，肠道的免疫系统并不是一道不加鉴别的屏障，它不会随意击倒任何正在接近的微生物，而是有选择地施加控制。它的反应很活跃：例如，许多细菌分子刺激肠细胞产生更多黏液；细菌越多，肠道就变得越坚固。同样地，肠细胞接收到细菌出没的信号时会释放抗菌肽，它们并不会持续朝“非军事区”扫射，而是等目标靠太近时才开火。[28]

你可以把这个过程视为免疫系统对微生物组的校准：微生物越多，免疫系统就阻击得越猛烈。或者你也可以说，微生物也在校准免疫系统：触发免疫系统的反应，为自己创造一个合适的生态位，同时置竞争对手于不利之境。如果你认为我们最常见的肠道微生物在不断地适应、力争与免疫系统共存的话，那么后一种看法更能解释问题。传统观点认为，免疫系统就是要摧毁那些致病微生物，然而上述种种提供了截然不同的见解。当我写作本书时，维基百科仍然把免疫系统定义为“由一系列生物体结构和生理机制组成的疾病防御系统”。[①]免疫系统的激活是因为它探测到了病原体的存在：视其为威胁，然后清除。然而对许多科学家而言，防止病原体入侵只是一项额外技能。免疫系统的主要功能是管理我们与体内常驻微生物的关系：更关乎平衡和良好的管理，而不是防御和破坏。

脊椎动物拥有特别复杂的免疫系统，可以针对特定的威胁定制长期的防御机制。这就是为什么我们小时候得过麻疹或接种过疫苗后，就产生了相应的免疫力。这并不是因为我们比其他动物更容易受到感染，相反，乌贼专家麦克福尔－恩盖认为，这是一种历经演化而形成的更复杂的免疫系统，能控制更复杂的微生物组，允许脊椎动物更准确地选择生活在自己体内的微生物物种，并长期保持一种精妙的平衡关系。我们的免疫系统并不会限制微生物，而是会支持更多的微生物共存。[29]

回想前文，我把免疫系统描述为一支管理国家公园的护林员队伍。如果微生物侵袭公园的黏液“栅栏”，护林员会驱逐它们，并加固屏障。护林员会控制任何在公园中占据过于主导地位的物种，也会消灭从外部世界侵入的任何病原体；它们会保持领域内的势力平衡，并不断地抵御来自外部和内部的威胁。

护林员只有在我们生命伊始时才不那么忙碌，借用微生物学的术语形容，彼时的我们正处在“白板状态”。为了让第一种微生物定植于新生儿体内，一种特殊的免疫细胞会抑制身体的防御系统——这就是为什么婴儿新生后的六个月内极易受到感染。[30]人们通常认为婴儿此时的免疫系统尚不成熟，但事实并非如此，是它故意给微生物敞开了一扇可以自由进入的窗口，让后者得以生存生长。但是，没有免疫系统的选择能力，哺乳动物的婴儿如何确保获得正确的微生物菌群呢？

① 译文取自中文维基百科词条。——译者注

母亲会帮助他们。母乳中富含控制成年人微生物菌群的抗体，婴儿通过母乳摄取这些抗体。免疫学家夏洛特·凯泽尔（Charlotte Kaetzel）改造了一种基因突变的小鼠，它们的母乳中不包含其中的一种抗体。然后她发现，这些小鼠的幼体长大后，其肠道微生物组成十分奇怪。[31]这些组成与典型的炎症性肠病患者的肠道微生物相仿，其中很多细菌会穿透肠壁，进而导致淋巴结炎症。正如前文所述，许多无害的细菌，只有待在本应该待的地方才无害。母乳可以约束这些细菌。当然，母乳的功用远不止于此。哺乳动物正是通过母乳实现了最令人惊讶的微生物控制手段。

在加州大学戴维斯分校，一座陶土砖墙砌起的建筑物俯瞰着一大片葡萄园，旁边还有种满夏季蔬菜的菜园。它像一座托斯卡纳别墅，但不知为何穿越到了美国西部。这其实是一家研究所，在其中工作的科学家十分着迷于研究动物的母乳。研究所的领头人布鲁斯·杰曼，是一个充满活力的小个子男人。如果举办一场赞美母乳的比赛，他一定是世界冠军。我在他的办公室见到他，与他握了握手，问道："你为什么对母乳感兴趣？"半小时后，他仍然坐在一颗健身球上，一边捏着破破烂烂的气泡包装垫，一边自言自语般地回答着我的问题。

他说，母乳是完美的营养来源，当之无愧的"超级食品"。这种观点并不常见。到目前为止，与血液、唾液，甚至尿液等其他体液相比，关于母乳的科学出版物少之又少。乳品业投入大量资金从奶牛那儿挤出更多牛奶，但却很少去了解这种白色液体是什么，以及它们是如何发挥功用的。医疗资助机构认为它无关紧要，正如杰曼所说，"丝毫无助于缓解中年白人的疾病"。营养学家认为它不过是脂肪和乳糖的简单混合液，很容易被成分差不多的奶粉替代。"人们认为这只是一袋化学物质，"杰曼说道，"它却偏偏不止如此。"

母乳是哺乳动物的演化创新。每一种哺乳动物的母亲，无论是鸭嘴兽还是穿山甲，无论是人类还是河马，都通过"溶解"自身的一部分来制造一种白色的液体，然后通过乳头分泌。这种液体的成分是哺乳动物经过2亿年演化的结果，它们不断调整和完善，以提供婴儿所需的全部营养。这些成分包括名为低聚糖的复合糖。每种哺乳动物都会分泌乳汁，但出于某种原因，人类的母亲混合出了一种特殊的母乳——截至目前，科学家已经识别出了200多种人乳低聚糖，简称HMO 。[32]这是人乳中继乳糖和脂肪后的第三大组成部分，它们理应是婴儿成长过程中丰富的能量来源之一。

但是，婴儿并不能消化它们。

杰曼第一次听说人乳低聚糖时，简直目瞪口呆。为什么母亲要耗上大量能量制造这些复杂的物质，但没办法为婴儿消化，也因而无助于其成长？为什么自然选择没有淘汰这种吃力不讨好的做法？线索在这里：这些低聚糖能够完好无损地通过胃和小肠，最后抵达大肠——那里生活着大多数细菌。那么，低聚糖也许并不是给婴儿的食物，而是给微生物的食物？

该想法可以追溯到20世纪初。当时，两个完全不同的研究团队做出了类似的发现（双方互不知晓对方的存在）。[33]其中一个团队的儿科医生发现，与用奶粉喂养的婴儿相比，一种名为双歧杆菌（*Bifidobacteria*）的微生物更常出现在通过母乳喂养的婴儿的粪便中。他们认为，人乳中必定含有滋养这些细菌的物质，即后世科学家口中的“双歧因子”。同时，另一组化学家发现，人乳中含有牛乳所不具有的碳水化合物，并且会逐渐把这种神秘的化合物分解成更小的物质，其中就包括几种低聚糖。原本平行的两条线最终于1954年相交，理查德·库恩（Richard Kuhn，奥地利化学家，诺贝尔奖得主）和保罗·吉尔吉（Paul Gyorgy，出生于匈牙利的美国儿科医生，母乳喂养倡导者）开启了一段合作。他们共同证实，神秘的双歧因子与母乳中的低聚糖一样，滋养了肠道微生物。（不同科学分支通常会开展合作，以此来了解不同生命领域间的伙伴关系。）

到了20世纪90年代，科学家们已经知道母乳中含有超过100种HMO，但经过详细描述的只有少数几种。没有人知道它们中的大多数是什么样子，或它们喂养了哪种细菌。但众所周知的是，它们公平地喂养着所有的双歧杆菌。杰曼对此并不满意，他想知道谁是食客，它们又点了什么菜。为了得到答案，他从历史研究中寻得一条线索，并组建了一支由化学家、微生物学家和食品科学家组成的多元团队。[34] 他们一起识别了所有的HMO，提取并喂给细菌。但是令他们苦恼的是，细菌并没有生长起来。

这个问题很快变得清晰：HMO不是双歧杆菌的通用食物。2006年，该团队发现这些糖类有选择地滋养着某种细菌的特定亚种，婴儿双歧杆菌（*Bifidobacterium longum infantis*，长双歧杆菌的亚种）。只要为它们提供HMO，它们将胜过任何其他肠道细菌，占据肠道优势菌种的位置。另一个与它们关系很密切的亚种是*B. longum longum*，但是为其提供相同的HMO后，生长得却很缓慢。讽刺的是，在益生菌酸奶中常见的乳酸乳杆菌（*B. lactis*）根本不能生长。另一种主流益生菌双歧杆菌*B. bifidum*的情况稍微好些，但它是很麻烦的贪食者，会分解几个HMO，只挑喜欢的部分吃。相比之下，婴儿双歧杆菌会把HMO吞得一点不剩，它的30个基因仿佛是为了食用HMO而定制的餐具套装。[35] 其他双歧杆菌并没有这个基因群，那是婴儿双歧杆菌所特有的。人乳已经演化成了专门滋养这种微生物的物质，而这种微生物也演化成了完美的HMO食客。不出意外，这也是通常在接受母乳喂养的婴儿肠道中占据主要地位的微生物。

婴儿双歧杆菌占据地盘，也赚取相应的回报。它消化HMO时，会释放短链脂肪酸（SCFAs）喂养婴儿的肠道细胞。因此，当母亲用母乳滋养这种微生物时，后者也会反过来养育婴儿。通过直接接触肠道细胞，婴儿双歧杆菌还刺激它们制造黏附蛋白，密封肠道细胞间的间隙，另外也会制造调整免疫系统的抗炎分子。这些变化，只在婴儿双歧杆菌食用HMO而生长时才会发生。如果它得到的是其他乳糖，那么也能生存下来，但不会参与和婴儿细胞相关的任何互动。它只有在接受母乳喂养时才能释放出全部的有益潜能。同样，对一个孩子而言，母乳可以提供的所有好处也必须经由婴儿双歧杆菌才能实现。[36] 因此，与杰曼合作的微生物学家大卫·米尔斯（David Mills），实际上是把婴儿双歧杆菌视为母乳的一部分，尽管这一部分并不由乳房分泌。[37]

在所有的哺乳动物中，人类的母乳脱颖而出：它含有的HMO种类是牛奶的5倍，数量更是后者的几百倍之多，就连黑猩猩的母乳也远不及人乳丰富。没有人知道为什么会存在这种差异，不过米尔斯提供了几种可靠的猜想，其中一项与我们的大脑有关。以人类这样的灵长类动物而言，与我们的身长相比，大脑的尺寸可以说非常惊人，而且其快速生长阶段主要集中在我们出生后的第一年内。这种快速生长，部分取决于一种名为唾液酸的营养物质，而它恰巧也是婴儿双歧杆菌食用HMO时所释放出来的。如果好好喂养这种细菌，母亲的确可能喂养出更聪明的宝宝。这可能解释了，为什么与独来独往的猿猴相比，社会性强的猿猴，其母乳中的低聚糖含量更高，所含种类也更多样。如果生活在更大的群体中，个体需要记住更多的社会关系、管理更多的伙伴关系、与更多的对手过招。许多科学家认为，这些需求驱动了灵长类动物的智力演化，也许也促进了HMO的多样发展。

另一种猜想与疾病有关。病原体可以很容易地从一个宿主跳到另一个宿主身上，所以群居动物需要保护自己免受传染病感染。HMO提供了这样一道防御机制。当病原体感染我们的肠道时，它们几乎总是第一时间缠住附着在肠道细胞表面的多糖。但是，HMO与这些肠道中的多糖具有惊人的相似之处，因此病原体有时会转而缠住它们。它们可以作为诱饵，转移攻击婴儿自身细胞的火力。它们可以阻止一连串在肠道内为非作歹的“坏菌”：沙门氏菌（*Salmonella*）、李斯特菌（*Listeria*）、霍乱弧菌（*Vibrio cholerae*，导致霍乱的罪魁祸首）、空肠弯曲菌（*Campylobacter jejuni*，细菌性腹泻的最常见诱因）、痢疾内变形虫（*Entamoeba histolytica*，一种凶残的变形虫，会引起痢疾，每年致死10万人），以及许多大肠杆菌强毒株。它们甚至可能阻止艾滋病毒——这也许解释了，为什么大多数携带HIV病毒的母亲用母乳喂养时不会感染婴儿，尽管母乳本身携带病毒。每当有HMO存在时，即使科学家散播了病原体，培养出来的细胞也总是毫发无损。这有助于解释，与用奶粉喂养的婴儿相比，为什么用母乳喂养的婴儿更少发生肠道感染，以及其体内为什么存在这么多种HMO。“这是有原因的，因为只有足够多样的HMO才能针对包括病毒和细菌在内的不同病原体，”米尔斯表示，“我认为，这种惊人的多样性为我们提供了一整套保护措施。”[38]

该团队的研究工作才刚刚开始。他们在那座仿托斯卡纳风格的研究所内设立了一座非常厉害的母乳加工设备，希望借此从这种最为人类熟悉的液体中，发现许多不为人知的秘密。主实验室由米尔斯与食品科学家丹妮埃拉·巴丽勒（Daniela Barile）共同负责，里面有两个储存母乳的巨型钢桶，还有一台看起来像卡布奇诺咖啡机的巴氏灭菌器，以及其他一些用于过滤液体和分解成分的设备。附近的机架上摆放着数百个白色空桶。巴丽勒告诉我："它们通常都是装满的。"

装满母乳的白色巨桶保存在一个巨大的步入式冰柜中，里面的温度维持在零下32摄氏度，人根本待不住。一旁的长凳上摆着一排长筒雨靴（"我们加工母乳时会洒得到处都是。"巴丽勒解释道）、一把用来锤冰的锤子（"门总是关不严"），另外还莫名其妙地放着一台火腿切片机（我没问为什么）。我们把头探进去，看到白色巨桶依次排列在托盘和架子上，里面大约有2 728升母乳，其中很多是乳制品商捐赠的牛奶，但取自人类的母乳也储量庞大。"很多妈妈会吸一些母乳储存起来，但她们的孩子断奶后，这些母乳能有什么用呢？她们打听到我们，把母乳捐给我们，"米尔斯解释道，"我们从斯坦福大学的某个人手里收集到了80升母乳，一共花了两年时间。那人问我们：'我有这么些母乳，你们要不要？'"当然要。他们需要很多很多母乳。

他们计划研究母乳的组成部分，包括HMO和其他物质，比如附着多糖的脂肪和蛋白质（它们又是如何影响婴儿双歧杆菌和其他的双歧杆菌？），还有噬菌体。杰曼与杰里米·巴尔（Jeremy Barr）共同合作，探究母亲是否通过母乳把一系列共生病毒传递给婴儿。他们已经发现了一些不寻常的现象：噬菌体本来就很擅长附着在黏液上，但如果有母乳的帮助，它们的附着效率能提高十倍。母乳中的某些成分能够帮助它们固定在合适的地方。而促成此事的，似乎是一小块包裹在黏液般的蛋白质中的脂肪。静置一杯乳汁，浮在表面的脂肪层里就充满了这些小球。它们为婴儿提供营养，但也可能在婴儿肠道中为他们遭遇的第一个病毒提供立足之处。

当巴尔告诉我这一机制时，我十分惊讶。这意味着，我们塑造和控制微生物组（噬菌体也好，黏液也罢，甚至还包括免疫系统的各种装备与母乳中的成分）的手段是相互关联的。我们先前把它们作为分离的工具单独讨论，但实际上，它们都是一个纵横交织的庞大系统中的一部分，而正是这个系统在维持我们与微生物的稳定关系。在这种违反直觉的现实中，病毒可以是盟友，免疫系统可以支持微生物的生存，哺乳期的母亲不仅通过母乳喂养婴儿，还为下一代建立起了一整个微生物世界。母乳到底是什么？杰曼是对的：它远不止是一袋化学成分；它同时滋养着婴儿和婴儿双歧杆菌。这是一个初步的免疫系统，可以防止更邪恶的微生物入侵。母亲正是通过这种方式，从第一天开始就确保宝宝能交上正确的伙伴。[39] 母乳帮助宝宝为迎战未来的生活挑战做好准备。

一旦断奶，我们就必须自力更生地滋养微生物。我们会通过膳食为肠道输送一股股多糖，以替代失去的HMO。另外，我们也会制造多糖，比如肠道黏液中就充满了这些多糖，仿佛一片为肠道微生物准备好的丰美牧场。如果我们继续为它们提供正确的食物，便能培育出可能有益于健康的细菌，并把更容易带来健康隐患的细菌排除在外。喂养微生物太必要了，即使我们自己停止进食，这项工作也在继续。动物生病时常常会失去食欲，这其实是一项明智的生存策略，能够省下觅食的能量，专注于恢复。这也意味着，肠道微生物会经历暂时的饥荒。生病的小鼠会通过释放应急“存粮”——一种名为岩藻糖的单糖——来处理这个问题。肠道微生物可以切断并消化这种单糖，存活下来，等待宿主恢复正常，再给它们喂食。[40]

拟杆菌属（*Bacteroides*）擅长消化这些多糖，它们很快便成了肠道中最常见的微生物。但关键是，多糖如此多样，没有哪种细菌拥有消化所有多糖的工具。这意味着，吃下种类丰富的多糖，可以支持多样细菌的生存。有些是像鸽子或浣熊那样随和的杂食者，还有一些则像熊猫或食蚁兽一样特别挑食。这些微生物共同形成了一张食物网，其中一些攻克最大、最难分解的分子，并释放较小的碎片，供其他微生物享用。两种微生物同时出没时会缔结盟约，互相喂食，各自消化不同的食物，同时产生对方可以利用的化学物质；它们调节代谢动作，彼此和平相处，避免与邻居发生冲突。[41]

这些相互作用十分重要，因为可以维持整个系统的稳定。如果单个细菌的多糖消化效率太高，它可能会消耗黏液屏障，产生空隙，使其他微生物得以进入。但是，如果有数百种彼此竞争的物种，它们就可以防止彼此变成垄断食物供应的贪食鬼。我们为肠道提供多样的营养，也饲养了种类繁多的微生物，保持这个巨大、多样的菌群的稳定性。而这些菌群也会反过来使病原体的侵入变得更加困难。我们在餐桌上摆上正确的食物，能够确保邀请到正确的客人，把不速之客拒之门外。母亲在我们的生命之初为我们设定了正确的方向，我们延续着她们的工作。

还有另一种方法可以让宿主减少与微生物发生冲突，但是比较极端：它们可以彼此依赖，直到变成一个真正的单一实体。[42]细菌在宿主细胞内落脚，并通过父母忠实地传递给后代，让双方的命运因此而紧紧相连。它们仍然有各自的利益，但又有一定重叠，能让剩余的任何分歧都变得可以忽略不计。

这种安排在昆虫中特别常见。它们倾向于把捕获到的微生物纳入一种可预测的简化螺旋中。在宿主的细胞中，它们的群体大小受到限制，并与其他细菌分离。这种隔离让它们的DNA出现了有害的突变。任何不必要的基因都会出现缺陷且无法发挥作用，乃至彻底消失。[43] 如果把一个新的共生体塞入一只昆虫体内，并且快进播放演化过程，你便能看到一场剧烈的动荡：它的基因组不断被扭曲、碾碎、收缩。最终，基因组皱缩成一团，趋近维持生存的最低限度。典型的自由生活的微生物，例如大肠杆菌，其基因组由大约460万个碱基对组成。而已知最小的共生体*Nasuia*，只有11.2万个碱基对。如果大肠杆菌的基因组和本书一样厚，那么*Nasuia*只有前言那几页。这些共生体已经完全被驯化，不能独立生存，必须永远寄住在昆虫体内。[44]宿主常常依赖于这些被驯化的共生体，以获得营养或其他重要益处。这个过程与古老的细菌转化为线粒体相仿，而我们离了线粒体就不能生存。

这些融合是减轻宿主和微生物之间冲突的有效方法，但也有其阴暗的一面。约翰·麦卡琴（John McCutcheon）是一个高大的光头生物学家，戴着眼镜，笑容灿烂。他在研究一种生命周期为13年的周期蝉时注意到了这一点。这种黑体红眼的虫子，生命中的大部分时间都以若虫形态藏在地下，从植物根部吸取营养。13年暗无天日的日子过去之后，这些蝉会同时蜕化，然后把粗腔横调的合唱注入空气。经过一波疯狂的交配，它们会在同一时间死去，腐败的躯壳覆满大地。这些蝉的生活方式太过奇怪，麦卡琴怀疑它们可能含有同样奇怪的共生体。他猜对了，只是目前尚不清楚它们究竟有多奇怪。

这种蝉的共生体DNA序列一团糟。它们看起来好像应该都属于同一个基因组，但又好像是有人从同一幅拼图的几个不完整的副本中找出了一些混乱的碎片塞给麦卡琴。他带着困惑转而研究另一种蝉：一种来自南美洲的寿命更短、更多毛的物种。他发现了同样的问题：DNA片段无法拼合成一个单一的基因组——不过，倒是能拼出两个。

这两个基因组从属的细菌，是一种名为霍奇金氏菌（*Hodgkinia*）的共生体的后代。这种微生物一旦进入多毛的蝉，便会以一定程度在其体内分裂成两个独立的“物种”。[45]这些后续物种都丢失了霍奇金氏菌的部分原始基因，但丢弃的部分各有不同。即使能模糊地从中看出各自从前的样貌，它们目前的基因组则完全互补。它们就像一个整体的两半：霍奇金氏菌原先能做的，没有什么是这两种后续细菌不能一起做的。

麦卡琴花了近一年时间来研究其中的原理，当他最终发现其中的奥秘时，那种13年周期蝉的混乱共生之谜就变得格外清晰。这种昆虫也含有霍奇金氏菌，并不是只分成了两种，而是分裂成了许多种，具体数量谁也不知道。它的DNA最终能拼合成至少17个不同的环，最多甚至可达50个。是不是每个霍奇金氏菌都是不同的物种？或者有没有某个谱系，可以涵盖这些基因组在不同环之间的分裂？没人知道。无论如何，该团队现在研究了很多其他的蝉，经常发现相同的模式。在一种智利蝉体内，霍奇金氏菌已经分裂成了6个互补的基因组。[46]

在所有这些研究案例中，制造重要维生素的基因都分散在蝉的基因组和它们的霍奇金氏菌共生体中，整个集合只有在每个成员都不缺席的情况下才能存活。从短期来看，它们相安无事；但从长期来看……谁知道呢？如果霍奇金氏菌继续分裂成越来越小的碎片，而且所有碎片都至关重要，那么整个菌群将陷入难以置信的危险境地，一处细微的损失就可能令整体走向灭亡。“这就像眼睁睁地看着火车撞得粉碎，或是目睹一起放慢镜头的灭绝事件，”麦卡琴说道，“它让我对共生有了不同的看法。”他之前总是把共生视为一种积极的力量，认为共生能为合作伙伴提供好处与机会，但现在却发现它也可以是一个陷阱，合作伙伴在依赖共生的过程中变得越来越脆弱。麦卡琴的前导师南希·莫兰（Nancy Moran）称这是一个“演化的兔子洞”（《爱丽丝漫游仙境》中的隐喻），意思是，这是“踏上了一场不可逆转的旅程，进入了一个非常奇怪的世界，普通的规则均不再适用”。[47] 一旦合作双方不慎跌入兔子洞，二者都很难再度逃离。洞的底部没有奇迹，等待它们的只有灭绝。

这是共生的代价。即使不像蝉的共生体那样对其宿主至关重要，微生物仍然能对我们的生活和健康造成巨大的影响。它们一旦离群失去控制，就可能导致灾难性的后果。这就是为什么人类和其他动物已经演化出了许多方式来保持菌群的稳定。我们通过体内的生化机制限制它们，给它们围起物理屏障。我们可以选择“胡萝卜”，精选食物喂养它们；也可以采用“大棒”策略，①命令噬菌体、抗体和免疫系统中的其他部分击溃它们。面对宿主与微生物之间永恒的冲突，我们有许多解决方案；为了执行与微生物缔结的契约，我们同样有许多办法。

不幸的是，我们人类也无意间发展出了许多破坏契约的方式。

① “胡萝卜加大棒”是一种奖励与惩罚并行的策略，其中“胡萝卜”对应奖励，“大棒”对应惩罚。——编者注

5
疾病与健康

拿起一个地球仪，把蓝色的一大面转到自己面前，此时呈现在你眼前的正是浩瀚的太平洋。现在用手指戳在正中，然后往下一点，再往右一点：你的指尖正移到了莱恩群岛（Line Islands）。这是连成一条斜线的11座小岛，静静地躺在这个遥远且不为人知的地方。它距离加利福尼亚约5 633千米，距离澳大利亚约6 115千米，距离日本约7 886千米。这一串小岛完美地诠释了“与世隔绝”一词。它们与你的距离比任何地方都远，比它再远的地方恐怕得离开地球。而为了找到最美丽的珊瑚礁，福瑞斯特·罗威尔（Forest Rohwer）必须来到这个遥远的地方。

2005年8月，罗威尔从“怀特·霍利”号（White Holly）的甲板上走下来，踏入金曼礁的水域。那里位于莱恩群岛的最北端，也是这条沿斜线分布的群岛的最上头。[1]透过幽蓝清澈的海水，他看到一堵巨大的珊瑚墙从深处隆起，像地毯一样铺满海底。这是一片曾经登上过好莱坞银幕的珊瑚，皮克斯动画公司制作的《海底总动员》（*Finding Nemo*）里就有它的身影。这个美丽的生态系统拥有自然界顶尖的“演员”阵容：蝠鲼，海豚，如一堵移动的墙一样游动着的大群马眼鲹，成群结队、长着尖牙的巴西笛鲷，数量可观的鲨鱼，至少有50条灰礁鲨围着潜水员盘旋，每一条差不多有一个成年人那么大。但罗威尔和他的科学家同事对此并不在意，他们知道鲨鱼是一个健康珊瑚礁生态系统的指示，所以看到这么多鲨鱼就格外兴奋。此外，鲨鱼大多在夜间捕食，研究人员只要在日落前回到船上就没太大问题。他们的时间略微紧张，当最后一个科学家登上船时，太阳已经低垂在地平线上，正如罗威尔后来记录下的文字：充满恐惧的“有好多鲨鱼”，在那时已变成了“我的天哪，这鲨鱼也太多了吧！”的惊叹。

往东南走700千米左右就可以到达圣诞岛海域（Christmas Island，现名为Kiritimati，隶属太平洋岛国基里巴斯），这里则展现了一幅全然不同的景象。在那里，罗威尔看到了他见过的“最死气沉沉的珊瑚礁”。原本充满活力、层次丰富的金曼礁海域，被鬼魂般覆满烂泥的珊瑚残骨取代，仿佛遭遇了神秘力量的横扫，生命的气息与丰盈的色彩被一股脑儿地席卷而光。水体浑浊，还悬浮着颗粒。鱼量稀少，也没有鲨鱼出没。潜了近一百小时，科学家们没有看到哪怕一条鲨鱼。

这里也不是一开始就是这样的。1777年，詹姆斯·库克（James Cook）到达圣诞岛时，他的领航员记录到了“无数条鲨鱼”。即使到了20世纪后期，这些大型捕食者仍活跃在周围，珊瑚礁也依然健康。这一切变化始于1888年，这些岛屿遭到大规模殖民。今天，岛上大约有5 500名居民。虽然这一规模并不庞大，但足以让鲨鱼和珊瑚礁都没了踪影。相比之下，金曼礁一直无人居住。那里的永久陆地只有三个足球场那么大，没有任何东西能让定居者留在此地。但是，贫瘠的陆地环境却造就了水下的世外桃源。对罗威尔来说，金曼礁是一个看向过去的窗口，透过它就能看到那些迎接库克船长的光彩夺目的珊瑚礁。圣诞岛则代表了一个荒凉、没有珊瑚的未来——我们还将看到，它与许多常见的人类疾病有着相似之处。

珊瑚是一种动物，柔软的管状身体一端有带刺的触角。你很少看到它们的本体，因为通常都藏匿在石灰石之间，而这些正是它们的骨骼。这些骨骼结合在一起形成巨大的礁石，在海下形成层层叠叠、高低起伏的地貌，为无数海洋动物提供家园。珊瑚从几亿年前就开始建造珊瑚礁，但这样的日子可能即将结束。加勒比海的珊瑚群落大面积溃败，澳大利亚的大堡礁也已经失去大部分珊瑚。1/3的珊瑚物种也因为受到多面的生存威胁而濒临灭绝。人类释放到大气中的二氧化碳把太阳的热量锁在其中，也使海洋变得温暖。在这些温暖的海水中，珊瑚不得不开始驱赶居住在其细胞内并一直为它们提供营养的藻类。与这些伙伴分手后，珊瑚变得虚弱，更濒临死亡。二氧化碳还会直接溶解在海水中，酸化水下环境，逐渐腐蚀珊瑚建造珊瑚礁所需的矿物质。飓风、船只和凶猛的海星只会更进一步地侵蚀它们。珊瑚挨饿、变得苍白、无家可归，可怜的它们被剥夺了建筑原料——珊瑚生病了。而在珊瑚间肆虐的瘟疫简直像调色盘一样丰富：白痘、黑带病、粉红斑病、红带病……一共有几十种这样的疾病，且近几十年来有愈演愈烈之势。

这种趋势并不寻常。一般而言，当宿主高密度地生存在一起时，疫病扩散的可能性更高，但是珊瑚的疾病似乎在随着宿主种群数量的减少而上升。这是因为其中只有部分疾病是由特定病原体引起的，其他疫病有着更复杂的起源：它们似乎是由大量协同工作的微生物，或者珊瑚微生物世界中的正常细菌引起的。正是这个微生物世界，吸引了罗威尔的注意。

罗威尔一头散乱的黑发，音调很高，举手投足间透着一股悠闲的气质。他穿着一身炭黑色，戴着银饰。他是宏基因组学领域的先驱——这是我们在第二章中提过的革命性研究方法，科学家通过测序所有基因来调查和识别微生物。罗威尔最先把这种技术应用在为开放海洋环境中的病毒编目上。然后，他把注意力转移到珊瑚上。其他科学家已经通过研究发现，珊瑚表面覆满了微观生命，每平方厘米的表面就生存着1亿个微生物，数量是人类皮肤或森林土壤表面的十多倍。珊瑚礁所包含的生物多样性可能早已为世人所知，但这些多样性在很大程度上是肉眼看不见的。忘记鳐鱼、海龟和鳗鱼吧：细菌和病毒构成了珊瑚礁的大部分生理机制，其中大多数从未被研究过。

这些微生物是做什么的呢？“首先，也是最重要的，”罗威尔说道，“它们占据了空间。”珊瑚的身体只有这么多地方可供微生物生存，只有这么多食物来源。如果有益的物种填充了这些生态位，危险的物种便不能侵入，如此多样的微生物群落只要简简单单地存在，就可以搭建起封锁疾病的网络。这种效应便是定植抗性（colonization resistance）。珊瑚一旦遭到破坏，就很容易感染疾病。罗威尔怀疑，这是对这么多珊瑚礁生态消失的根本解释。所有让珊瑚变弱的环境压力——海洋变暖，海水酸化和富营养化——破坏了它们与微生物之间的伙伴关系，使菌群变得不正常或贫瘠，也使珊瑚更易饱受疾病困扰，也许可以说，正是这种关系的破坏导致了疾病的产生。[2]

为了验证这一猜想，罗威尔需要研究各种珊瑚礁，从原始状态到彻底崩溃，应有尽有。所以就有了“怀特·霍利”号之旅。这艘船花了两个月时间从莱恩群岛的北边一路下行经过四座岛屿，岛上的人类活动越来越密集，从无人居住的金曼礁到有几十人定居的帕尔米拉环礁，再到拥有2 500名居民的范宁岛，最后到人口数量达到5 500的圣诞岛。船上的其他科学家有的会调查鱼的数量，有的会把珊瑚舀上来研究，罗威尔和同事利兹·丁斯代尔（Liz Dinsdale）则研究微生物。他们从每个地点取一些海水样本，并用玻璃晶片过滤（这些玻璃晶片上分布着小到连病毒都挤不过去的孔）。然后，他们把玻璃筛滤出的微生物刮下来，用荧光染料染色，再通过显微镜观察发光的它们。罗威尔后来写道：“珊瑚的命运都写在这些小光点里，从中可以读出它们是否健康，或者正在经历衰老病死。”

丁斯代尔和罗威尔发现，随着人类分布得越来越广泛，微生物也越来越常见。从金曼礁到圣诞岛，如鲨鱼这样的顶级捕食者，从珊瑚礁的主角变成了跑龙套的，珊瑚覆盖率从45%下降到15%，水中的病毒和微生物则涨到了原来的10倍。所有这些变化趋势，都交织在一张复杂的因果关系网中。为了抢占地盘，珊瑚和一种名为肉质藻（fleshy algae）的古老竞争对手不断地循环斗争。

一些藻类是珊瑚的盟友。它们住在珊瑚的细胞里，为珊瑚提供食物，或形成珊瑚坚固的粉红色外壳，把分散的珊瑚群落连成一片坚固的整体。但肉质藻是与珊瑚竞争生存空间的敌人。如果肉质藻数量上升，珊瑚数量就会下降，反之亦然。大多数珊瑚礁中生活着龙舌鱼和鹦嘴鱼这样的食草鱼类，它们会像修建草坪一样啃食这些肉质藻，使它们保持在一定数量以下。但是，人类用矛、钩子和网杀死了这些食草鱼类。不仅如此，我们还杀死了鲨鱼这样的顶级捕食者，导致中型捕食者的群体数量急剧增加，进而捕食这些食草鱼类。无论如何，藻类都占了便宜。修剪好的草坪变成了杂草丛生之地，附近的珊瑚开始死亡。莱恩群岛远征队伍中的一员珍妮弗·史密斯（Jennifer Smith），通过一个简单的实验证明了这一影响。她在相邻的水族箱中分别放置了小块珊瑚和海藻碎片。这些水族箱相互连通，但中间由极细的过滤器隔开：微生物无法通过，但水中的化学物质可以通过。不到两天时间，所有的珊瑚都死了。藻类释放的某种物质杀死了它们。毒素？有可能。但是，当史密斯用抗生素处理珊瑚后，它们却活了下来。不是毒素，也不是微生物（因为它们没法通过过滤器）。藻类究竟做了什么，让珊瑚死于寄住其上的微生物之手？

事实证明，导致这一切的是溶解在海水中的有机碳（简写为DOC），从本质上而言，就是水中的糖和碳水化合物。藻类在珊瑚礁上茂密生长时，会产生大量的DOC，并为珊瑚的微生物提供充足的食物。这些藻糖通常会沿着食物链向上流动，被食草鱼类摄入，最后进入鲨鱼体内；一条鲨鱼体内含有数吨藻类储存的能量。但是如果鲨鱼死亡，这些糖类就不再为鱼类供能，而是滞留在食物链的底层，成为微生物细胞的组成部分。微生物大快朵颐，因为爆炸性地增长而消耗完了周围的氧气，也继而窒息了珊瑚。

但DOC不是无差别地滋养所有微生物。罗威尔把它们比作汉堡：高能量、易消化，会优先惠及快速生长的物种，尤其是病原体。在金曼礁附近的海域，只有10%的本地微生物属于可能导致珊瑚病的细菌。但在圣诞岛附近，一半微生物都属于这些科。“你不会想在那里游泳的，”罗威尔写道，“但不幸的是，珊瑚没有选择。”这也解释了，为什么圣诞岛的患病珊瑚，其数量是金曼礁的2倍，尽管前者的珊瑚总量只是后者的1/4。（后来的一份调查显示，圣诞岛周围依然有几片健康的珊瑚礁。它们位于前核试验场所，渔民因为恐惧辐射而远离那里，如此一来反而拯救了鱼和珊瑚。）那些水域仿佛满是病毒和细菌的医院病房，住满了免疫功能低下的病人。与这些患者一样，珊瑚很少被远道而来的异常病原体杀死；在大多数情况下，它们都因为自己的微生物组乘虚而入而衰亡，后者牺牲宿主，并尽可能地利用丰富的DOC滋养获取营养。

罗威尔描述的一系列事件形成了恶性循环。随着珊瑚死亡，藻类得以获得更多的空间，释放更多的DOC，并滋养更多的病原体，杀死更多的珊瑚。最终，这个循环以极短的周期不断重复，把整片珊瑚礁从鱼和珊瑚的领地迅速转变为藻类的领地，而且很可能是不可逆的。“这很可怕，又如此迅疾，”罗威尔说，“一片珊瑚礁可以在一年内死去。美丽的珊瑚礁，眨眼间就不复存在。”

所有可以削弱珊瑚礁的环境压力，都能启动这一恶性循环。2009年，罗威尔的团队把珊瑚碎片分别置于更高温度、更偏酸性、增加营养物质以及更多DOC的不同环境中。变化很明显。珊瑚的微生物组从健康珊瑚礁上的生长类型，变成了在患病的珊瑚上茂盛繁殖的致病群落。它们还发现了更多存在毒性基因的证据（拥有这些基因的细菌能感染宿主），也发现了更多病毒（与导致人类疱疹的病毒相关）。疱疹病毒可以隐藏在宿主的基因组中，保持休眠状态，直到某种应力把它们重新激活。复苏之后，这些一度潜伏在人体内的病毒可以引发唇疱疹。现在尚不清楚它们会对珊瑚造成什么伤害，但很可能会导致某种疾病。[3]

人类可以通过意想不到的方式开启这种恶性循环。2007年，一艘长约26米的渔船在金曼礁上搁浅，原因可能是发动机起火。这艘渔船从哪儿来、是什么号、船员怎样了，我们都不知道。出乎意料的是，它造成了令人瞩目的影响。船舶解体后，碎片落在底下的礁石上，制造出了长达一千米的“死亡区”。这些珊瑚并没有变成常见的白色碎块，而是覆满了深色的藻类，周围的海水也变得极其浑浊。这就是“黑礁”，就仿佛海底版的托尔金笔下的“魔多”①。铁矿落在营养不良的生态系统中后，通常会导致这一场景。作为肉质藻类的肥料，铁能使其疯狂生长，甚至连食草鱼类都没法在短时间内把它们吃回正常数量。接着，这些藻类会触发罗威尔的恶性循环：更多的DOC，更多的微生物，更多的病原体，更多的疾病，更多的死珊瑚。

罗威尔的团队在莱恩群岛的其他地方也看到了黑礁，总是与沉船有关，并且总是在沉船碎屑的洋流下游发展。与珊瑚几乎均匀退化的圣诞岛等地不同，黑礁有可能出现在干净的水域。“请想象这是一块健康的礁石，”罗威尔指着一张桌子比画着解释道，“而这部分已经死了。”他一掌拍在桌子

① 魔多（Mordor），奇幻作家托尔金（J. R. R. Tolkien）笔下的世界设定之一，是渺无人烟的荒凉之地，四处都是岩浆和火山灰。——译者注

中间，“任何地方，只要有一块铁，即使只是一个螺栓，周围都会出现一小圈黑礁。”

2013年，美国鱼类和野生生物管理局从金曼礁移走了这条废船。一群工人徒手拎起数千千克的残骸，用等离子切割机和链锯把船体切成片，然后把碎片移出海域，只留下主发动机，即一块重达2 268千克的铁疙瘩。随着大部分沉船残骸被清除，珊瑚有可能恢复健康。

然而，其他礁石就没那么幸运了。它们的痛苦不是来自铁的一次性大量流入，而是来自人类活动持续不断施加的压力。罗威尔的团队评估了整个太平洋地区99个地点的人类活动水平，设计出了一个可以用来反映各地渔业、工业、环境污染、航运等综合影响的指数。针对同一个测量点，他们还计算了微生物化分值（microbialisation score），以此来衡量生态系统中进入微生物——而不是鱼——的能量比例。这两项指数呈非常明显的正相关。人类大举进入自然的同时，也打破了珊瑚与微生物自古以来形成的和谐关系。我们把鱼和珊瑚的天堂变成了一片荒凉的藻类沙漠，任它们浸泡在充满病原体的海水之中。

根据罗威尔的解释，这是珊瑚礁死亡的全过程：被各种各样的威胁因素削弱健康，最终被自己的微生物吞没。这不是珊瑚礁衰败的唯一原因，但十分引人注目，也解释得很彻底，堪称“珊瑚死亡的大统一理论”。在这个理论体系中，大到鲨鱼、小到病毒，都彼此相连。该理论告诉我们，珊瑚礁的不可见部分最终决定了它的命运。罗威尔很直白地表示：“即使珊瑚礁本身就非常复杂，微生物仍是其兴盛和衰落的主要决定因素。”

想想微生物导致的疾病，流感、艾滋病、麻疹、埃博拉、腮腺炎、狂犬病、天花、结核、瘟疫、霍乱和梅毒等。尽管这些疾病各不相同，但都遵循类似的发病模式。它们由单一微生物引起：感染细胞的病毒或细菌，以我们的健康为代价，不断繁殖，并引发可以预见的全身症状。这些致病因子可以经由人类鉴定、分离和研究，运气好的话，甚至可以被彻底消灭，终结病痛的折磨。

罗威尔的珊瑚研究为一种不同类型的微生物疾病提供了线索。该疾病没有一个明显的罪魁祸首，[4] 病状均由微生物菌群引起，后者从健康的构型转变为损害宿主的构型。单个细菌本身并不是病原体，但整个菌群合在一起就转入了致病状态。可以用一个词来描述这种状态：生态失调（dysbiosis）。[5] 该术语描述的是不平衡与不和谐代替了和谐与合作的状态。这是共生的黑暗面，也是迄今为止我们关注过的所有主题的黑暗面。

请回想一下，每一种动物，无论是人还是珊瑚，本身都自成一个生态系统。每个系统在微生物的影响下发育、扩展，并持续地与微生物谈判、协调。这些合作伙伴的利益常常与宿主的利益相抵触，而宿主需要通过控制食物来源才能控制微生物，将其限制在特定组织内或置于免疫系统的监视之下。现在你可以想象一下，有什么东西打破了这种控制：改变微生物组的构型，改变其中各种微生物的比例，激活某些基因，分泌某些化学物质。改变后的菌群仍与宿主保持联系，但彼此的话事权已经改变。有时宿主容易发炎，因为微生物过度刺激免疫系统，或者进入了不该进入的组织。在其他情况下，微生物可能乘虚而入，开始感染宿主。

这就是生态失调。它不意味着某个个体不能抵抗某种病原体，而意味着共生的不同物种（宿主和共生体）之间出现了沟通问题；它把疾病重塑成了一个生态问题。健康的个体就像一片未经开发的雨林或者丰茂的草原，抑或是金曼礁那样的海域。生病的个体就像休耕的农田或者浮游生物肆虐的湖泊，抑或是圣诞岛周围那些失去生机的珊瑚礁。这些都标识了生态系统的紊乱。这种健康观比人们从前的认知更复杂，也提出了重要的问题。其中的最关键之处：这些变化是病因，还是仅仅是疾病所导致的后果？

“热水瓶里装着什么？”我问道。

我站在圣路易斯华盛顿大学的电梯里，旁边是杰夫·戈登与他的两名学生，其中一个拿着一个金属容器。

“一些小颗粒粪便而已。”她答道。

“这里有分别来自健康和营养不良儿童体内的微生物。我们把它们移植到小鼠体内。”戈登解释道，就好像在解释世界上最稀松平常的事情。

杰夫·戈登可以说是当今最有影响力的人类微生物组学家，也是极难接触到的一个人。我写关于他工作的文章写了6年，他才回复我的电子邮件，访问他的实验室更是破天荒的第一次。出发前，我已经准备好要和一个粗鲁、不近人情的人打交道。但恰恰相反，最终站在我面前的是一个可爱、亲切的科学家，弯弯的眼睛，脸上挂着亲切的微笑，举止有些小怪诞。他在实验室里走动时会称呼每个人为“教授”，包括自己的学生。他对媒体的厌恶不是出于冷漠，而是讨厌自我吹嘘。他甚至避免参加学术会议，希望远离聚光灯，只想待在实验室里。埋头做学问的他已经开展了很多项研究，关注微生物对我们健康的影响，以及，用他的话说：探究哪些关系是“严格的因果联系，而不是随意的联系（causal not casual）”。但是，当被问及他在这个领域的影响力时，他常常将其归功于过去和现在的学生以及合作者。[6]

戈登在这个领域的领军地位非常显著。在打微生物的主意之前，他就已经是研究人类肠道发育的知名科学家。20世纪90年代，他开始猜想：细菌会影响肠道的发育过程。但在他也知道，验证这个想法要面对重重困难。当时，玛格丽特·麦克福尔-恩盖已经证明微生物可以影响乌贼的发育，但她的研究只针对一种细菌，人类肠道中的细菌则多达数千种。戈登必须逐步分离这个令人生畏的整体，并在严格控制的实验条件下研究它们。与许多科学研究一样，他需要一种关键的实验材料，且偏偏是自然条件下不存在的生物——控制组。简而言之，他需要无菌小鼠，很多很多的无菌小鼠。

电梯门一打开，我就跟着戈登和他的学生带着一水瓶的冷冻粪便颗粒走进一个大房间。房间里布满了一排排由透明塑料搭成的密封室。这些隔离器营造了世界上最奇怪的环境：一个真正无菌的空间。唯一生活其中的生物就是小鼠。隔离器中含有小鼠生存所需的一切：饮用水，棕色块状的鼠食，睡觉用的秸秆芯垫子，以及白色聚苯乙烯泡沫塑料制成的小盒子——可以给小鼠提供私密的交配场所。实验室团队会对所有放进密封箱的物品进行照射消毒灭菌，然后放进装载缸；装载缸也要经过高温高压的蒸汽灭菌才能挂在隔离器背面的舷窗处，连接两个部分的套管也需要经过灭菌处理。全套工作十分烦琐，但能确保小鼠出生在一个没有微生物的世界中，成长全过程都不会接触到微生物。这完美地诠释了悉生（gnotobiosis，对应的希腊词原意为“已知的生命”）。我们知道这些动物体内生存着什么——什么也没有。不像地球上的其他小鼠，这里的小型啮齿动物就仅仅是一只小鼠而已，体内不含任何其他生物，好似一个空空的容器，一个没有经过填充的轮廓，一个个体的生态系统。它们不“包罗万象”。[7]

每个隔离器的两处舷窗上都固定着一对黑色橡胶手套，研究人员可以套上它们操作隔离器内的东西。手套很厚，我套上没多久后就开始手心冒汗。我笨拙地拽起一只小鼠的尾巴：它紧贴着我的手掌，一身白色的毛皮，一对粉红色的眼睛。这种感觉很奇怪：我握着这只动物，但只是通过两只向内的黑手套才触到其中密封的世界。它坐在我的手上，却完全与我隔离。当我抚摸穿山甲巴巴时，我们彼此交换了微生物；但当我抚摸这只小鼠时，我们却没有交换任何东西。

现在世界各地共有几十处类似的无菌设施，它们是我们理解微生物组如何工作的最有力工具之一。隔离器技术开发于20世纪40年代，并在十年后经过改进，但在当时完全不受欢迎。[8] 没有人使用过无菌动物。但戈登意识到，这些实验材料完美地契合他的需求。他可以为无菌小鼠植入特定的微生物，投喂配置好的食物，并在可控、可重复的条件下反复实验。他可以把它们作为活的生物反应器①，分解微生物组令人费解的复杂性，把它们处理成可供系统研究的可控组分。

2004年，戈登的团队用无菌啮齿动物开展了一项实验，并由此把整个实验室引上了一条令人瞩目的研究路径。[9]他们从在一般条件下繁殖的小鼠中获取肠道微生物，再移植到无菌小鼠体内。通常无菌的啮齿动物无论吃多少都不会增加体重，但其肠道一旦被微生物定植，这种令人羡慕的能力就会消失。它们并不是开始多吃东西，如果一定要说有什么变化的话，那就是吃得还稍微少了一些，只是它们会把更多的食物转成脂肪，从而导致体重上升。小鼠当然与人类不同，但二者的生化机制类似。这种相似性足

① Bioreactor，指提供生物活性环境的制造或工程设备。——译者注

够使科学家把小鼠作为人类的“替身”，应用到从药物测试到大脑研究的各个领域；这同样适用于它们的微生物。戈登认为，如果这些早期的研究结果也适用于人类，那么我们的微生物也必然会影响我们从食物中获取的营养物质，从而影响我们的体重。这太令人着迷了，潜力无限，又和医学相关，戈登的团队全身心地投入了这项研究。

研究小组接着发现，肥胖人士（和小鼠）的肠道微生物群落不同于常人。[10] 最明显的区别在于两个主要肠道细菌群体的比例：和精瘦之人相比，肥胖人士的厚壁菌（Firmicutes）更多，拟杆菌更少。而这里又明显存在另一个问题：到底是额外增加的脂肪把跷跷板的一边往厚壁菌和拟杆菌倾斜了呢，还是另一个更令人兴奋的结论：是跷跷板的倾斜反过来致人变胖？戈登的团队不能依靠简单的比较来回答这个问题。他们需要实验。

这时，彼得·特恩博（Peter Turnbaugh）登场了。那时，他还是该实验室的一名研究生。他分别从胖小鼠和瘦小鼠的肠道中获取了一些微生物，然后喂给那些无菌的啮齿动物。那些接受了瘦小鼠微生物的小鼠，脂肪含量增加了27%，而从胖小鼠那里获得微生物的小鼠，脂肪含量增加了47%。这是一个惊人的结果：通过移植微生物，特恩博成功地把肥胖症状从一个动物体转移到另一个动物体上。“这是一个会让人喊出‘噢，我的天呐’的时刻，”戈登说道，“我们十分惊讶，又备受鼓舞。”这些结果表明，肥胖个体肠道中的微生物组成不同，至少在某些情况下，这确实可以导致肥胖。微生物可能从啮齿动物的食物中获取更多热量，或者影响了宿主的脂肪储存方式。无论如何，结论都很明显，微生物不只是搭便车，它们有时也会抓住方向盘，左右整趟旅途的走向。

它们既能带向肥胖，也能引向瘦削。特恩博的实验显示，肠道微生物可以导致体重增加，而其他人发现，特定的微生物也可以触发体重减轻。一种名为嗜黏蛋白阿克曼氏菌（*Akkermansia muciniphila*）① 的细菌是一种较为常见的肠道细菌，在正常小鼠体内的数量比遗传性易胖小鼠多了近3 000

① 属名 *Akkermansia* 来自荷兰微生物学家安东·阿克尔曼斯（Antoon Akkermans），种名 *muciniphila* 意为“嗜好黏液蛋白的”。——译者注

倍。肥胖的小鼠摄入这种细菌后，体重会下降，且较少显示出II型糖尿病的患病迹象。肠道微生物也部分解释了胃旁路手术为什么能取得显著成功：这是一种根治肥胖的手术，把胃缩到鸡蛋大小，并直接连到小肠。术后，患者通常会掉几十千克体重。人们通常认为，这与胃部缩小有关。但这一手术也重组了肠道微生物组，增加了各种微生物的数量，包括上面提到的嗜黏蛋白阿克曼氏菌。如果把这些重组的菌群移植到无菌小鼠体内，它们的体重也会下降。[11]

世界各地的媒体都把这些发现视为减肥人士的福音。如果能快速、简便地通过微生物减肥，为什么还要坚持严格的饮食呢？如果事实证明细菌能左右体重秤的数值，那为什么还要为摄入过多的热量而自责呢？“脂肪？不，真正的罪魁祸首是你的肠子”“体重超标？请怪微生物”，报纸纷纷拉出这样的标题。可是，这些都是错误的解读。微生物不能完全代替人们长期以来理解的肥胖诱因，也不完全矛盾；所有导致肥胖的原因都互相交缠。戈登的另一个学生瓦妮莎·里道拉（Vanessa Ridaura）用小鼠为瘦子和肥胖人士体内的微生物搭了一个“擂台”，让它们“互搏”。[12]首先，她把这些人类身上的菌群植入无菌小鼠体内。接下来，她把这些小鼠放入同一个笼子。它们很容易吃到对方的粪便，所以会不断地把邻居的肠道微生物装进自己的肠道。当这一切发生后，里道拉观察到，“瘦子”微生物入侵了已经被“肥胖”微生物占领的肠道，并阻止新主人增重；但是，反方向的入侵却从来没有发生过：只要周围有瘦子在，“肥胖”微生物永远无法在小鼠肠道内立足。

这并不意味着瘦子的肠道菌群在本质上更占优势。相反，用富含植物的鼠食喂养小鼠后，里道拉改变了“战局”，让这场战斗向瘦子倾斜。这些膳食中的复杂纤维，为带有相应消化酶的微生物创造了许多机会。用戈登的话说：“让它们填补空缺的工作岗位。”肥胖人士的菌群中只有很少的物种可以填补这些“岗位”，而瘦子菌群中包含了大量合格的候选人，比如纤维消化专家B-theta。所以，胖子菌群进入瘦子的肠道后发现，每一小块食物都已经被吞噬干净，每个生态位都已被菌落占据。而瘦子菌群进入肥胖人士的肠道后发现了大量未被消化的纤维素，从而得到了充足的食物，可以蓬勃生长。直到里道拉给小鼠提供高脂、低纤食物，瘦子菌群的优势才彻底消失。这是西式饮食中最糟糕的极端代表。没有纤维素，瘦子菌群无法立足，也无法阻止小鼠增重。只有在小鼠维持健康饮食时，它们才能占据小鼠的肠道。所以，以前的健康饮食建议仍然成立，那些标题完全错了。

这就引出了重要的教训：微生物很重要，但它们的主人，也就是我们，同样重要。正如所有的生态系统，我们的肠道环境不仅取决于体内的微生物物种，也取决于流经此处的营养物质。雨林不仅因为其中的鸟类、昆虫、猿猴和植物才成为雨林，也因为有充沛的降水和充足的日照，以及土壤中丰富的养分。如果把雨林中的生物扔进沙漠，它们的境遇会很糟糕。戈登的团队不止一次地认识到这一教训的重要性，不仅在实验室里，也在非洲的马拉维。

马拉维是全世界儿童死亡率最高的国家，其中一半都死于营养不良。但营养不良也有不同的形式。有些孩子会得消瘦症（marasmus），最终变得极其憔悴、瘦骨嶙峋。另一些孩子会患夸希奥科病（kwashiorkor），组织间潴留过多水分，导致四肢浮肿、肝大、皮肤发炎。一直以来，后者的病因都笼罩在迷雾之中。一种看法是，这是由饮食中缺乏蛋白质所引起的，但是夸希奥科病患儿摄入的蛋白质通常并不比单纯消瘦症患儿的更少，甚至在吃了援助组织提供的富含蛋白质的食物后，其健康状况依然无法得到改善。究竟是为什么呢？一个孩子得了夸希奥科病，而他的双胞胎兄弟，即拥有相同的基因、生活在同一个村庄、吃同样的食物，却只得了消瘦症？

杰夫·戈登认为，肠道微生物的参与也许可以解释名义上完全相同的儿童（比如双胞胎）为什么会存在健康状况差异。当他的团队在肥胖实验上取得突破后，他开始猜想：如果细菌可以影响肥胖，那么它们是否也可能影响另一种极端状况，即营养不良？他的许多同事都认为这不太可能，但戈登力排众议，发起了一项雄心勃勃的研究。他的团队去了马拉维，定期收集一组婴儿从一岁到三岁的粪便样本。他们发现，健康婴儿肠道内的微生物有一个正常发育的过程，但夸希奥科病患儿却不曾经历这样的过程。他们的肠道菌群没有随年龄的增长而变得多样和成熟，内在的生态系统停滞不前。他们体内微生物的年龄很快就赶不上宿主自身的生理年龄。[13]

当戈登团队把这些不成熟的肠道菌群移植到无菌小鼠中后，这些啮齿动物的体重下降了。不过这里有个必要前提，即这些小鼠的饮食缺乏营养，相当于马拉维的小孩吃的那些东西。如果小鼠只吃普通的鼠食，无论它们肠道中的细菌怎么变化，都不会减轻太多体重。正如里道拉的研究工作所展示的那样，只有当不良的食物和错误的微生物结合，才会产生效果。夸希奥科病患儿体内的微生物似乎干扰了促进细胞生长的化学反应链，让患儿更难通过食物获取营养，而这些食物本身所包含的能量已经很少。

标准的营养不良治疗方案，是提供一种含有丰富能量的花生酱、糖、植物油和牛奶的强化混合物①。但是戈登的研究团队发现，这种糊状物对夸希奥科病患儿的肠道细菌只会产生短暂的影响（这也许解释了为什么这种治疗方式并不总是有效的）。这些患儿一旦恢复惯常的马拉维饮食，其肠道微生物就会回归早期的贫瘠状态。为什么呢？

试想象把一个球放入一个山谷，两边是陡峭的山坡。往一边推球，球滚上斜坡，然后减速，最终落回起始位置。要使球一直沿着斜坡滚到顶部再滚入相邻的山谷，就需要非常用力地一推，要不然就必须连推好几次。这就是生态系统的工作原理：应对变化，生态系统有一定的抵抗力，如果要把它们推入另一种状态，必须克服这种抵抗力。比如，如果把健康的珊瑚礁比作球，那么升高的海水温度就相当于轻轻地推了一把珊瑚礁，藻类的入侵给了它另外一推，掉入的一块铁片则把它推得更高；最后，鲨鱼的消失让它越过坡顶，进入另一个山谷，落到另一边的谷底，进入被藻类主导的全新状态。这是不健康的，甚至是失调的。但即使如此，该生态系统还像以前一样具有一定的恢复力。你可以把它从藻类的领地变回健康的、鱼群环绕的珊瑚礁，但前路漫漫。[14]

同样的变化也发生在人体内。现在，上面提到的这个球变成了一个孩

① 强化食品，人为地提高其中所含一种或几种营养成分的食品。——编者注

子的肠道。不良的饮食改变了内部的微生物，也损害了孩子的免疫系统，削弱了其控制肠道微生物组的能力，让有害的感染有机可乘。而这又进一步扰乱了菌群。这些菌群一旦开始破坏肠道，就会阻止营养的有效吸收，导致更严重的营养不良与免疫问题，以及更混乱的微生物菌群……球不断地往坡上滚去，直到越过顶峰，滑入下一个失调的山谷。一旦微生物组落入这般境地，就很难把它们拉回来。

我桌旁的墙上安着一个恒温器。挺旧的仪器，只有一个转盘，没有数字显示屏：往下转，房间里会变得凉丝丝的；往上转，房间会变成一个火炉；只有调到中间的某处，必须十分精准地调到完美的那点，才能令房间维持理想的温度。我们错综复杂的免疫系统就很像这块表盘。它的工作原理像一个"免疫恒温器"，不过需要恒定的不是温度，而是我们与微生物的关系。[15]它管理与我们生活在一起的万亿个有益微生物，同时阻止有传染性的少数菌群入侵。如果这个"免疫恒温器"的标准设得太低，整个系统会变得过于宽松，失去对有害细菌的威胁，致使我们感染疾病。如果标准设得太高，则会变得过于活跃，错误地攻击有益的微生物，引发慢性炎症。必须在极端之间谨慎地调节出一个精确的状态，在诱导和抑制炎症的分子和细胞之间经营一段平衡的关系。免疫系统必须对威胁有所反应，但不过度反应。可是在过去的半个世纪，我们通过提高卫生标准、开发抗生素、结合现代饮食，逐渐把"免疫恒温器"的标准调得更高，结果导致我们的免疫系统在无害的东西面前也变得十分"暴躁"，比如灰尘、食物中的分子、体内的常驻微生物，甚至是我们自身的细胞。

炎症性肠病（inflammatory bowel disease，缩写 IBD）[16]就是这种情况。它会引发严重的肠道炎症，表现为慢性疼痛、腹泻、体重减轻和疲劳。患病的通常是青少年和年轻的成年人，在各人生命的全盛期击中他们，让他们饱受社会歧视，迫使他们经受艰难的治疗。即使药物和手术可以控制住症状，人们仍然终身生活在复发的阴影之中。IBD的两种主要类型——溃疡性结肠炎和克罗恩病——已经存在了几个世纪。但是自第二次世界大战以来，特别是在发达国家，患病率一路飙升。

IBD的病因尚不清楚。科学家已经确定了160多种与该疾病有关的遗传变异，但是这些变异常见于一般人群，并且出现概率非常稳定，所以无法解释患病率的急剧上升。不过，科学家指出了另一个罪魁祸首。这些基因大多参与了黏液的分泌，帮助密封肠道内衬细胞或调节免疫系统。这些都是维持微生物秩序的手段。人类基因变化得不够快，无法解释 IBD 患病率的突然升高，但微生物的变化可以。

科学家早就怀疑，IBD 背后的微生物是导致疾病的罪魁祸首。但是，尽管他们进行了广泛的调查研究，还是没能成功揪出任何特定的致病病原体。而问题的根源更可能与罗威尔的珊瑚和戈登研究的营养不良的孩子一样，在于一个正常的微生物菌群走向了失控状态。IBD 患者的肠道微生物组与健康同龄人的肠道微生物群不同，但是新的研究进展揭示，潜在的"嫌疑名单"似乎一直在变。这不奇怪，因为 IBD 非常多样。然而，一些普遍的模式一再出现。与健康人群体内的菌群对比，IBD 患者的微生物组常常缺乏多样性，也更不稳定。它缺乏抗炎的微生物，包括帮助纤维发酵的普拉梭菌（*Faecalibacterium prausnitzii*）和脆弱拟杆菌。占据它们位置且旺盛生长的，是诸如具核梭杆菌（*Fusobacterium nucleatum*）的炎性物质，以及大肠杆菌的侵入性菌株。

这些微生物显然起到了关键作用，但整个生态系统并不是由单一物种破坏的。这种疾病看起来更像是生态失调所致。整个菌群变得更加容易发炎，把宿主的"免疫恒温器"调到了最敏感的状态。这些菌群是如何形成的呢？是某种类型的饮食滋养了这些引发炎症的微生物？还是抗生素杀死了负责消炎的微生物？还是变异的基因修改了宿主的免疫系统，破坏了后者管理微生物的能力？最后这个答案似乎最有可能：温迪·加勒特（Wendy Garrett）的研究已经表明，缺乏重要免疫基因的突变小鼠，其肠道微生物菌群会变得不正常；并且，把这些菌群移植到健康的小鼠体内，可以引发IBD的症状。这也表明，微生物组也可以导致疾病，并不是简单地对疾病做出反应。 但是，这些微生物是引发炎症的罪魁祸首，还是只是在炎症出现后把这种状态维持下去？如果它们只是维持炎症，那最初又是什么致使肠道发炎？是感染，环境中的毒素，破坏肠道内壁的食物，还是使宿主的免疫系统变得容易过度反应的遗传变异体？

以上诸因皆有可能。但是这个谜题解起来十分棘手，尤其是没有人能提前知道谁会患上IBD。如果不能事先预见，就几乎不可能观察到微生物菌群随疾病的出现而发生变化的过程，因而也无从辨明这之间的因果关系。目前可以得出的最好结论，是表明了在新近诊断出的IBD患者中，微生物已经失调。[17] 几乎可以肯定，并不是单一因素触发了IBD，不管是微生物还是其他疾病源。可能需要击打好几次，才能把体内的生态系统之“球”推入炎症状态的“山谷”。

赫伯特·“斯基普”·维京（Herbert ‘Skip’ Virgin）发表的一项案例研究，恰到好处地支持了以上这一想法。[18] 他的实验小鼠身上有一种突变基因，该突变在克罗恩病患者身上十分常见。这些啮齿动物的肠道会发炎，但只有在满足以下条件时才会发生：第一，感染了一种病毒，会破坏免疫系统的一部分；第二，暴露在一种引起炎症的毒素中；第三，肠道菌群是正常的。缺失任何一个条件的小鼠都可以保持健康。IBD是遗传易感性、病毒感染、免疫问题、环境毒素和微生物组等因素的综合产物。这种复杂性有助于解释，这种疾病为什么如此捉摸不定。每个病例都有自己的复杂故事。

这些原则也适用于其他炎症性疾病，包括I型糖尿病、多发性硬化症、过敏、哮喘、类风湿性关节炎等。[19] 所有这些，都与误以为存在威胁而过于“热心”的免疫系统有关，它们发起了错误的攻击。戈登团队的前成员贾斯廷·松嫩堡（Justin Sonnenburg）说道：“其中的一个共性，是宿主的身体一直处于轻度炎症中。这是所有问题的核心。在一些条件下，促进炎症的一侧加剧，抗击炎症的一侧削弱。为什么西方人一直处在这样一种高炎症的状态下？”以及，为什么像IBD这样的病症会在过去的半个世纪内突然抬头？也正是在这一段时间内，曾经罕见的疾病变得更加常见，这又是为什么呢？“面对这些‘现代瘟疫’，所有线索都指向同一个方向，”松嫩堡补充道，“所有趋势都一样。在我们的现代生活方式中，一定存在几个主要因素，能够在很大程度上解释这个问题。并不是我们在做的 30 件不同的事情导致了30种不同的疾病。我猜测，有三五件，甚至可能只有一件事情，就可以解释90%的病例。似乎存在一个能够归根结底的原因。”

1976年，一位名叫约翰·杰勒德（John Gerrard）的儿科医生注意到，加拿大的萨斯卡通市（Saskatoon）正流行着一种特殊的疾病模式。他在这座城市居住了20年。原住民梅蒂人（Metis）与城里的白人相比，更容易患上哮喘、湿疹和荨麻疹等过敏性疾病，后者则更经常受到绦虫、细菌和病毒的感染。杰勒德想知道这其中是否存在一定的相关性，过敏性疾病是否是“白人社区为消灭病毒、细菌和（蠕虫）所付出的代价”？1989年，在大西洋的另一边，流行病学家大卫·斯特拉坎（David Strachan）研究了17 000名英国儿童后得出了类似的结论。拥有哥哥姐姐的儿童，得花粉症的可能性更低。“也许可以这样解释……哥哥姐姐带来的细菌可能会使儿童所处的环境变得更不卫生，因此使得他们受到感染，但也从而帮助他们预防了花粉症。”斯特拉坎在一篇题为《花粉症、卫生和家庭规模》的文章中写道。标题中间的“卫生”至关重要，“卫生假说”正来源于此 。[20]

这一假说现在持有的主张是，发达国家的儿童不再经历曾经困扰上一代的传染病，所以免疫系统缺乏“经验”，变得过于“神经质”。[21]它们能在短期内更有效地保持健康，但对无害的触发物（如花粉）会产生过度的免疫应答。这个概念描述了传染病和过敏性疾病之间难以忽视的利弊，仿佛我们注定要经受其中一种折磨。新版的卫生假说把重点更多地从病原体转移到人体内有益的微生物上，即那些“教育”我们免疫系统的微生物，以及潜伏在我们周围的泥土和灰尘中的微生物，甚至是让人体产生持久但可耐受感染的寄生虫。自人类诞生之时起，它们就成了我们的“老朋友”;[22]在人类的演化史中，它们一直是我们生命中的一部分。但是最近，它们在我们生命中的存在感日渐淡化。

“卫生”一词往往代表着更严格的清洁程度，但这并不能完全解释微生物的消失，导致这一现象的也可能是城市化所带来的各种陷阱：规模更小的家庭，从泥泞的乡村迁移到水泥森林的城市，更愿意使用经过氯化消毒的水、灭过菌的食品，渐渐远离牲畜、宠物和其他动物。所有这些变化都与更高风险的过敏性和炎性疾病紧密相关，同时也减少了我们能接触到的微生物种类。其实，养一条狗就能产生巨大的影响。苏珊·林奇（Susan Lynch）收集了16个家庭的灰尘，发现那些没有毛茸茸宠物的家庭堪称“微生物沙漠”，而那些养猫养狗的家庭会有更多的微生物物种。[23] 原来，宠物作为人类最好的朋友，也让人类的老朋友微生物搭了便车。

狗把微生物从户外带入室内，为我们提供了一个更大的物种库，丰富了正在发展的微生物组。林奇把这些与狗相关的尘埃中的微生物喂给小鼠，发现这些啮齿动物变得对各种过敏原都不那么敏感。这些灰尘大餐让小鼠的肠道增加了100多种细菌，且其中至少有一种可以保护小鼠免受过敏原侵害。这便是卫生假说及其衍生学说的言下之意：接触更广泛的微生物种群可以改变生物体内的微生物组，并抑制过敏性炎症。至少，这在小鼠实验中成立。

但宠物不是我们的老朋友，微生物的最重要来源还是我们的母亲。婴儿从子宫中分娩出来的过程中，母亲的阴道微生物会定植在他们体内。这条传播链世世代代相传，但现在也正在遭到改变。目前，英国约有1/4的婴儿、美国约有1/3的婴儿都通过剖宫产出生，而这其中有不少都是非必要的。玛利亚·格洛丽亚·多明格斯－贝洛（Maria Gloria Dominguez-Bello）发现，如果婴儿通过母亲的腹部切口出生，那么起始的微生物均来自母亲的皮肤和医院环境，而不是阴道。[24] 这些差异可能造成的长期影响尚不清楚，但是正如岛上的第一批殖民者会影响最终定居的物种，婴儿身上的第一个微生物可能会产生波及未来整个微生物菌群的影响。这可能解释了，为什么剖宫产的婴儿更容易患上过敏、哮喘、乳糜泻，甚至长大之后更容易肥胖。“婴儿的免疫系统在出生时就像一张白纸，会无条件地接受‘第一堂课’，”多明格斯－贝洛说道，“如果给它们上课的不是正常的好家伙，而是错误的家伙，那么免疫系统就可能受到损害，从而影响之后的整段生命历程。”

非母乳喂养可能会加剧这些问题。正如我们前面提到的，母乳像工程师一般地打造了婴儿体内的生态系统：为婴儿的肠道提供更丰富的微生物菌群，以及滋养婴儿的共生伴侣：婴儿双歧杆菌的 HMO（母乳中用于喂养微生物的糖类）。母乳提供的这些好处可能可以弥补剖宫产造成的任何初始差异，但是，“如果剖宫产后还不用母乳喂养，我敢肯定，（你的宝宝）会走上不同的成长之路。”母乳专家大卫·米尔斯说道。断奶并开始喂辅食后，如果我们那时还不能为微生物伙伴提供正确的食物，那么人体的成长轨迹可能会进一步偏离。饱和脂肪能滋养各种可能导致炎症的微生物，两种用来延长冰激凌、冷点心与其他食品保质期的常见添加剂CMC（羧甲基纤维素）和P80（吐温80），也有这种效果：它们会同时抑制抗炎的微生物。[25]

膳食纤维则具有相反的效果。膳食纤维是一个统称，即指我们的微生物可以消化的各种复杂植物碳水化合物。自从爱尔兰传教士、外科医生丹尼斯·伯基特（Denis Burkitt）注意到纤维素以来，它一直是健康饮食建议中的主角之一。伯基特注意到，乌干达农村的村民摄入的纤维素比西方人高出7倍，他们的粪便比后者重5倍，但是通过肠道的速度快了2倍。20世纪70年代，伯基特四处推广以下观点：乌干达人很少患糖尿病、心脏病、结肠癌以及其他在发达国家更常见的疾病，因为他们的饮食富含纤维。但其实造成这种差异的原因之一，无疑是这些慢性疾病在年纪较大时更常见，而西方人的预期寿命更高。不过，伯基特的确说中了一些事。“美国是一个饱受便秘困扰的国家，”他无奈地表示，“如厕事小，就医事大。”[26]

他并不清楚具体的原因。他把纤维素想象成肠子里的“扫帚”，会清理肠道中的致癌物质与其他毒素。他并没有想到微生物。我们现在知道，细菌分解纤维素时会生成一种化学物质，短链脂肪酸。这些物质会聚集并激活大量的抗炎细胞，使反应过度的免疫系统恢复平静。如果没有纤维素，我们的“免疫恒温器”会被调高，使我们更容易患上炎症性疾病。更糟糕的是，如果没有纤维素，我们肠道内饥饿的细菌会吞掉它们能找到的其他任何东西，包括覆盖肠道的黏液层。随着黏液层的消失，细菌更接近肠道内衬——在那里，它们可以触发其下免疫细胞的反应。如果没有短链脂肪酸加以限制，这些反应很容易走向极端。[27]

缺乏纤维素也会重塑肠道微生物组。正如之前提到的，纤维素十分复杂，必须通过多种微生物提供正确的消化酶才能分解。这一整套工作需要设立许多“职位”。如果长时间不为这些职位发布招募信息，那么“申请者”的规模也会缩小。贾斯廷的妻子，也是他的同事埃丽卡·松嫩堡，在一个实验中给小鼠连续喂养了几个月的低纤维饮食，以此证明了这一点。[28] 小鼠肠道微生物的多样性急剧下降。当小鼠恢复富含纤维的饮食后，微生物的多样性逐渐恢复，但没有办法完全恢复。许多擅离职守的微生物就这样一去不回。这些小鼠繁殖的幼崽，体内的微生物菌群也较为贫瘠；而如果幼崽也食用低纤维食物，那么会有更多的微生物掉队脱退。如果就这样一代代地往下传，越来越多的“老朋友”会离开生物体。这可以解释，为什么与来自布基纳法索、马拉维和委内瑞拉农村的村民相比，西方人的肠道微生物多样性低得惊人。[29]西方人不仅少吃了很多植物，即使真的吃下去了，其中很多也是经过精加工的食物。例如，把小麦研磨成面粉的过程除去了麦粒中的大部分纤维。用松嫩堡的话说：“（填饱了肚子，）却让我们的微生物挨了饿”。

我们先是切断了微生物抵达的路径，然后让已经抵达的那些挨饿。但这还不是最糟糕的，我们甚至还攻击剩余的幸存者。这个终极破坏者就是抗生素。微生物自诞生之日起，本身一直在使用这些物质作为武器，以此来相互争斗。1928年，人类首次（而且是偶然地）叩开了这个古老军械库的大门。从郊区度完假回到实验室的英国化学家亚历山大·弗莱明（Alexander Fleming）注意到一个霉菌落在了他的细菌培养皿里，发现它杀死了周围的微生物。弗莱明从那个霉菌中分离出了一种化学物质，并将其命名为青霉素。十几年后，霍华德·弗洛里（Howard Florey）和恩斯特·查因（Ernst Chain）发明了一种大规模生产该物质的方法，继而把这种毫不起眼的化学物质变成了第二次世界大战期间无数盟军的救星。抗生素时代就此拉开序幕。随后，科学家们开发出了一种又一种新型抗生素。新药的发展速度迅猛，把许多致命疾病碾在脚下。[30]

但是，抗生素是一种极具震慑性的武器。它们杀死了我们想要消灭的细菌，同时也杀死了那些我们想要保留的细菌。就好像往城市投了一枚核弹，但其实只是为了消灭一只老鼠。有时候，我们甚至不需要亲眼看到老鼠就可以开始肆意屠杀：大量抗生素被毫无必要地开进处方，只为对付根本没可能遇上的病毒感染。抗生素滥用到了何种程度呢？发达国家每天都有近1% ～ 3%的人使用某种抗生素。一项统计数据表明，平均每个美国儿童2岁前都会使用近3个疗程的抗生素药物，10岁前平均会使用10个疗程之多。[31] 同时也有其他研究表明，即使短暂地使用抗生素，体内的微生物组也会发生变化。一些菌种会暂时消失，总体多样性锐减。一旦我们停止服用这些药物，微生物菌群很大程度上会恢复过来，但无法回归原状。就像松嫩堡的纤维素实验，每次敲击都能在生态系统的“铁皮”上凿出一个凹坑；敲得越多，凹坑也就越多越深。

颇具讽刺意味的是，这种治疗手段的副作用可能会为更多疾病的入侵人体铺平道路。请记住，丰富、繁荣的微生物菌群能够构成对抗入侵的病原体的屏障。当我们的“老朋友”消失后，这道屏障也随之消失。屏障的缺失使更危险的物种得以利用体内余存的营养，占据空缺的生态位。[32]能够导致食物中毒和伤寒的沙门氏菌就是这样的一个机会主义者，能够引起严重腹泻的艰难梭菌（*Clostridium difficile*）也不相上下。这些细菌像杂草一样在体内茁壮成长，填补一个萎缩的微生物菌群剩下的空白。没有了原有的竞争对手，它们肆意地吃着剩下的残羹。这就是为什么艰难梭菌影响的主要是服用过抗生素的人，同时也解释了为什么大多数感染发生在医院、疗养院或其他医疗建筑中。有些人称其为“人为疾病”，把这些疾病与本来用于维持人类健康的机构联系起来。这是不加区分地杀死微生物而无意间导致的后果，就好像用杀虫剂抹平花园中丛生的杂草，人们希望看到的是鲜花盛放，而不是杂草丛生。但通常，你最终只会得到一园子杂草。[33]

即使是微量的抗生素，也可能产生不可预见的后果。2012 年，马丁·布莱泽（Martin Blaser）开展了一项实验，给幼鼠喂食抗生素，使用的剂量低到根本无法治疗任何疾病。然而这些药物还是改变了这些啮齿动物的肠道微生物，让那些能更好地从食物中获取能量的菌群繁盛生长。于是，小鼠变胖了。接下来，布莱泽的研究小组分别在小鼠出生或断奶时给它们喂食低剂量的青霉素，然后发现，停药后，前一组小鼠增加了更多体重。它们肠道中的微生物变得正常，但体重仍有所增加，而当研究人员把这些小鼠肠道中的微生物菌群移植到无菌小鼠体内后，受体小鼠的体重也有所增加。这为我们揭示了一些重要的事实。首先，动物的早期生命阶段有一个关键的窗口期：在此期间，抗生素可以发挥非常显著的效果。再者，这些效果取决于体内微生物组的变化，但当微生物大体恢复正常时，这些效果依然延续。第一个结论早已得出，第二个发现也依旧重要。自20世纪50年代开始，全球各地的农民就一直在无意间开展相同的实验：他们用低剂量的抗生素育肥了家畜。无论使用哪种药物或喂养哪种牲畜，结果总是相同：家畜生长得更快，体重飙升。每个人都知道这些“催肥素”的作用，但没有人真正理解其中的原理。布莱泽的研究给出了一种可能的解释：药物破坏了体内的微生物组，导致体重上升。[34]

布莱泽一再提出，过度使用抗生素可能“导致肥胖等疾病患者急剧增多”，更不用说其他的“现代瘟疫”了。但真是这样吗？在布莱泽的实验中，增重效果其实相对较小：喂食了抗生素的小鼠，体重的确有所增加，但只增加了 10%，相当于一个 70 千克的人只增重了 7 千克，BMI（身体质量指数，用体重除以身高的平方可得）只增加了2个单位。即使不强调小鼠不同于人类，结论依旧模棱两可：关于人类的相关研究表明，抗生素与肥胖之间的相关性更为模糊。布莱泽自行开展的一项研究就表明，摄取一定剂量抗生素的婴儿，7岁前超重的可能性并没有显著升高。基于动物的研究也表明，结果并不一致：科学家在其他小鼠实验中发现，发育早期摄取高剂量的某种抗生素会阻碍生长或减少身体脂肪。

因此也可以推测，如果幼年时接触抗生素，那么在发育的关键时期，人体内的微生物组会发生变化，从而增加过敏、哮喘和自身免疫疾病的患病风险。但是与肥胖一样，这些风险仍然是模糊且不精确的。相反，抗生素的好处则表现得更加明显。用诺贝尔奖得主巴里·马歇尔（Barry Marshall）的话说：“从没有人因为服用了我开给他们的抗生素而死亡，但我知道，很多人会因为没有得到抗生素而死去。”[35] 应用抗生素之前，由单纯的擦伤、咬伤、肺炎发作或分娩而导致的死亡人数多得惊人；自抗生素诞生之后，这些潜在的危及生命的事故都变得更加可控，人类的日常生活也因此变得更安全。抗生素让具有致命感染风险的医疗程序变得可行或更加普及，例如整形和剖宫产，又例如可以对肠道等含有丰富细菌的器官动各种手术，还比如癌症化疗和器官移植等需要抑制免疫系统的治疗，另外还有肾透析、心脏搭桥手术或髋关节置换等任何涉及导管、支架或植入物的治疗。现代医学的大部分都以抗生素为基础，可是那些基础现在即将崩塌。我们用抗生素用得太过随意，这使得许多细菌都演化出了相应的抗性。一些拥有超强抗性的菌株，面对任何药物几乎都可以做到刀枪不入。[36] 与此同时，我们完全没有开发出新药以替代已经过时的抗生素。我们正在进入一个可怕的“后抗生素时代”。

滥用抗生素所带来的问题，比适度使用大得多；前者既会破坏我们体内的微生物组，也会促使细菌产生抗药性。解决方案并不是妖魔化这些药物，而是在面对实际需求且完全了解其风险和益处的情况下，明智地使用它们。“直到现在，我们对待抗生素的态度还是积极的。医生可能会说：它可能帮不上你，但不会伤害你，”布莱泽说道，“但是你一旦改变想法、认为它可能带来伤害，那么一切都必须重新评估。”罗布·奈特的女儿出生后便感染了葡萄球菌，因此他十分清楚这个权衡利弊的过程：“我想，一方面，这种感染可能危及生命，而且正在折磨她的小生命，使用抗生素可以很快消除这种痛苦；但另一方面，她 8 岁时可能会超重。所以一般情况下，我们试图避免让她接触抗生素，但当抗生素真正起作用时，效果的确惊人。”

面对其他的微生物破坏者，我们同样需要权衡。现在，得当的清洁卫生措施已经是公共卫生中不容置疑的基本要求，这也的确避免了许多传染病的扩散。但我们已经沿着这个方向走得太远。“以前人们还只是把清洁奉为一种神奇的手段，现在则成了一种宗教，”西奥多·罗斯伯里于 1969 年写道，“我们正在变成一个为整理床铺、擦洗和除臭而神经过敏的国家。”[37] 现在的情况更糟，随便在各大电商上搜索“抗菌”，就可以找到湿巾、肥皂、洗发水、牙刷、梳子、洗涤剂、餐具、床上用品，甚至袜子等商品。三氯生（Triclosan）作为一种抗菌化学品，广泛地用于消毒牙膏、化妆品、除臭剂、厨房用具、玩具、衣服和建筑材料等消费品。我们想要一个清洁的世界，即一个没有微生物的世界，却没有意识到这么做会带来怎样的后果。我们长久以来一直在打击微生物，让这个本应包容我们生存所需的微生物的世界，变得充满敌意。

马丁·布莱泽不仅担心人们会缺乏一些重要的微生物，还深切地关注可能完全消失的某些微生物。以他最喜欢的幽门螺杆菌为例。20世纪90年代，布莱泽也曾破坏过幽门螺杆菌的声誉。当时的科学界已经知道它会引起胃溃疡，而布莱泽和其他人证实，幽门螺杆菌还会增加人类罹患胃癌的风险。直到后来他才意识到，这种微生物也有有益的一面：它会抑制胃酸回流、降低食管癌，甚至是哮喘的患病风险。现在，布莱泽一谈起幽门螺杆菌就充满感情。它是我们最古老的朋友之一，和人类纠缠了至少58 000年。

可是，它现在却出现在了“濒危微生物”的名单上。因为人们把它视为病原体，所以付出了大把努力，几乎成功地清除了它。（《柳叶刀》的一篇评论文章曾写道：“唯一好的幽门螺杆菌，就是死去的幽门螺杆菌。”）它曾一度无处不在，现在仅西方国家而言，只出现在6%的儿童体内。布莱泽写道，在过去的半个世纪里，“这个古老、固执、几乎无处不在、占据统治地位的胃中居民，现在已经基本消失。”它的退场意味着溃疡和胃癌患者的减少，这显然是一件好事，但如果布莱泽后来的研究是正确的，那么这又可能引起胃酸反流和食管癌患者的增加。是它带来的好处重要，还是坏处更重要？似乎，两方面的影响都不重要。在一个以近一万人为研究对象的大型项目中，布莱泽表明，幽门螺杆菌的存在与否，不会影响各年龄人群的死亡风险。那么，幽门螺杆菌逐渐消失的事实，是否也不值一提？事实也许并非如此。布莱泽认为，它的消失或许是其他类似微生物消失的先兆。

幽门螺杆菌容易检测，就好像煤矿中的金丝雀①。它警告我们，其他微生物可能正在我们眼前消失。[38]

婴儿双歧杆菌，这种通过母乳滋养并定植在婴儿体内的细菌，也可能正处在危险之中。大卫·米尔斯的研究小组最近注意到，在孟加拉国或冈比亚等发展中国家，60% ~ 90% 的婴儿体内含有婴儿双歧杆菌，但在爱尔兰、瑞典、意大利和美国等发达国家，占比只有30% ~ 40%。[39]母乳喂养与否并不能解释这种差异，因为该研究团队收集的几乎所有数据都来自经由母乳喂养的婴儿。剖宫产也不能解释这些差异，因为孟加拉国的大多数婴儿——携带婴儿双歧杆菌的比率最高——都是通过剖宫产出生的。尽管现在还没有得到证据确凿的解释，但米尔斯还是提供了一个推断。他指出，婴儿双歧杆菌似乎在成年阶段从肠道中消失，这意味着母亲可能无法把它传递给孩子。这在人类历史中的大多数时候都不成问题，因为女性常常会互相帮助，喂养彼此的婴儿。米尔斯说:“(一个大家族中)总有需要喂奶的婴儿，婴儿双歧杆菌在他们和他们的母亲之间传递。”但是，随着现代家庭的育婴过程变得更加孤立，传递细菌的链条被打破了。也许，这就是为什么微生物开始从西方国家的人群中消失，即使通过母乳喂养的婴儿也难以幸免。如果婴儿双歧杆菌一开始就不存在，母乳也无法滋养它。无论这个推断是否正确，可以肯定的是，婴儿双歧杆菌正一步步地趋近濒危微生物的名单。

这项研究强调了一条重要的原则:只有通过大量跨多个人群的研究，我们才能了解发达国家的人们是否真正缺乏重要的微生物。直到最近，人类微生物组的大多数研究都集中在所谓“WEIRD”国家的人群身上，即西方的(West)、受过教育的(Educated)、工业化的(Industrialised)、富裕的(Rich)和民主的(Democratic)国家②。这些国家的人口只占世界人口的1/8——只关注他们，就像了解城市的运作方式时只研究了伦敦或纽约，而忽视了孟买、墨西哥城、圣保罗和开罗。认识到这个问题后，微生物学

① 过去，矿工开始工作前，会先把金丝雀放入矿井，以探测其中的空气是否有毒。——译者注
② weird又自成单词，意为怪异的、不可思议的。——译者注

家如今已经分析了来自布基纳法索、马拉维和孟加拉国农村的人群体内的微生物组。还有其他一些科学家研究了狩猎-采集人群，包括委内瑞拉的亚诺玛米人（Yanomami）、秘鲁的马斯特斯人（Matsés）、坦桑尼亚的哈扎人（Hadza）、中非共和国的巴卡人（Baka）、巴布亚新几内亚的阿萨罗人（Asaro）和绍西人（Sausi），以及喀麦隆的俾格米人（Pygmies）等。[40]这些群体至今仍保持着传统的生活方式，通过狩猎获取食物，其中能接触到现代医疗的人屈指可数。（就他们的生活时间而言）他们仍然是现代人、携带着现代的微生物、生活在今天的世界，但他们至少能提供一些线索，即没有饱受工业化生活困扰的微生物组是什么样的。

这些人群所携带的微生物群，都比西方人的更多样。他们体内包罗的“万象”，无论是数量和种类都高于后者，甚至还包括在西方的人群样本中检测不到的物种和菌株。例如，哈扎人和马斯特斯人体内有一种名为密螺旋体（*Treponema*）的细菌，数量很多（这类细菌中还包括引发梅毒的菌种）。他们体内的密螺旋体菌株与引起疾病的菌株无关，但与消化碳水化合物的无害亲属有关。这些菌株存在于狩猎-采集者与一些猿类中，但不存在于工业化社会的人群中。也许，我们祖先的体内共有一套包含这种细菌的古老微生物组，但它们却在某个时间点与发达国家的人群分道扬镳。关于粪便化石的研究也表明，来自前工业时代的人们，比今天的城市居民拥有更丰富的肠道微生物。

这是否意味着我们变得不健康了？一些证据表明，多样的微生物组能够更好地抵抗包括艰难梭菌在内的入侵者，而缺乏微生物组多样性通常伴随着疾病的到来。由奥卢夫·佩德森（Oluf Pedersen）领导的一个大型欧洲团队开展了一项研究：他们从近 300 人的肠道中取样，并通过测量微生物的基因数量来判断各自微生物的多样性。[41]与具有高微生物基因数量的志愿者相比，低微生物基因数量的志愿者更有可能变得肥胖，也更容易表现出罹患炎症和出现代谢问题的迹象。不过还是回到了同样的问题，越来越稀少的微生物菌群可能是身体不健康所导致的结果，而非相反的因果关系。截至目前，还没有研究表明，微生物组多样性程度较低的人更容易患病。并且，在有些情况下，拥有多样微生物组的人更有可能携带某些肠道寄生虫。[42]

还有迹象表明，人类微生物组在抗生素时代，甚至在工业革命之前就已经开始萎缩。虽然农村居民拥有比城市居民更多样的肠道微生物菌群，但黑猩猩、倭黑猩猩和大猩猩的菌群比人类的更多样。当我们在演化道路上与猿猴渐行渐远时，我们的微生物组就在慢慢萎缩了。[43] 也许我们只是能更有效地清除肠道寄生虫而已。此外，我们的饮食结构也已经改变。黑猩猩、倭黑猩猩和大猩猩会吃很多植物。农村居民也相对地吃更多蔬菜，但他们已经通过烹饪分解了食物，也就是替体内的微生物分担了一部分消化工作。而美国人更少吃蔬菜，即使吃，也会先去掉其中的纤维，这样一来就更少依靠微生物帮助消化。动物最终只留下所需的微生物组，随着对微生物需求的减少，合作伙伴的储备也相应减缩。

但这些改变发生在几千年间，给了宿主和微生物足够长的时间去适应新生境。目前令人担心的状况是，我们正在加快改变的脚步，只用了几代人的时间，就打破了我们和微生物长久以来的合作关系。双方最终将适应彼此的新现状，但可能要经过很多代人才行。“我们正处在这个问题的中间期。”松嫩堡说道。他指的是现在。

布莱泽也有同样的担忧。他写道：“我们体表和体内微生物多样性的丧失，正在让我们付出可怕的代价。”他把这比作一场即将来临的灾难，“如此凄凉，像暴风雪席卷过冰封的大地，这是我们的‘抗生素之冬’。”[44] 他描述得略显夸张。不过很显然，我们的确正在改变身上的微生物组，但布莱泽描述的可怕末日场景是否可能发生，相关的迹象依然微乎其微。但是，想要抢先一步防止最终灾难的降临，就必须超越现有的证据，提出挑战。布莱泽也接受这样的应对方式。他已经视自己为微生物界的预言者卡桑德拉①，大声宣告迫在眉睫的恐怖预兆。当然，和卡桑德拉一样，他也招致了不少怀疑。

2014年，乔纳森·艾森（Jonathan Eisen）“授予”了布莱泽一个“过分

① 希腊神话中特洛伊的公主，拥有预言能力。——译者注

吹嘘微生物奖”，因为布莱泽向《时代》杂志表示：“抗生素正在灭绝我们的微生物组，改变人类的发育过程。”[45]这是一个线上的“奖项”，旨在“奖励”（实则指责）那些把微生物组研究现状夸大其词，或者把猜想当作事实的科学家或记者。至今已有 38 名“获奖者”，包括《每日邮报》和《赫芬顿邮报》。“我个人认为，抗生素可能导致许多个体微生物组的混乱，而这种混乱会导致各种人类疾病的增加，”艾森写道，“不过，‘灭绝’？还差得太远。”

这个“奖项”看起来只是一句轻微的责骂，特别是因为艾森自己就是一名积极、温和又热情的微生物大使。不过尽管如此，他仍适度地加以克制。他认识到，关于我们的微生物伙伴，还有惊人的未知等待进一步解开。他担心，科学态度的钟摆会从一个极端——“所有微生物必须被消灭”，荡向另一个极端——“微生物是解释并解决我们所有弊病的方案”。

他的担心是有根据的。生物学领域长期以来总是迫切地希望寻找到复杂疾病背后的统一原因。古希腊人认为，许多疾病都由四种“体液”（血液、痰、黑胆汁和黄胆汁）的不平衡引起。一直到19世纪，该解释框架仍然拥有十分牢固的地位。另一个致病理论认为，疾病是由“糟糕的空气”或“瘴气”所致——这也持续了很长时间，直到最终被细菌理论否定。到了20 世纪 60 年代，癌症学家在鸡的体内发现了一种致癌病毒，这使得他们相信，所有的肿瘤都是由病毒造成的。[46]科学家常把“奥卡姆剃刀”原则挂在嘴边，即推崇简单、优雅的解释。我认为，科学家也和其他人一样，找到简明的解释理论后会感到无比舒畅。他们向我们保证，这个杂乱无章的世界其实是可以理解，甚至可以操纵的。他们承诺，我们最终可以畅言不可言喻之事，把控不可控制之物。但历史告诉我们，这个承诺往往不切实际。相信癌症病毒假说的人，自那时起便开启了漫长的征程，结果十多亿美元打了水漂。我们后来发现有几种病毒可以导致癌症，但只能解释所有病例中的一小部分。所谓统一的原因，即所有疾病背后的规律，原来只是一个更大难题的冰山一角。

在考虑微生物的医学用途，或者与之相关联的那串长到不可思议的疾病列表时，我们至少应该对此抱有谦卑之心。[47] 这个列表包括（但不限于）

克罗恩病、溃疡性结肠炎、肠易激综合征、结肠癌、肥胖症、I型糖尿病、II 型糖尿病、乳糜泻、过敏和特异反应、夸希奥科病、动脉粥样硬化、心脏病、自闭症、哮喘、特应性皮炎、牙周炎、牙龈炎、痤疮、肝硬化、非酒精性脂肪肝、酒精中毒、阿尔茨海默病、帕金森病、多发性硬化症、抑郁症、焦虑症、心绞痛、慢性疲劳综合征、移植物抗宿主病、类风湿性关节炎、牛皮癣和中风。讽刺网站“葱”（*The Allium*）的一位撰稿人曾写道：“事实上，没有什么东西对我们的健康起过重要的作用，微生物除外。它可以击退癌症、解决饥饿问题、缓解营养不良、恢复被截肢的肢体，简直万能。”[48]

就算先把讽刺撇到一旁，疾病与微生物的真实关联大多也只是相关性。研究人员经常把患者的状况与健康的志愿者进行比较，只是发现他们的微生物组存在差异，然后就没别的信息了。这些差异暗示此处存在着一种关系，但并不揭示这种关系的本质或者因果方向。不过，之前描述过的关于肥胖、夸希奥科病、炎性肠病和过敏的研究，已经在此基础上更推进了一步。研究者通过在无菌小鼠身上移植微生物而重现了这些健康问题，以此来试图回答微生物的变化如何导致了健康问题。他们发现，实验结果强烈暗示了这其中的因果关系。不过，这些实验提出的问题多于答案。是微生物组的改变导致了这些症状，还是只是让本来就很糟糕的状况变得更糟？是一种还是一组微生物在发挥影响？到底是某些重要微生物的存在，还是其他微生物的缺席所导致的结果，还是二者兼而有之？即使实验表明，微生物可以在小鼠和其他动物体内引发疾病，我们仍然不知道人体内的致病机制是否也是如此。抛开实验室的受控环境，以及实验用啮齿动物的非典型身体状况而论，微生物的变化是否真的会影响我们日常的健康？微生物能从多大程度上解释21世纪兴起的疾病？与污染或吸烟等导致“现代瘟疫”的其他潜在原因相比，微生物又有多重要？从简单的“一种微生物——一种疾病”的模式转移到混乱且涉及多种因素的“生态失调”模式，你会发现原因和结果间的关联变得越来越难捉摸。

说到“生态失调”，到底怎样才算生态失调呢？如何判断生态系统是否

在圣迭戈动物园，穿山甲“巴巴”正等着研究人员擦拭它的皮肤，收集它身上的微生物。就像我们每个人一样，巴巴也是一个微生物的集合体。

可爱的夏威夷短尾乌贼，其体内有一种单一的发光细菌，使它们得以在水下发光、抵消月光下的阴影，从而躲避捕食者。

安东尼·范·列文虎克的显微镜，看着像是被打磨光亮的门铰链，但确实是他同时代最好的观察器材。也正是通过这台显微镜，列文虎克成为第一个观察到细菌的人。

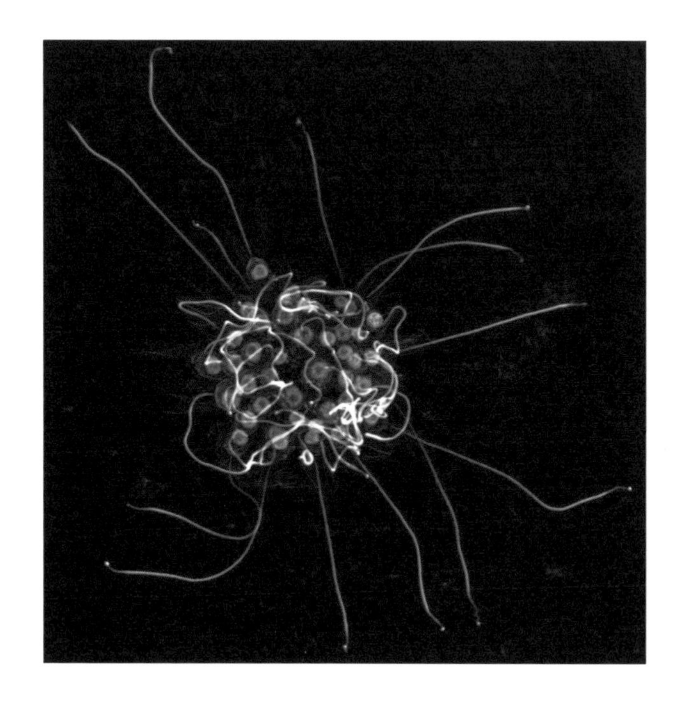

当它们感知到一种细菌分子的存在时，单细胞领鞭毛虫便会凑到一起，形成一个玫瑰塔样的菌群。地球上第一只动物可能也做了同样的事。

正如许多两栖类动物，这只黄腿山蛙正受到一种末日真菌的侵袭。但其皮肤上的细菌能拯救它们。

这只十三年蝉的体内，一种名为霍奇金菌细菌分开了原本同属于一种物种的生物。

华美盘管虫的成虫能够产生白色的管状物，让船体附上一层一厘米厚的“壳”。但是如果没有细菌，这些蠕虫无法从幼虫发育至成虫。

我手中捧着的无菌
鼠，是在一个无
“泡泡”中发育长
的，也是地球上为
不多的完全没接触
细菌的生物之一。

荒漠林鼠不吃美味的花生时，能够吃下有毒的石炭酸灌木，因为它们肠道中的微生物能够中和毒素。

可怕的狼蜂会在洞
里涂满能产生抗生
的细菌，从而保护
们的幼虫。

鲨鱼和其他大型捕食者的消失会伤害到珊瑚礁。珊瑚礁上的微生物菌群发生了变化。

在海底 2 400 米深处，巨型管虫在如同地狱一般的热泉喷口处繁茂地生长。它们没有嘴和消化系统，因为其体内的细菌可以提供它们所必需的全部营养。

一些人体内有能够专门消化这种紫菜的微生物，因为这些微生物从海洋细菌中“偷”了可以消解紫菜的基因。

我正在和狗狗——尊敬的博迪格利队长——交换微生物。

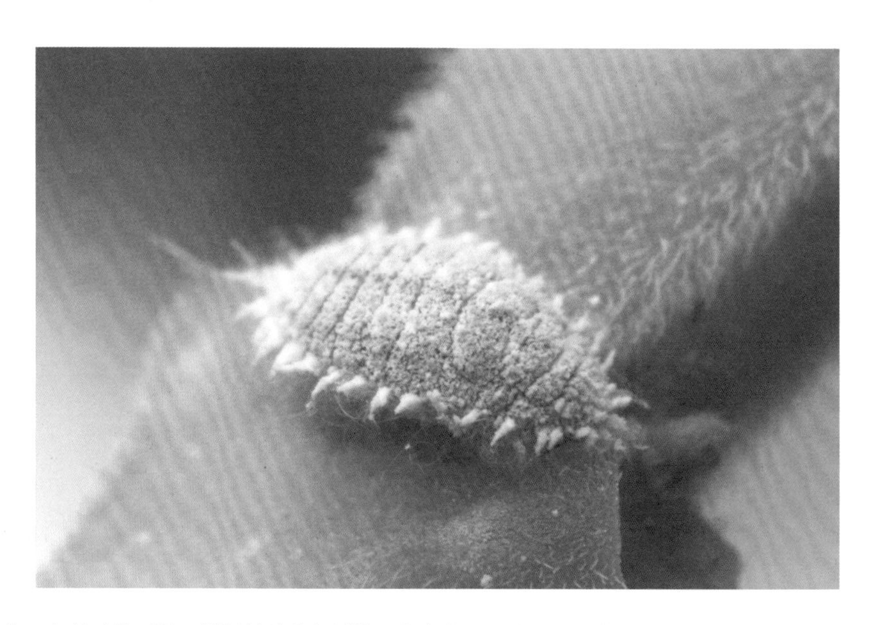

与一般的动物不同，柑橘粉蚧就如同俄罗斯套娃，细胞里有细菌，细菌里又住着别的细菌。

这幅照片所展示的仿佛是美丽的秋日森林，但其实是可怕的灾难现场。通过和微生物形成伙伴关系，北美的山松甲虫已经摧毁了上百万亩常青森林。

这些蚊子通常都携带并传播登革热病毒。而斯科特·奥尼尔已经把这些蚊子变成了消灭登革热的战士：他让蚊子染上沃尔巴克氏体，后者不仅能阻止病毒，而且能迅速地在蚊群中传播。

“肉体抢夺者”茧蜂正把卵产进一条毫不知情的毛毛虫体内。这种蜂使用经过驯化的病毒，压制受害者的免疫系统。

紊乱？艰难梭菌的大量繁殖导致了严重的腹泻，这是一个明显的问题，但对于其他大多数菌群来说，就不那么容易加以区分了。没有婴儿双歧杆菌的肠道算生态失调吗？如果人体内微生物组的物种比狩猎-采集者的少，这算生态失调吗？这个术语的确精彩地表达了疾病的生态性质，但也成了微生物学版本的“是艺术还是色情”问题：这很难定义，但你看到后就会清楚。可是许多科学家似乎武断地把微生物组的任何变化都标记为“生态失调”，这毫无帮助。[49]

这么做没什么意义，因为微生物组与周围的环境密切相关。[50]在不同的情况下，相同的微生物与宿主之间的关系可以非常不同。幽门螺杆菌既可以是英雄，也可以是坏人。有益的微生物穿过黏膜壁并穿透肠道内壁后，会引发使人衰弱的免疫应答。看似“不健康”的菌群，有可能是正常的，甚至是必要的。例如，孕妇的肠道微生物会在第三个妊娠期经历巨大的变化，结果就像代谢综合征：这是一种涉及肥胖、高血糖，以及增加糖尿病和心脏病患病风险的紊乱。[51]对孕妇而言，这不是问题：当你正在孕育一个不断长大的胎儿时，囤积脂肪和积累血糖是有意义的。但是，如果单看这些微生物菌群，你可能会得出“它们的主人即将患上慢性疾病”这样的结论，而实际上，她们只是即将为人母。

即使微生物组发生变化，其中的原因也可能十分令人费解。阴道内的菌群可以在一天之内迅速变化，时而呈现出致病状态，时而又恢复正常，但却没有明确的成因或不良影响。如果试图通过分析阴道微生物来确定一位女性的健康状况，那将很难解释测得的结果，并且该结果可能已经过时。针对身体其他部位的测试也是如此。[52]

微生物组不是恒定的实体。它是一个集结了成千上万个物种的聚合体。这些物种不断地互相竞争，与它们的主人交涉、谈判，时时发展、变化。它以 24 小时为周期波动，一些物种在白天更常见，另一些物种则在夜间增加。从去年到今年，你的基因几乎肯定没怎么变过，但你的微生物组已经改变，可能是因为你的上一顿饭，也可能是因为太阳刚刚升起。

如果存在一个所谓"健康"的微生物组，并以此为生存目标，或者如果可以用一种明确的方式把特定的菌群分类为健康或不健康的，那么问题就更容易解决。但是没有。生态系统复杂、多样、不断变化，而且与具体的环境密切相关，而这些特点都是简单分类的大敌。

更糟糕的是，一些关于微生物组的早期发现几乎肯定错了。还记得肥胖人士和小鼠与各自的瘦子同伴相比，前者均含有更多的厚壁菌和更少的拟杆菌吧？这个结果就是F/B比率（F是厚壁菌，B是拟杆菌），是微生物领域最著名的一条规律，但也就是一片海市蜃楼罢了。2014年，有两项研究尝试重新分析过去的结果，结果发现，F/B比率与人类的肥胖不存在稳定关联。[53] 你可以在任何一项研究中区分胖子和瘦子的微生物组，但是这些研究之间并不存在一致的差异。这并没有否认微生物组与肥胖症之间的相关性。你依旧可以把肥胖小鼠（或人）的微生物移植到无菌小鼠体内，使后者增重。这些菌群中的部分细菌的确会影响体重，但并不只是影响F/B比率，或者说至少并不总是这样。令人沮丧的是，经过十年的努力，科学家在识别与肥胖明显相关的微生物上并没有取得显著进步，尽管这一实验引起了微生物组研究者的极大关注。主导上述重新分析的凯瑟琳·波拉德（Katherine Pollard）说道："我认为每个人都逐渐意识到，很遗憾，一个非常显著而简单的生物指标（比如某种微生物的百分比）并不足以解释像肥胖这样的复杂状况。"

由于预算紧张、技术手段不精确，在某个研究领域的早期发展中出现这些矛盾的结果并不奇怪。研究人员会进行小规模的探究，通过数以成百上千计的手段，在少数人或动物中进行比较实验。"问题在于，这些研究结果的呈现方式仿佛塔罗牌，"罗布·奈特说道，"你可以用各种牌随意组合出一个好故事。"试想象，我在街上拉了十个穿蓝衬衫的人，十个穿绿衬衫的人。如果向他们询问足够多的问题，我敢保证，至少可以在这两组人身上找出两个明显的区别。穿蓝衬衫的可能喜欢喝咖啡，穿绿衬衫的喜欢喝茶；穿绿衬衫的脚比穿蓝衬衫的更大。我可能会说，穿蓝衬衫会使人对咖啡产生渴望，让人的脚收缩。但是，如果我拉到两百万人，每组一百万，那就更难找到他们之间的随机差异。不过，一旦找到差异，我更有信心说，这些差异是有意义的。最终还是会回到这个困境上，即我们需要时间和精力找到上百万的人作为研究对象。人类遗传学家曾经面临同样的问题。21世纪初，当技术还没有追上研究人员的野心时，他们发现了许多与疾病、身体特征和人类行为有关的遗传变异。但是，基因测序技术变得足够廉价、强大到足以分析数百万个样本，而不是当初的几十或几百个后，早期研究中的许多结果都被证明是“假阳性”的。人类微生物组的研究也在经历相同的初期问题。

微生物组十分多变，实验室小鼠如果属于不同品系、来自不同的供应商、出生自不同的母亲、在不同的笼中饲养，它们体内的菌群可能就会不同。这种多变性可以解释，为什么不同的研究之间无法保持一致或者出现所谓的“幽灵模式”（指看上去存在，但实际并不存在的模式）。还有污染问题。[54]微生物无处不在，它们可以进入一切物体，包括实验中会用到的化学试剂。

但这些问题正在一一得到解决。微生物组的研究人员越来越能理解那些在实验中影响结果准确性的怪事。他们正在设定标准，保证未来研究的质量。他们已经厌倦了无休止的相关性，所以更呼吁揭示因果关系的实验，并告诉我们微生物的变化如何导致了疾病。他们正在越来越细化微生物组的研究，所采纳的技术可以鉴定群落内的具体菌株，而不只是停留在物种层面。他们不仅测序微生物的DNA，还研究 RNA、蛋白质和代谢物：DNA可以揭示存在着哪些微生物，以及它们能做什么；但其他分子会揭示这些微生物在做什么。研究人员正在通过机器学习程序，识别可能参与疾病的复杂微生物菌群，而不仅仅是关注一两个孤立的物种。[55]随着测序成本的降低，他们能够开展更大规模的研究。

研究人员还在开展更长周期的研究。不是给微生物组“截图”，而是尝试观看整部“电影”。这些菌群如何随时间变化？它们能承受多少次冲击而不崩溃？什么使它们具有恢复能力，又是什么导致它们处于不稳定状态？是否能根据它们的恢复能力预测一个人的患病风险？[56]一个团队正在招募一组志愿者，一共 100 名，每周收集他们粪便和尿液样本，持续 9 个月，同时规定他们摄入特定的饮食，或在固定的时间点服用抗生素。其他团队也在开展类似的项目，以孕妇（看微生物是否导致早产）和具有II 型糖尿病患病风险的人（看看微生物是否会影响疾病风险，是否能使其发展为真正的疾病）为研究对象。杰夫·戈登的小组一直试图描绘：在一个健康发育的婴儿体内，其微生物是如何正常发展的；以及在夸希奥科病患儿的体内，这种发展是如何停滞的。他们使用近两年收集自孟加拉国儿童的粪便样本，创建了一个评分系统，据此评估他们肠道菌群的成熟程度，并希望预测暂时没有出现症状的婴儿是否有患上夸希奥科病的风险。[57]

所有项目的最终目标是尽早发现疾病的迹象。就像布满藻类的珊瑚礁：一个退化的生态系统很难再次恢复。

“普拉纳教授！”杰夫·戈登问候道，“最近怎样？”

他正在和他的学生乔·普拉纳（Joe Planer）打招呼。乔站在一个标准的实验室工作台前，上面的移液管、试管和培养皿等都密封在一个透明的塑料帐篷中。那里看起来像是一个无菌设施的隔离装置，但其目的是排除氧气而不是微生物，这能让研究团队培养许多厌氧的肠道细菌。戈登开玩笑道：“即使只是在一张纸上写下氧气二字，都能使这些细菌一命呜呼！”

从一个患夸希奥科病的马拉维儿童的粪便样本开始，普拉纳用厌氧室培养尽可能多的微生物。他会从这些成品中挑选单个菌株，并单独放入隔室中生长。他把一个孩子肠道内混乱的生态系统变成了一个井井有条的图书馆，把无序的群体排成整齐的行和列。“我们知道每个隔室中的细菌的身份，”他说道，“然后告诉机器人，哪些细菌需要结合在一起。”他指向塑料帐篷里的机器，只见一堆黑色的立方体和钢棒。 普拉纳可以通过编程来吸取特定隔室中的细菌，并像调鸡尾酒般把它们混在一起。他可以对机器下指令：抓住所有的肠杆菌科（*Enterobacteriaceae*）细菌，或者所有的梭菌（*Clostridia*）。然后他可以把这些细菌移植回无菌小鼠体内，看看它们是否会产生夸希奥科病的症状。是否是整个菌群在起作用？培养起来的细菌有效吗？是一个科，还是一个单一的菌株？这种方法既有还原性，也确保了整体性。他们先打破微生物组，再重组它。戈登表示："我们正在努力弄清楚，哪些细菌应该对疾病负责。"

几个月后，当我再次看到普拉纳和机器人一起工作时，他们的团队已经把夸希奥科病的致病菌群缩小到了 11 个微生物的范围内，仅凭这些细菌就能在小鼠身上重现许多疾病的症状。[58] 这个小集团包括一些熟悉的面孔，比如 B-theta 和脆弱拟杆菌。它们单独存在时都是无害的，只有一起行动才会引起问题，或者更准确地说，只有当老鼠因为饥饿而营养不良时。该团队还从没有患上夸希奥科病的健康双胞胎身上收集了菌群并加以培养，从而确定：两种细菌能抵消11种致命微生物所造成的损害。其中一种是前面提到的阿氏菌，这个属的细菌看起来能够执行多种任务，既能对付营养不良，也能监控肥胖。第二种是梭状芽孢杆菌（*Clostridium scindens*），这种梭菌能够通过刺激调节性 T 细胞而减轻炎症。

塑料帐篷台的对面有一台搅拌机，可以用不同的原料做成代表各种饮食结构的粉末状鼠食，然后投喂实验用的啮齿动物。搅拌机上贴着一条胶带，上面写着"Chowbacca"。现在，戈登的实验室可以在试管或无菌小鼠中探测阿氏菌和梭状芽孢杆菌的行为，并计算出它们所需的营养。这使得他们的团队可以比较同一种微生物在马拉维或美式饮食下的影响，或者它们分别会如何影响母乳中滋养特殊微生物的糖类（戈登正与布鲁斯·杰曼以及大卫·米尔斯一起合作研究这一课题）。哪些食物滋养了哪些微生物？微生物触发了哪些基因？戈登的团队可以摘取任何一种微生物，并可以创建一个具有成千上万个突变体的库，其中每个突变体都包含一个单一破碎基因的副本。他们可以把这些突变体引入小鼠体内，看看哪些基因关乎在肠道中存活，哪些能够与其他微生物发生联系，以及是否能引起或防止夸希奥科病的发生。

戈登建立的是一条展示因果关系的通路。他希望采用一系列工具和技术，通过更有力的证据来说服公众：微生物会如何影响我们的健康。他会带领我们从各种猜测和推测走向真实的答案。夸希奥科病只是一个开始。相同的技术可以用于研究受微生物影响的任何疾病。

我们谈论的不只是人类疾病。动物园里的许多动物因为未知的原因生病。[59]猎豹因为一种近似幽门螺杆菌的细菌而患上胃炎。狨猴（一种可爱的小猴子）患有狨猴消瘦综合征（症状顾名思义）。这些疾病是否也是生态失调所引发的？这些动物是否会因为不寻常的饮食、过度消毒的人工环境、不熟悉的医疗手段或者因禁育种而发展出的怪癖，从而遭受微生物问题？如果动物失去了天然的微生物，那么放归野外后还能怎样过活？它们有合适的消化细菌吗？没有兽医的帮助，它们的免疫系统是否会经过正确的校准，从而可以对抗疾病？我们知道微生物可以影响行为（无菌的啮齿类动物更少遭受焦虑的困扰），这些放归野外的生物是否足够警觉，从而能在布满捕食者的世界中生存？

是时候追问这些问题了。我们的星球已经进入人类世。这是一个全新的地质时期，人类的影响导致全球气候变化、自然环境丧失、生物多样性急剧下降。微生物也难逃此运。无论是在珊瑚礁上，还是在人类的肠道内，我们正在破坏微生物与宿主的关系，让已经合作了数百万年的物种分道扬镳。像戈登与布莱泽这样的科学家正在努力了解，甚至是预测，这些长期的合作伙伴关系会如何结束。同时还有另一群人，他们更感兴趣于这种合作伙伴关系是如何开启的。

6

漫长华尔兹

2010年10月15日，印第安纳州埃文斯维尔一位名叫托马斯·弗里茨（Thomas Fritz）的退休工程师，开始砍自家院子里一棵枯败的欧洲野苹果树。他轻松地把树砍倒，但拖走枝干时，他右手拇指和食指之间的虎口被一根铅笔粗细的枝条直接穿透。弗里茨是一名消防志愿者，接受过急救训练，他知道如何包扎伤口。尽管这样，他的手还是受到了感染。两天后他去找医生，那时候他的手上已经长出了一个囊肿。弗里茨用了一个疗程的抗生素，但无济于事。过了漫长的五周后，一名外科医生摘出了几块顽固嵌在他肉里的树皮，弗里茨的手才开始恢复正常。

这件倒霉事本该就此画上句号，但弗里茨的医生当时从他的伤口中收集了一些体液。这些样本被送到犹他大学的一个实验室，那里有条件识别其中的神秘微生物。经过实验室自动化仪器的鉴定，弗里茨伤口中的细菌显示为大肠杆菌，但医学主任马克·费希尔（Mark Fischer）并不买账。二者的DNA匹配度并不高。他更仔细地检查基因序列后发现，这些细菌的基因几乎与一种名为伴虫菌的细菌相同，后者发现于1999年。幸运的是，伴虫菌的发现者、英国科学家科林·戴尔（Colin Dale）也在犹他大学工作。

戴尔对此持怀疑态度。费希尔与他确认，说实验室的琼脂培养皿中正在培养这种微生物。戴尔反驳了他，认为这一定是个错误。根据已知的发现，伴虫菌只存在于昆虫体内。戴尔最开始在一只吸血的舌蝇体内发现了该细菌，之后又在象鼻虫、椿象、蚜虫和虱子中找到了相应的踪迹。它寄居在这些动物的细胞内，因为在演化过程中失去了太多基因，所以没有办法在其他地方生存。它不可能在一个培养皿中生长，更不用说在受到感染的手部伤口或枯死的树枝上。然而DNA不会说谎。来自弗里茨手上的细菌与伴虫菌存在许多相同的基因。戴尔称这种新菌株为HS，意为“人类伴虫菌”（human sodalis）。他表示：“我推测HS普遍存在，但我们从未检查过枯死的树枝。”

细想这个故事，其中存在着颇多巧合。野外的微生物寄居在正确的树枝上，刺穿了正确的人，并最终在正确的实验室碰见了正确的人，而这个人恰好发现了这种细菌被昆虫“驯化”的“表亲”。这看起来像是集合了一系列荒诞的“不可能”事件。但此类事件又发生了一次。这一次的受害者是一个爬树的孩子。与弗里茨的遭遇很相似，这个孩子爬树时受了伤。但与弗里茨不同，他没有立即受到感染。他的第一个症状出现在十年后，一个神秘的囊肿在旧伤口处形成。医生取出囊肿，并把样本送到犹他大学。实验人员从中发现了两种 HS 菌株。[1]

我们暂且不谈弗里茨或者那个爬树的孩子：截至目前，他们都很健康，只是下次面对树木时或许会更加小心谨慎。现在让我们把目光聚焦到HS上。一讨论到这种微生物，共生问题的研究者总会两眼放光，因为它们通过一个罕见的视角，为我们展示了动物与细菌的伙伴关系中最根本，但又不确定的面向：这种关系的形成开端。通常，当我们发现自然界还存在这些关系时，它们已经共舞了数百万年。但是，它们第一次携手时，各自是什么模样呢？是什么让它们走到一起？它们是如何一起共舞的，又是如何分别在这个过程中发生改变的？这些问题令人摸不着头脑。这曲漫长华尔兹的第一步，几乎迷散在了时间长河中，留下的足迹少之又少，让我们很难追根溯源。

HS 却是个例外。它显示了与昆虫“签订契约”成为其身体的一部分之前，伴虫菌看起来可能是什么模样的。那时候，它还是自由生存在动物体外的微生物，只在时机合适时感染宿主。但其发展过程中缺少一处关键连接，即潜在的共生体。科学家早就预言，世界上存在着这样的原始微生物，但人们普遍认为很难找到哪怕一个这样的生物。戴尔一人就发现了两个。他已经为HS 赋予了正式的学名：*Sodalis praecaptivus*。该拉丁名的字面意思是“被囚禁前的伴虫菌”。[2]

试想象HS的生活。它原本好好地待在植物上，自生自灭。但是如果一不小心闯入了一位粗心大意的园丁或者摔了一跤的孩子的皮肤，它就开始增长、繁殖。还有一种更可能成立的情况，即它进入了一种生活在植物上的昆虫体内。事实上，戴尔根据基因推测它是一种病原体，会让树木患病，并利用昆虫的口器传播。它们早先就已经依靠这些动物抵达新的宿主。它逐渐演化，为动物提供营养或防止其他寄生虫侵入，从而助益宿主的生长。它最终可能从宿主的肠道或唾液腺转移到细胞内部，也无须通过树木，只要从一只昆虫转移到另一只昆虫上，再从母本转移到后代，代代相传，永久地成为宿主的一部分。HS作为昆虫的共生体，因为所处环境的舒适度而逐渐失去了不再需要的基因，继而成为“伴虫菌”。这些事件可能发生了好几次，最终演化出了存在于各种昆虫体内的不同版本的伴虫菌。[3]

许多共生关系很可能都以这种方式开始。环境中的任意一种微生物——寄生虫或无害的细菌——都会以某种方式侵入动物宿主。这种侵入很常见，且不可避免。细菌的普遍存在，意味着我们做任何事情几乎都会接触到新的细菌物种。

你不需要用树枝刺穿自己。可以通过交配接触微生物：蚜虫交配时可以通过微生物来帮助彼此防御寄生虫或忍受高温。吃东西也可以：木虱可以通过捕食同类来获取微生物。小鼠可以通过吃掉其他小鼠的粪便来获取对方的细菌。如果两只臭虫恰好在吸食同一株植物，那么它们可以通过回流的消化物传递微生物。每个人每吞下一克食物，平均会吞下约100万个微生物。正因为微生物无处不在，无论是水、植物的茎或是另一种动物的肉，几乎所有食物都是新共生体的潜在来源。[4]

寄生虫为进入动物宿主提供了另一种可能的传播路径。许多黄蜂通过尾部尖尖的蜂针把卵产在其他昆虫体内，就这样从一个受害者插向另一个受害者。这些黄蜂就像活的飞版“脏针头”，把对它们自己有益的微生物从一个宿主传给另一个宿主，就像蚊虫叮咬可能传播疟疾或登革热一样。我们对已有事态的掌握，仰赖于科学家实地目睹到，并在实验室中复制出的这些过程。[5]受到污染的食物和水、不采取防护措施的性行为、脏针头：这些传播路径都会让我们联想到疾病。但是，任何病原体能走通的道路，有益的共生体也可以加以利用。

当然，传播路径并不是故事的全部。细菌一到达某个新的目的地，首先要让自己在那里“安家”，但不一定每次都能成功。它必须对付免疫系统、微生物竞争对手和其他各种威胁。也许每一百次传递，只有一次能发展出稳定的合作关系，甚至更可能是一百万次才有一次。但我们没办法知道。不过，单就任何一个领域而言，可能有一百万只蚜虫吸食了同一株植物，有一百万只黄蜂飞来飞去、把被细菌污染的蜂针插入蚜虫体内。在这样的基数下，本不太可能发生的事件也会变得普遍，看起来不合理的事情也能说得通，比如因为树枝刺穿皮肤而获得了一个新的共生体。

如果新来的微生物是战斗力尚可的寄生虫，或许能逗留一阵；但其中有些寄生虫会通过给宿主提供一点好处而保证自己有地方住。它们甚至不需要任何特别的适应过程。这种微生物随处可见。它们通过自然而然的行为来适应共生。植食动物摄取的微生物可以分解复杂的植物纤维，通过这一过程释放出一些难以获取的化学副产物，供给细胞产能。毫无疑问，这样的微生物能够马上适应这种共生关系。只要采取纯粹自利的生活方式就可以了，还能顺便让宿主获益。这里的“副产物互惠”，可以算是微生物和动物的第一次完美携手。[6] 合作双方都能从共生关系中得到好处，且不必另外投资。随后，宿主可以演化出巩固合作关系的特征，从容纳伙伴的细胞到提供分子锚点、供微生物们锁定自身。而这其中最重要的特质，就是用于保证关系稳定性的最重要特质：遗传。

夏日炎炎，欧洲的蜜蜂嗡嗡地穿梭在花丛中。突然，一只黑黄色的昆虫闯了进来，一把抓住蜜蜂，用螫针麻痹了它。这个攻击者是欧洲狼蜂，势如其名，凶猛、大块头。这只雌蜂把受害者拖回地下洞穴，把它与她产下的卵以及其他几只蜜蜂埋在一起。这些蜜蜂还都活着，但动弹不得。雌蜂会把食物小心地储存在卵边，小狼蜂一孵化便可以大快朵颐。

蜜蜂只是雌蜂亲子食单中的一道佳肴。马丁·卡尔滕波特（Martin Kaltenpoth）在研究狼蜂的行为时，注意到有白色的液体从一个标本的触角中流出来。他以前看到过这种物质。为了产卵，雌蜂会挖一个洞穴，而在往里产卵之前，它会把触角按压在泥土上，像挤牙膏一样从中挤出一些白色物质，然后摇晃头部，把分泌物涂抹在洞穴顶部。经过涂抹的位置标志着出口，可以告诉新孵化的狼蜂，离开这个洞穴时应该从哪儿开始挖掘。卡尔滕波特在显微镜下观察这些分泌物时，惊讶地发现里面充满了细菌。狼蜂是用触角分泌微生物的蜂类？此前还没人听说过这样的奇闻。更神奇的是，每只狼蜂分泌的都是同一种细菌：链霉菌（*Streptomyces*）菌株。

这是一条极其重要的线索。链霉菌十分擅长杀死其他微生物，我们使用的抗生素有2/3都来源于这种细菌。一只幼小的狼蜂肯定需要抗生素。它吃完母亲为它储备的蜜蜂后，会织茧过冬。整整九个月，它都困在一个温暖、潮湿的房间内，而这恰恰是滋养病原真菌和细菌的完美环境。卡尔腾波特认为，母亲的抗生素分泌物，可能可以帮助幼虫免遭致命的感染。实际上，当他仔细观察幼虫时，他发现它们能把这种含有细菌的分泌物掺入茧的纤维中，就相当于给自己织了一床抗生素棉被。卡尔滕波特移除这种白色分泌物后，几乎所有狼蜂都在一个月内死于真菌感染。[7] 如果有白色分泌物，它们通常都能存活下来。春天一到，成年狼蜂破茧而出，之后再次通过触角分泌的链霉菌，守卫自己过冬。它们自己挖洞、捕捉蜜蜂，并把这些救命的微生物传给后代。

动物把微生物传给后代，这是共生世界中最重要的传播行为，宿主和共生物的命运也因此捆绑在一起。[8] 传播行为确保动物与微生物共舞的这曲华尔兹能够一直持续下去，无论时间的推移；与上一代相比，下一代也会与微生物维持同样的关系。这种传播行为营造了演化的压力，让舞者更加紧密地交织在一起。微生物面临巨大的演化压力，进而发展出帮助宿主的能力，因为这会为它们搭建起一个更浩大的合作伙伴储备库。动物也受到这种压力的驱使，从而演化出更有效的传播方式，像传递传家宝一样，把自己体内的微生物原封不动地传给后代。

最可靠且能打造出最亲密共生关系的传播途径，是直接向卵细胞中添加微生物。为我们提供能量的线粒体，其前身也是一种细菌；它已经存在于动物的卵细胞中，所以母亲不需要采取额外的手段就能把它们传递给孩子。而深海蛤、海扁虫和无数昆虫等都采用“进口”策略引入其他微生物。从成为受精卵的那一刻起，微生物就伴随着动物的成长发育。动物从不孤独。

即使不能通过卵细胞传播，也有其他方法确保合适的微生物定植你的后代。许多昆虫会采用类似狼蜂的策略：它们在卵的附近储备微生物，供幼虫食用。椿象科的昆虫也十分擅长这种策略。没什么人比深津武马（Takema Fukatsu）更了解椿象，这位对昆虫充满热情且本人极富感染力的昆虫学家，志在研究世界上的每一种昆虫。[9] 他发现，有一种椿象能把微生物裹在一个耐寒、防水的“胶囊”中，然后把卵产在其中，新孵化的幼虫便能食用这些微生物。另一种椿象则直接把卵包裹在充满微生物的胶状物中。日本的一种椿象有着红黑色的英俊外表，十分漂亮，但对农作物有害。这种椿象采取的策略最为极端。大多数昆虫会放任卵和幼虫不管，但这种椿象十分执着于自己产下的卵，会像母鸡孵蛋一样守在卵上，甚至孵化后还会收集果实来喂养幼虫。它们可以以某种方式感知开始传递微生物的时刻。为了这个决定命运的时刻，它们会预先从背部分泌大量充满细菌的黏液。它们把这种白色的液体覆在卵上。裹完后的卵看起来像一个果冻球，上面涂着世界上最恶心的“糖霜”。幼虫孵化后会咽下这些黏液，这也意味着，最新鲜的肠道微生物定植在了它们体内。这种时候就不要想象这件事情有多恶心啦，想想这一刻多么重要啊！每一只幼小的虫子吞下第一口黏液后，便从一个个体转变成了一个“包罗万象”的群体，它们的身体从无菌环境变成了一个繁荣的生态系统。

吸血的舌蝇在人类之间传播非洲昏睡病（也称非洲锥虫病）。这种昆虫也为它们的幼虫提供微生物，但却是在自己体内完成这一过程的。这种昆虫尝试着把自己变成哺乳动物。它们不产卵，而是“分娩”幼虫，所采取的生存策略也不是通过繁衍大量后代来对赌成活概率，而是把能量投给单一幼虫。它们把幼虫养在“子宫”里，用类似母乳的液体喂养。液体中充满了营养物质和微生物（包括伴虫菌），所以当可怜的母亲生出奇怪、巨大的幼虫时——相信我，人类婴儿的诞生完全不能与之相比——它已经拥有了生存所需的全部细菌伙伴。[10]

其他动物都等幼体孵化或出生后才喂食微生物。小考拉六个月大时断奶，接着开始吃桉树叶。但它先会把鼻子和嘴巴紧贴着母亲的后背摩擦。作为回应，母亲会分泌一种半流质体（pap）让小考拉吞下。半流质体里充满了细菌，能帮助小考拉消化坚韧的桉树叶，而其中所包含的微生物数量是正常粪便中的 40 倍之多。如果没有吃下这“第一餐”，接下去无论吃多少餐，小考拉都很难消化桉树叶。[11]

幸好我们人类不用先吃半流质体。人类的卵细胞中没有细菌（线粒体不算），我们的母亲也不会给我们涂满黏液。从出生的那一刻起，我们就与第一批微生物汇合。1900 年，法国儿科医师亨利·蒂西耶（Henry Tissier）推断，子宫是隔开婴儿和细菌的无菌环境，当我们通过阴道挤压、与阴道中的细菌接触后，这种隔离就结束了。这些细菌是我们身上的第一批“殖民者”，是打入人体内空白生态系统的先驱。这很像日本的椿象，从出现在这个世界上的第一刻起，全身就被母亲的微生物包围。近年来的一些研究显示，在羊水、脐带血和胎盘等所谓的无菌组织中，都发现过微生物DNA的痕迹。这大大挑战了“无菌子宫”这一概念（但这些研究还极具争议）。[12]目前尚不清楚微生物是如何到达这些地方的，以及它们的存在是否重要，甚至是否真的存在。因为这些 DNA 可能来自死去的细胞，或是某些污染了实验的细菌。蒂西耶的“无菌子宫”假说可能是错的，但肯定还没有被彻底推翻。

即使动物不从亲本身上垂直地遗传微生物，它们仍有办法在水平方向上“捕捉”合适的共生体。许多动物通过排出微生物而把周围打造成充满微生物的环境，使后代可以拾取它们。[13] 其他动物甚至会采取更直接的方式。比如白蚁，用格雷格·赫斯特（Greg Hurst）的话来说，“（幼虫）直接舔舐肛门，或者换用较为专业的术语，它们进行‘直肠交哺’（proctodeal trophollaxis）。”考拉这样的动物需要微生物来消化食物（即木质纤维素），它们通过吸收母体分泌的半流质体达成目标。但是白蚁不像考拉，它每次蜕皮都会失去肠道内衬和其上的所有微生物，所以经常需要舔舐兄弟姐妹的“后门”来补充微生物。我们可能觉得这种习惯令人生理不适，但放眼动物世界，我们对粪便的厌恶反而显得很不寻常。牛、大象、熊猫、大猩猩、老鼠、兔子、狗、鬣蜥、葬甲、蟑螂和苍蝇等许多我们熟知的动物都具有粪食性（coprophagy），即经常吃彼此的粪便。

对于表皮上的微生物而言，简单的接触就已足够。从蝾螈、蓝鸲再到人类，比邻而居的不同动物往往拥有类似的菌群。与分开居住的朋友相比，住在同一栋房子里的人，其皮肤微生物会更类似。同样，在同一个狒狒群内部（会互相梳毛），其肠道微生物彼此相似；即使有两个住在同一地方、吃同样食物的狒狒群，群体间（而非群体内）也存在差异。以美国一群轮滑对抗赛（Roller Derby，一种有大量身体接触的轮滑比赛）球员为对象开展的研究，为这种趋同现象提供了一例最好的说明。球员与队友分享皮肤细菌，不同的队伍有自己独特的菌群。但在比赛中，两队会在赛道上发生冲撞，所以他们的皮肤微生物会暂时趋同。“接触”孕育了“相同”。在这曲漫长的华尔兹中，不同的人也会撞到彼此。[14]

细菌的传递路径取决于不同的社会接触形式。只有当亲本和后代待在一起，或者不同世代混合在一个大群体中时，传递才会发生。日本椿象会照顾幼虫，并在这个过程中给后代注入合适的细菌。白蚁非常密集地群居在一起，新的工蚁可以从姐妹那里舔舐到合适的微生物。迈克尔·隆巴尔多（Michael Lombardo）认为，这种聚居模式的形成是有原因的。一些动物逐渐以大群体群居，因为它们可以更容易地从左邻右舍那里获取对自己有益的共生微生物。当然，这不是社会模式演变背后的唯一因素，甚至不是最主要的因素；社会性动物可以进行团队猎食，更大的群体可以保障安全，或者更便于它们在野外寻路。隆巴尔多想说的是，微生物的传递可能是动物可以通过群居获得的益处，但这一直以来都遭到了忽视。一谈到传染性微生物，人们首先想到的很可能是病原体。畜群、鸟群和人类的聚居地使疾病更容易传播，但它们也创造了机会，使得有益的微生物共生体找到新宿主。[15]

动物获取彼此微生物的途径多种多样，似乎无法穷尽。但这些传播途径必须满足相同的必要条件：需要把微生物从一代宿主移动到下一代宿主身上。无论是椿象或是考拉，无论是狼蜂或是狒狒，动物都需要使用某种方法，来确保与或多或少相同的伙伴延续这段漫长的华尔兹。有时，这意味着严格地从父母到后代的垂直遗传，保证宿主和后代与同一微生物相连。另一种方式则是更宽松的水平传输，微生物来自同代或共享同一环境的个体；这种方法确保了一定程度的连续性，同时允许动物更自由地交换共生体或者获取新的共生体。但即使在这种更宽松的路径中，动物仍然会进行一定的挑选。周围的世界充满了潜在的可供选择的合作伙伴，但它们并不会随便找一个当“舞伴”。

很多人家附近的池塘里就住着一种迷人、拥有奇怪魅力的生物，但你可能从来没有见过它们。想发现它们很简单：舀起一些浮萍或其他浮水植物，放入一个装有少量水的罐子，然后等着……仔细地观察这些植物，你可能会注意到一个小小的绿色或棕色斑点，只有几毫米宽，粘在茎的下面或叶片的背面。给它一些时间和一点阳光，这块小斑会慢慢伸展成一根小管，顶端会长出触手；完全伸展开后，它看起来像是一条轻薄的胶状手臂，顶端仿佛张开的手指。

这是一个水螅，是海葵、珊瑚和水母的近亲。它的英文名hydra来源于希腊神话，原型是一条居住在沼泽中的可怕九头蛇，大力神赫拉克勒斯曾经与它战斗。考虑到这种生物的微小尺寸，这个名字让它显得有点“名不副实”，但从某种奇怪的角度看，又很合适它。村民惧怕怪物九头蛇喷出的有毒气息和血液，水螅则通过触手上的细胞分泌毒素，像鱼叉一样射死水蚤和虾。九头蛇每被切断一个头，就会再长出两个头，而水螅也是再生专家。切断肢体？没问题。从里到外翻个个儿？还是能应对自如。

对想要了解动物生长发育过程的生物学家来说，水螅极具吸引力。它很容易收集、培养和繁殖；大多是透明的，一个光学显微镜就能揭示其内部的运作状态。发育生物学家托马斯·博施（Thomas Bosch）于2000年与它相遇，彼时的科学界已经研究了好几个世纪的水螅。列文虎克本人就在他的笔记本上画过这种动物，其他人还研究并说明了它如何从单个细胞成长为成熟个体，以及如何从切断的部位重新生长。博施的整个职业生涯都被这种动物“俘虏”。“我一直禁止我的学生用‘原始’（primitive）一词描述它，”他说道，“水螅已经以这种精妙的方式在地球上成功地生存了5亿年。”

但博施自己也一直很奇怪，水螅竟然已经存在了这么长时间，特别是考虑到它们简单的结构，这一切就更不可思议了。人体如此复杂，大部分从来没有暴露在外，唯一的接触点是你的肠、肺和皮肤的表层细胞。这些上皮细胞的诸多功能中，最重要的就是阻止微生物穿透并进入身体内部。但是对于水螅而言，并没有“深入身体”这回事。它仅由两层细胞组成，中间是胶状填充物，外部和内部都与水保持接触。它没有分离组织与环境的屏障，没有皮肤或壳，没有角质层或其他覆盖物。对动物来说，水螅的暴露程度可能已经到达极限。“这种动物全身就只是一层黏糊糊的上皮组织，身处一个布满威胁的环境之中。”博施说道。所以，为什么这样的动物不会持续不断地受到感染？它如何保持健康呢？

为了回答这个问题，博施首先要研究清楚，水螅的内部或周围都有什么微生物。他的学生塞巴斯蒂安·弗劳恩（Sebastian Fraune）把它们的身体捣成浆，提取并测序其中所有细菌的DNA。他分析了两种关系密切的物种，惊奇地发现它们拥有不同的微生物菌群，就仿佛两种来自不同大陆的野生动物。

这一发现令人惊讶，因为这些水螅是实验室的存货，已经在塑料容器中培养了三十多年。它们一直被浸养在同样经过精心调制的水中，用同样的饲料喂食，并保持相同的温度。如果在如此严格的标准条件下关押人类罪犯，记住他们的身份会变得非常困难。但是对于这种没有大脑的动物来说，每个个体都仍然以某种方式适配到了恰当的微生物菌群，这看起来几乎不可能实现。博施最初也不相信实验结果，但弗劳恩重复了实验，并得到了相同的结果。他测序了更多水螅，发现其中每个水螅都有自己独特的微生物组，这与从当地湖泊中收集来的野生个体中观察到的微生物组情况一致。[16]

“对我来说这是一个真正的转折点，”博施说道，“我一直用传统的眼光看待微生物，认为动物体内的组织一定是对抗‘坏人’的。”但事实并非如此，他的实验清楚地表明，每个水螅会主动地形塑自己的微生物组。

这是遍及整个动物王国的发展趋势：我们不只与过去恰巧出现的细菌朋友共舞。新的微生物会不断地侵入我们的生活，而每个物种都会从大杂烩般的候选人中选择具体的合作伙伴。例如，人类肠道中主要有四种细菌，而野生环境中大概存在着数百种细菌。即使是水螅这样简单且大部分暴露在外的动物，也有自己的方法：它们会允许一些特定的菌种在体表定植，同时排除别的微生物。我们的身体，无论大小，也无论结构复杂或简单，都能够创造条件，让一些特定的微生物繁荣生长。随着时间的推移，并且由于继承的连续性，随着宿主与共生体逐渐适应彼此，这种选择会变得更加严格。我们很挑剔。[17]

因此，每个物种最终都会形成自己独特的菌群。你可以从小鼠、斑马鱼，甚至黑猩猩或大猩猩的微生物组中分辨出人类的微生物组。即使是共享相同海洋环境的鲸和海豚，虽然游动时不断受到洋流对皮肤的冲刷，但各自也能维持特定的皮肤菌群。前文提到的欧洲狼蜂，其触角中的细菌也经历了严格的选择，如果其中包含错误的菌株，狼蜂就无法分泌把微生物传递给下一代的白色黏液。它们能够以某种方式感知触角中来错了伙伴，一经察觉就切断继承链，结束这曲漫长的华尔兹。[18]

微生物也有自己首选的合作伙伴，并且许多微生物也已适应在特定的宿主上定植。斯诺德格拉斯菌属（*Snodgrassella*①）中的一些菌株适应了蜜蜂，其他菌株则适应了大黄蜂，而这些微生物均无法在非原生宿主上定植。类似地，肠道微生物罗伊氏乳杆菌（*Lactobacillus reuteri*）的不同菌株，分别适应于人、小鼠、大鼠、猪和鸡。如果把它们全部放入一只小鼠体内，那么适应啮齿动物的菌株会生长得更旺盛，盖过其他菌株。这类微生物实

① *Snodgrassella* 属名来自 20 世纪初著名昆虫学家罗伯特·埃文斯·斯诺德格拉斯（Robert Evans Snodgrass），译者依此翻译为中文名。——译者注

验予人不少启发，其中，约翰·罗尔斯的一个实验可称得上是最具影响力的。他在实验中交换了实验室的两种常客——小鼠和斑马鱼身上的微生物组。首先，他培育了两种动物的无菌版本，然后从常规培养体上收集微生物，植入对方体内。斑马鱼会接受小鼠的肠道微生物吗？小鼠呢？答案是肯定的。但罗尔斯发现，动物不是被动地接过给它们的东西，而是重塑自己的新菌群，从而更贴近原有微生物的需求。小鼠部分地“小鼠化”了斑马鱼的微生物组，斑马鱼那边亦然。[19]

这并不是说一个特定物种中的每个个体都会有相同的微生物组，其中还存在着很多变体。我们可以这样思考：动物的基因就像剧院的舞台设计师，它们为特定的微生物创造可以表演的舞台。[20] 我们的环境——从伙伴到伙食，从门板到灰尘——都会影响舞台上的演员。随机事件会慢慢叠加，进而作用于整个过程，这就是为什么基因相同、住在同一个笼子里的小鼠，其微生物组会略有不同。我们微生物组的组成有些像身高、智力、气质，或患上癌症的风险：这些性状都很复杂，由数百个基因一同决定，甚至更多时候为环境因素所左右。这里最大的区别在于，基因直接决定我们的身高或者大脑的大小，但它们不创造微生物。基因设定条件，而这些条件会对某些微生物有利，从而选择某些物种，摒弃另一些。

《延伸的表现型》（*Extended Phenotype*）是理查德·道金斯（Richard Dawkins）的代表作之一，他在那本书中提出了一个想法，即动物的基因（基因型）不仅仅塑造了它的身体（表现型），也间接地塑造了动物的生境。河狸的基因构建了河狸的身体，而河狸会筑造水坝，因此可以说是这些基因改径了河道。鸟的基因造就了一只鸟，鸟又会筑巢；我的基因塑造了我的眼睛、手和大脑，我写出了这本书。水坝、鸟巢和书，这些都是道金斯所说的“延伸的表现型”。它们是一种生物的基因延伸出其身体之外的产物。从一定程度上而言，我们的微生物组也是如此。基因塑造了促进特定微生物生长的环境，因此可以说它们也受到动物基因的形塑。虽然微生物在宿主体内，但它们也是一个延伸的表现型，与河狸筑的水坝没什么不同。

但这种比较并不能完全说明问题，因为不似河狸坝或者本书，微生物本身是鲜活的生命。它们有自己的基因，其中一些对它们自身而言很重要，甚至是必不可少的。它们是宿主基因组的延伸，反过来，宿主也是微生物基因组的延伸！所以一些科学家认为，从概念上分离它们没有意义。动物挑选微生物，微生物也挑选宿主，二者世世代代都组成伙伴关系，彼此紧密联结，可能把它们视为统一的实体更能说明问题。也许，我们应该把它们想象成整体。

我们已经看到，一些细菌与它们的宿主高度合一，很难分清彼此之间的界限。许多昆虫共生体就是如此，包括蝉体内的霍奇金菌的许多谱系分支。线粒体肯定也包含在内：我们已经知道，这些“细胞电池”曾经是自由生活的细菌，之后被更大的细胞永久地封存。这个过程为内共生（endosymbiosis），20 世纪初就已有人提出，但几十年后才为世人接受。这得感谢大胆直言的美国生物学家林恩·马古利斯（Lynn Margulis）。她把内共生发展成了一个自洽的理论。她在一篇令人印象深刻的论文中阐述了这个理论，运用了来自细胞生物学、微生物学、遗传学、地质学、古生物学和生态学等领域的证据。这是一项大胆的学术成果，在 1967 年最终发表前，大约被退了15次稿。[21]

同行们否定、嘲笑马古利斯，但她一一给出了有力的回击。反叛、对教条的不屑一顾，使她堪称完美的科学反偶像者。“我不认为我的想法是‘有争议的’，”她说，“我认为它们是正确的。”在线粒体和叶绿体方面，她肯定是对的，但其他领域过分地鼓吹该理论，使她受到了毁誉参半的评价：她获得了至高的尊重，也饱受最谨慎的怀疑。一位生物学家告诉我，他听她在一次演讲中提到了他的名字。太好了，他心想，林恩·马古利斯知道我的名字！接着，只听她补充道：“……是完全错误的。”唷，他想，如果林恩·马古利斯认为我错了，那我一定做对了什么。

内共生贯穿了马古利斯的职业生涯，也影响了她对世界的看法。她为生物之间的联系所吸引。她意识到，每个生物都生活在一个群落中，与其他许多生物相关联。1991 年，她创造了一个词来描述这种关系：全功能体

（holobiont）①。该词来源于希腊语，意为“整个生命单位”。[22]它指的是一个有机体的集合，它们于生命中的重要阶段集中在一起生活。狼蜂的“全功能体”是狼蜂自己加上触角中所有的细菌；本人的“全功能体”是我，埃德·扬，再加上我身上的细菌、真菌、病毒，等等。

以色列夫妇尤金·罗森伯格（Eugene Rosenberg）和伊拉娜·齐尔伯-罗森伯格（Ilana Zilber-Rosenberg）听到这个词时就被迷住了。他们一直在研究珊瑚，把这些动物视为一个集合体，认为它们的命运取决于细胞中的藻类，以及周围的其他微生物。视它们为统一的集群是有意义的。他们意识到，只有解释清楚整个珊瑚全功能体的运作，才能彻底理解珊瑚礁的健康状况。

罗森伯格把全功能体的概念推广到基因界。演化生物学家已经开始把动物和其他生物体视为它们各自的基因载体（vehicles）。创造最优载体的基因，比如最快的猎豹、最硬的珊瑚或最美丽的天堂鸟，更有可能传递给下一代。随着时间的推移，这些基因变得更加常见。虽然相应的动物载体也变得常见，但基因才是自然选择的核心，或者用专业术语来说，基因是“选择的单位”。但是我们说的是谁的基因呢？动物不仅依赖于自身的基因，还依赖于微生物的基因，而微生物的基因数量通常是动物自身基因数量的好几倍。同样，微生物也依赖宿主的基因：创建合适的机体，并把相应的性状遗传给自己的后代。对于罗森伯格而言，单独考虑这些 DNA 的集合没有意义。他认为，这些基因也作为单一的实体运作，可以称其为“全基因体”（hologenome），应该被视为自然选择的基本单位。[23]

这意味着什么呢？请记住，经由自然选择的演化取决于三个条件：个体间必须存在差异（variation）；差异必须是可遗传的（heritable）；各差异必须具有影响其适应性（fitness）——生存和繁殖能力——的潜力。“差异”“遗传”“适应性”，如果满足这三个条件，演化的引擎便会开启，选择出能够连续且更好地适应环境的下一代。动物的基因肯定符合这三个标准。但罗

① 也译作“共生功能体”。——编者注

森伯格指出，动物的微生物也是如此。不同的个体可以携带不同的菌群、菌种或菌株，所以存在差异。正如我们前面看到的，动物可以通过许多方法把微生物传给后代，所以，可遗传的条件也满足了。另外我们也将在下文中看到，微生物具有让宿主生存得更好的重要能力，因此，它们也可以影响宿主的适应性。第一个条件满足，第二个满足，第三个也满足，演化引擎启动！随着时间的推移，最能满足生存挑战的全功能体，将把它们的全基因体，即动物加上微生物的基因总和，传递给下一代。动物与微生物以一个整体而演化。这是看待演化的更整体化（holistic）的视角，重新定义了“个体”，并强调了微生物对于动物生命而言的不可分割性。

任何试图重写演化理论基础的尝试，都必然会引起一些麻烦，全基因体也不例外。这个概念可能使温和的共生研究人员彼此攻讦、互相嘲笑。与之相比，本书涉及的其他概念没有能引起更大争议的了。我觉得挺讽刺的，该理论着眼的是“合作”与“团结”，这么多人几乎花了所有时间来思考这两个关键方面，可是全基因体却在他们之中制造了如此深的隔阂。

另外也有许多人因为该声明的大胆而对其抱有好感。它把遭到忽视的微生物提升到了与宿主相同的地位，并在四周绘制了一个巨大的概念圆圈，添加了大量指向圆圈的闪烁箭头，让人们多加注意。它不断强调：微生物很重要，不要忘记它。“每个动物都自成一个长脚的生态系统，”约翰·罗尔斯说道，“我们可以使用全功能体或其他词，但确实需要合适的术语去捕捉这个概念。在我看来，还没有比全基因体更好的术语。”

福瑞斯特·罗威尔则更谨慎。他在马古利斯之后重新引介了“全功能体”一词，并加以推广，但只是用来描述生活在一起的生物。“那只是普通的共生，”他说道，“它会根据外部的环境压力混合、匹配彼此，可以表现出积极的性状，也可以是消极的。”他不是很热衷于全基因体这一概念。他觉得这个词所强调的意味多少有些一厢情愿，仿佛宿主和微生物会携手走进更光明的未来。演化并不是这样发生的。我们知道，即使是最和谐的共生，其中也夹杂着冲突与对抗。罗威尔认为，罗森伯格把全基因体作为自然选择的基本单位，可能正好掩盖了其中的冲突。罗森伯格似乎在说，演化的目的是最大限度地促成整体的成功生存。但这并不是真实状况。演化也作用于整体中的某些部分，而这些部分也经常出岔子。研究蚜虫及其共生体的演化生物学家南希·莫兰也同意这一观点。“共生体非常重要，我比任何人都更深信这一点，”她说道，“但是，全基因体的概念，却被用来掩盖了很多论证中极为模棱两可的部分。”

全基因体的性质尚不清楚。诸如伴虫菌这样的共生体，住在舌蝇的细胞内，进行垂直遗传，是宿主不可分割的一部分，其基因很容易被看作是舌蝇全基因体的一部分。狼蜂拥有自己独特的链霉菌菌株，水螅的菌群都经过精挑细选。在这两个例子中，全基因体的概念也很适用。但不是所有动物都这么挑剔。如牛鹂、红雀等鸣鸟，其中的每个个体都有完全不同的肠道微生物；就哺乳动物而言，每个物种内部个体的微生物组差异，可能远甚于所有不同哺乳动物之间的差异。[24] 动物基因虽然会发挥作用，但似乎会被环境影响掩盖。既然一个动物的微生物合作伙伴可能处于如此不稳定的状态，这时候再提全基因体这个概念，即把它们作为一个统一的实体研究，真的有意义吗？那么临时出现在我们体内、仅待片刻的微生物，是否也该全部算入其中？当托马斯·弗里茨的手被树枝刺穿，侵入他手内的HS菌株，其基因是否也该算入弗里茨的全基因体？我的全基因体是否应该包括我吃下的三明治中的微生物？

来自范德堡大学的塞思·博登施坦因（Seth Bordenstein）可谓全基因体学说的“首席传道者”，他认为这些反对意见都没有击中关键之处。他强调，全基因体的解释框架并不是说动物体内的每一个微生物都很重要。其中一些可能是随机出现的居民，一些是临时经过的路人，但是这其中应该有一小部分总是非常重要的。他解释道：“可能是这样的情况：95%的微生物是中性的，只有几种关键的微生物稳定地陪伴你一生，以某种程度影响你的身体健康。”[25]前者会被自然选择忽略，后者则会受到青睐。一些微生物可能会带来负面影响，例如经过你体内的霍乱弧菌，自然选择会把这些有害的细菌从全基因体中清除出去，就如同把有害的突变清除出基因组。这样一来，该学说也能把冲突的因素纳入解释框架。就如一些批评者（以及一些支持者）所言，全基因体的概念不一定只关乎团结和合作，它表示的只是微生物及其基因是整幅图景中的一部分。它们对宿主的影响会左右后者经历自然选择的结果，而这其中的作用方式是我们在考虑动物演化时所不能轻易忽略的。“它还不具备完美的理论框架，但在思考微生物群如何与人类结合在一起的时候，全基因体是我们迄今为止所掌握的最适用于解释这个问题的概念。”博登施坦因说道。不过，他的批评者也许会争论，在过去的几个世纪里，“共生”概念已经在发挥这样的作用。[26]

如果还有一件事是每个人都同意的话，那就是利用“隐喻”的时代已经结束，数学的时代已经来临。以基因为中心的演化图景已经如此成功，其中的部分原因是演化生物学家可以通过公式为基因的兴衰建模，计算出某个突变的消耗和收益。他们可以用精确的数字来表达抽象的概念。然而，全基因体学说的支持者无法使用定量的数学方法，这也让他们的论点处于不利位置。博登施坦因表示：“我们现在还处在早期阶段，人们认为这还是一个偏感性的主题，缺乏严谨的计算。”他也承认，这样的指责是合理的，也希望后来人能弥补这一缺陷。

面对批评，罗森伯格不为所动。他认为，在过去的几十年间，老派的演化生物学家一直都在以“宿主中心主义”的视角来认识微生物的重要性。（“我的朋友却指责我太‘细菌中心’了。”他说道。）他最近刚退休，乐于让其他人在这场论战中接过他的智识武器。他说：“我关闭了我的实验室，开放了我的思维。”但在交接之前，他还必须付出最后一份贡献。

几年前，一篇发表于 1989 年的旧论文让罗森伯格夫妇陷入了困境。一位名为黛安娜·多德（Diane Dodd）的生物学家在该论文中提出，果蝇的饮食可能会影响其性生活。她分别在淀粉和麦芽糖上饲养了同一种果蝇，经过 25 代，“淀粉果蝇”更倾向于与其他淀粉果蝇配对，“麦芽糖果蝇”也更偏好自己的同类。这个结果很奇怪，不知为何，通过改变果蝇的饮食结构，多德也改变了它们的性偏好。

罗森伯格立即想到，影响它们的肯定是细菌。动物的饮食影响它们的微生物组，微生物影响宿主的气味，气味影响其性吸引力。这一切都说通了，也很好地契合了全基因体的概念。如果这个结论正确，那么果蝇不仅通过改变自己的基因，也通过改变微生物进行演化——就像抵抗地中海周围环境的珊瑚。他们重复了多德的实验，得到了相同的结果：只经过2代，果蝇便更容易吸引食源相同的个体。如果昆虫摄入一定剂量的抗生素后失去了体内的微生物，那么它们相应的性偏好也会消失。[27]

这个实验很古怪，但意义深远。如果这两组昆虫忽略彼此的存在，只在各自的社交圈内交配，那么它们最终会分离成不同的物种。这种分离一直存在于自然界之中，推动其产生的因素很多样：可以是物理阻隔，比如山或河流；可以是时间差异，比如动物活跃于一天中的不同时间或一年中的不同季节；也可以是防止两种动物杂交的不相容的基因。任何阻止动物交配、杀死或削弱杂交后代的因素，都可以导致所谓的生殖隔离。这是驱使两个物种最终分道扬镳的鸿沟。正如罗森伯格所说，细菌也可以引起生殖隔离。微生物构成了一道阻止两个个体交配的活的屏障，潜在地推动了新物种的诞生。

这个理念并不新奇。早在 1927 年，美国人伊万·沃林（Ivan Wallin）便形容共生现象为创新引擎（engine of novelty）。他认为，是共生细菌把现有的物种转化成了新物种，而这正是新物种的基本形成途径。林恩·马古利斯于 2002 年回应了伊万的观点，她认为长久以来，不同生物不断形成，它们之间所创造的新的共生现象〔她称之为共生起源（symbiogenesis）〕，一直都是新物种起源的主要推动力。在她看来，本书提及的各种关系，不仅仅是演化的支柱，更是演化的基础。但她没能证明自己的理论。她列举了许多共生微生物，它们促生了事关演化导向的关键适应，但问题在于，她几乎没有提出直接证据证明是这些共生现象促进了新物种的诞生，更没法证明它们就是这些物种起源背后的主要推动力。[28]

而现在，一些证据正在浮出水面。2001 年，塞思·博登施坦因和他的导师杰克·韦伦研究了两种关系密切的寄生蜂，即金小蜂属下的两个种，吉氏金小蜂（*Nasonia giraulti*）和长角丽金小蜂（*Nasonia longicornis*）。它们作为单独的物种才存在了 40 万年；在未经专业训练的人眼中，它俩看起来一模一样：小小的，黑色的身体，橙色的腿。但它们之间存在生殖隔离。两种金小蜂携带不同的沃尔巴克氏菌株：当它们交配时，这些处在竞争关系中的菌株会产生冲突，杀死大多数杂交后代。当博登施坦因用抗生素除去其中的沃尔巴克氏菌后，杂交后代活了下来。他的研究表明，这两种蜂之间的生殖隔离可以弥合，因为有清楚的证据表明，是微生物分隔了这些新形成的物种。2013 年，他在用两种亲缘关系更远的蜂类做实验时，发现了更令人信服的结果。这两种蜂本来也不可能繁殖出可育的后代。而这一次，他发现杂交后代的肠道微生物最终非常不同于它们的父母。他认为，因为与自身的基因组不兼容，所以这种杂合的微生物组最终令这些后代毙命。这正好说明，扭曲的全基因体也会导致死亡。[29]

博登施坦因的这些研究给出了明确的证据，正如沃林和马古利斯所认为的，共生可以推动新物种的起源。但批评者认为，他们可以用更简单的原理解释：不匹配的微生物与杂交种的存亡无关。[30]杂交种的免疫系统出了问题，让它们极易受到各种细菌的影响。无论提供什么微生物组，它们的结局都是死亡。但是不管哪种才是正确的论断，至少我们能够清楚地看到，杂交种的微生物组的确存在问题，而这加剧了两种蜂之间的隔阂。这个现象本身就很有趣。“我们在金小蜂身上看到了这两个故事，我不认为这只是一个偶然发现，”博登施坦因说，“那是因为我们恰好问了微生物是否会导致生殖隔离。有多少人根本没想过这个问题？我们还错过了多少其他物种身上的故事？我不认为我们发现了唯一的两个例子，我们只是撞了瞎运。”

现在看来，“共生创造了新物种”仍是一个可能性很高且令人兴奋的想法，但还是需要证明其正确性。已经发现的少数案例本身就拥有非比寻常的意义。如果你发现了一块金子，那你不用通过证明你占领了整个诺克斯堡（美国联邦黄金储备地）来证明这块金子是真的。同样，不重新定义演化理论也能体会到这一事实的重要性：微生物的命运可以深深地纠缠在动物的命运之中。

不可否认，微生物有助于构造宿主的身体，它们也参与了我们个人生活的方方面面，从免疫到嗅觉，再到行为；它们的存在与否，也可以决定动物是否健康。在我看来，这非同寻常。从一开始被视为寄生虫或游荡在大环境中的幽灵，到人们发现它们长久地存在于动物体内，并创建起了强大甚至必要的联系，再世代相传。无论你使用全基因体、共生还是别的什么词汇，微生物所产生的巨大影响都是事实。现在，是时候看看这些亲密伙伴关系所产生的影响了：不仅仅是动物个体的生长或健康，更是整个物种和种群的命运。本书接下来会呈现：动物充分利用微生物伙伴的力量时，能够达成怎样惊人的成就。

7
互助保成功

我站在一个花园棚屋大小的房间里，刚好能把猫举起来转一圈，不过多半会在墙上留下猫抓痕。门又厚又大，房间四壁全白，一尘不染。里面一台巨大的风扇有节奏地搅动和控制着空气，听起来就像《星球大战》里的大反派达斯·维德在用扩音器说话。房间里种满了植物，小罐子里冒着豌豆苗、蚕豆和苜蓿的幼苗，整整齐齐地排列在架子上的托盘中。这里仿佛一个奇怪的温室，更奇怪的是一切都被覆盖着。一些幼苗被透明的塑料杯罩着，另一些放置在塑料立方体中，只通过胳膊粗的舷窗与外界相连，舷窗上则覆盖着细棉布。有一个特别大的盒子，里面放着一大簇肆意生长的幼芽。

“我们刚刚开始培育它们，所以我甚至不知道它们是否已经在这儿了。”生物学家南希·莫兰说道。这个房间位于得克萨斯大学奥斯汀分校，房间本身以及里面的所有东西都是她的。

我盯着这些幼芽。很显然，莫兰看不到的，我也没法看到。

“噢，已经有了，”她指着一个地方说，“在那条茎上。”

隔了好一阵，就在我快忍不住开口问到底在哪条茎上之前，我发现了它们。黑色、楔形状的小东西，不超过一厘米，像微型门挡一样挂在芽上。它们是玻璃翅叶蝉（glassy-winged sharpshooters）。英文名字的前半部分透着晶莹剔透的精致感，后半部分又带着几分西部牛仔的粗犷与苍凉[①]，而它实际上与二者都不搭。这些细小的昆虫把口器刺入植物，然后从枝叶里吸取液体，过滤吸收微量的营养物质，再从背后喷出一簇细小的水柱，排出

① sharpshooter意为神枪手。——编者注

剩余的水分，后半部分的名字正由此而来。这种昆虫会吸取几十种不同植物的汁液，能对农业产生不小的威胁，所以要用又大又重的门隔离，再用细布密封，以防逃逸。

这个房间里满是这样的威胁。另一种植物正在被一种叶蝉吞噬。满满几架子蚕豆芽正在被豌豆蚜蚕食。这种绿色的昆虫待在绿色的茎表面并不显眼，但我最终还是发现了它们：绿色的锭状小虫，细长腿，触须向后，腹部的两根触角向后突出。每只蚜虫都有自己的私领域，都独占一根正在生长的幼苗。与玻璃翅叶蝉一样，蚜虫也会带来灾害。它们只要简单地占据植物就可以使后者枯萎、死亡，这还不算上它们携带的病毒。这些蚜虫堪称农业之害，在任何人类耕耘和栽种植物的地方都不受欢迎。但在这个房间除外。在这里，它们才是重点，栽培植物的目的只是喂养它们。像这样专门为了培育蚜虫和其他害虫而建的园子，全世界罕见。

这些不起眼的昆虫都属于半翅目（Hemiptera）。这个目包含了丰富的物种，比如床虱、猎蝽、介壳虫和叶蝉等，它们的特点是都拥有能够穿刺和吸吮的口器。大多数人说“虫子”（bug）的时候，指的基本是到处爬的小东西。而昆虫学家口中的“bug”指的是半翅目昆虫。大多数半翅目昆虫一辈子都在吸食植物汁液，它们也是唯一只凭这种方式度日的动物。蝴蝶或蜂鸟只是偶尔吸食，但只有半翅目专门以此为生。其实，这种生存方式是它们的共生细菌造就的。如果所有这些细菌突然死亡，那么这间房里的所有昆虫都只有死路一条。“这些虫子的命基本上是它们的共生体给的。”莫兰说道。有了这些共生体，虫子不仅活了下来，生命力亦十分旺盛：人类已经描述了大约82 000种半翅目昆虫，还有数千种等待我们去发现。

我们之前已经看到，在许多动物个体的日常生活中，微生物不可或缺，它们甚至打造了生命的基础，例如构造器官、校准免疫系统。我们还简单地了解到，一些微生物可以赋予动物不寻常的能力，比如短尾乌贼用于伪装的发光功能，扁形虫的再生技能等。而现在我们即将见证，一些拥有超强能力的微生物，可以如何让一些动物成为演化中的赢家。它们可以消化无法消化的食物，抵御不适宜生存的环境，吃下威胁生命的食物后还能活下去，或者在其他物种失败的时候获得成功。半翅目正是讲述这一切的完美开端。

1910年，德国动物学家保罗·布赫纳（Paul Buchner）便开始研究昆虫的共生体，而这也是他探寻整个昆虫世界的一部分旅程。[1]他解剖、观察了无数物种，发现动物与微生物之间的共生现象并不罕见。当时的人们认为共生是偶然的，但布赫纳坚持认为这是规律而非例外："这是一计广泛的策略，虽然总是被作为补充策略。它以多种方式扩展宿主动物的生存可能。"他把几十年的工作所得写成一部巨著，《动物与植物微生物的内共生》（*Endosymbiosis of Animals with Plant Microorganisms*），[2]该书后来还译成了英文，并在他80岁生日之际面世。莫兰从她办公室的书架上抽出这本书，虔诚地翻阅泛黄的书页。她说："这是我们这个领域的圣经。"

几十年来，莫兰一直为半翅目昆虫着迷。她曾经也是用罐子收集昆虫的小孩，现在则成了共生领域的领军人物之一，蚜虫正是她职业生涯的基石。1991年，她参与了11种蚜虫共生菌的基因测序。当时，基因测序技术仍处于初期阶段，所以那项研究无疑是个庞大的任务。为了交换数据，她和她的同事需要"来来回回地寄软盘"。他们发现，所有的蚜虫共生体都属于同一个未经命名的物种。微生物领域的传统，是用大名鼎鼎的微生物学家的名字来命名新发现的微生物，就像亲笔签名。比如西米恩·伯特·沃尔巴克（Simeon Burt Wolbach）把自己的名字永远地刻在了沃尔巴克氏体上，路易·巴斯德则出现在巴氏杆菌（*Pasteurella*）中。你可能从来没有听说过默默无闻的美国兽医丹尼尔·埃尔默·沙门（Daniel Elmer Salmon），但很可能耳闻过沙门氏菌的鼎鼎大名。那么把哪个名字赋予蚜虫的共生体呢？好像自始至终，布赫纳氏菌都是不二的选择。[3]

这是一种古老的蚜虫伴侣。布赫纳氏菌菌株的系谱，也完全和宿主蚜虫的系谱相符，画出一个就会立即得出另一个。[4]这意味着，布赫纳氏菌只定植了一次蚜虫（或者至少可以说，只有一次定植成功了）。这个开创性的事件发生在2.5亿至2亿年前，彼时恐龙刚出现，哺乳动物和开花植物都不存在。布赫纳氏菌在那么一长段时间里做了什么呢？布赫纳猜测，昆虫共生体大多是为了获取营养而帮助宿主消化食物。他研究过的许多昆虫都是类似的情况，但布赫纳氏菌略有不同，它不是消化蚜虫的食物，而是为这些食物提供额外的营养。

蚜虫以植物韧皮部的汁液为食，这是一种流经植物各个部位的甜蜜液体，从许多方面而言都是一种极好的食物来源：高糖，低毒，很大程度上也不被其他动物觊觎。但它却严重缺乏几种营养素，包括10种动物生存所需的氨基酸。动物缺乏其中的任何一种都将面临毁灭性的冲击。10种氨基酸都缺，更是没有动物能忍受，除非有别的东西可以补偿。现在有无数证据表明，布赫纳氏菌就能提供这样的帮助。[5]科学家用能杀死布赫纳氏菌的抗生素处理蚜虫，然后发现昆虫需要人工补充氨基酸才能生存。他们用放射性化学物质追踪营养物质的流向，证明氨基酸正是从微生物流向宿主的。研究表明，布赫纳氏菌的基因组尽管非常小且极度退化，但仍保留了许多合成必需氨基酸的基因。

许多，但不是全部。合成氨基酸很复杂，涉及一系列化学反应，每一次反应都需要不同的酶催化。试想象汽车工厂的流水线，一条履带经过一系列机器，有的固定座位，有的加上底盘，还有的安装车轮……履带尽头，一辆汽车出现。合成氨基酸的生物化学途径，其作用方式差不多，但是蚜虫和布赫纳氏菌都没法自己修建全套的制酶机。不过，它们选择合作建立生产线，使其贯穿进出两个工厂，一个嵌套在另一个之内。只有合作，它们才能靠韧皮的汁液生存。[6]

吸食汁液与补充共生体之间的联系，在一些同时放弃了二者的半翅目昆虫身上体现得更清楚。一些物种会摄取整个植物细胞，自然不缺乏氨基酸，于是便丢弃了它们的共生体伙伴。这段关系中容不下念旧或者多情的念头，自然选择的残酷契约让一个不再必要的合作伙伴惨遭抛弃。这种苛刻的命令也适用于基因，同时解释了为什么半翅目会让自己步入一个并不能稳定供应营养的处境。它们是动物，所有的动物都演化自摄食其他东西的单细胞捕食者。它们所摄取的食物提供了许多必需的营养，所以会失去自行合成这些营养素的基因。蚜虫、穿山甲、人类和其他动物都背负着这一历史遗存。我们之中没有谁能自行合成这10种必需氨基酸，而通过饮食可以填补这一缺口。如果我们想靠一种特定但缺乏必要营养的食物而活，比如韧皮部的汁液，那就需要帮助。

这时候就轮到细菌登场了。面对束缚整个动物王国的限制时，它们一次又一次地帮助半翅目挣脱，把其他动物无法利用的食物制作成美味盛宴。[7] 随着植物的迁移，这种吸食植物汁液的昆虫也随之占领了整个世界。今天，全世界大约有5 000余种蚜虫、1 600余种粉虱、3 000余种木虱、8 000余种介壳虫、2 500种蝉、3 000余种沫蝉、13 000多种蚱蜢和超过20 000 种叶蝉——这些还仅仅是我们已知的。多亏了共生关系，半翅目得以成为动物界成功的演化典范。

除了半翅目，还有很多其他动物也拥有营养共生体。大约 10% 至 20% 的昆虫都依赖这种微生物：它们为昆虫提供维生素、制备蛋白质所需的氨基酸，以及合成激素所需的固醇。[8]所有这些活性补充剂，都能让宿主在只能食用缺乏营养的食物（比如植物汁液和血液等）的条件下存活。弓背蚁（又名木匠蚁）是一个包含了大约 1 000 个物种的属，它们均携带一种名为布洛赫曼氏菌（*Blochmannia*）的共生细菌。这种细菌能让它们主要依靠素食生存，并主宰热带雨林的树冠层。[9] 例如虱子和床虱（以及不是昆虫的蜱和水蛭等），这些小吸血鬼都依靠细菌提供无法通过血液摄取的 B 族维生素。

细菌和其他微生物一次又一次地让动物超越自身的“动物性”，引诱它们闯入并占据生态环境中的犄角旮旯处，而这些地方原本并不可达；让它们获得原本不能承受的生活方式，吃下原本无法消化的食物；让它们突破天性、获得成功。可以在深海中找到这种携手成功的最极端例子：在那里，一些微生物能够让它们的宿主活在几乎不存在食物的环境中。

1977 年 2 月，就在《星球大战》虚拟世界中的“千年隼”号（Millennium Falcon）奔向太空的几个月前，一艘同样灌注着冒险精神的潜水器“阿尔文”号（Alvin）潜入了深海。这艘潜水器足够容纳三位科学家，其中的空间局促到他们无法展臂，但整个载体又坚固到能够抵达令人难以置信的深度。

它在加拉帕戈斯群岛以北约 402 千米的水域开始下潜。在那里，地球上的两个构造板块开裂，就如恋人分手后撕裂的照片。地壳因此生成了一条大裂缝，第一个热液喷口也可能就在这里。人们相信，火山喷发的温度极高的过热水将从海床上滚滚地喷涌而出。

载着工作小队的“阿尔文”号开始下潜。海水从表面的蔚蓝渐渐变成深海的墨黑，而且越来越黑，比任何东西都黑。只有偶尔发着生物光的海底生物打破了这一片黢黑。最终，潜水器的灯光照亮了一切，这里是海平面以下 2 400 米的位置，他们发现了之前预测过的海底热液喷口，但也看到了一些不曾预见到的现象，那就是这里活跃着极其丰富的生命。一大簇一大簇的蛤蜊和贝类紧贴着热液烟囱的石壁，鬼魅般雪白的虾和螃蟹依覆其上。规模庞大的鱼群游来游去。最奇怪的是，岩石被坚硬的白色管状物覆盖，其一端仿佛是长着绯红色羽毛的巨型蠕虫。它们看起来就像拧过头的口红，或者像一些更让人不忍直视的东西。其实，它们的确是巨型蠕虫。

人们曾以为，深海是不存在生命的海底荒漠；没有阳光照射，高压下的热水可以达到 400 ℃，还必须承受深海的巨大压力。但就在这里，“阿尔文”号的团队发现了一个隐蔽的生态系统，其中的生物多样性丝毫不输热带雨林。正如罗伯特·孔齐希（Robert Kunzig）在《测绘深海》（*Mapping the Deep*）中写到的：“就像一个在加拿大拉布拉多出生长大的人，之前完全不了解外面的世界，突然有一天空降到了时代广场。”该团队没想到能在这里找到生命的迹象，他们之中没有一人是生物学家，全是地质学家。当他们收集好标本并带回地面后，唯一可用的防腐剂是伏特加。[10]

其中一条巨型蠕虫辗转到了史密森尼自然历史博物馆的梅雷迪斯·琼斯（Meredith Jones）手中，随后被命名为*Riftia pachyptila*（巨型管虫）。他发现这种生物非常有意思，甚至于1979 年亲自去加拉帕戈斯裂谷收集了更多蠕虫。那里布满了管虫的红色羽状触手，并因此得名“玫瑰园”（Rose Garden）。在一张黑白老照片中，琼斯一头白发，留着小胡子，手里拿着一个管虫标本。照片里的他既温柔又亲切，而管虫看起来像是一坨没包装好的香肠。它的体型很大，比目前发现的其他深海蠕虫都大，抻直了甚至可能有琼斯本人那么高。奇怪的是，它没有嘴，没有内脏，也没有肛门。

既然没办法吃东西，它又是如何生存的呢？最直接的假设是，它像绦虫一样通过皮肤吸收营养。但是这个想法很快被推翻，因为采用这种方式的话，它吸收营养的速度不可能这么快。然后，琼斯注意到一条重要线索。这种管虫有一种名为营养体（trophosome）的神秘器官，占了体重的一半，里面充满了纯硫晶体。琼斯在哈佛大学的一次讲座中提到了这一点。当时，一位年轻的动物学家科琳·卡瓦诺（Colleen Cavanaugh）坐在观众席间，听完琼斯这席话，她的脑中立即产生了一个想法。听琼斯描述营养体时，她的"尤里卡时刻"忽然到来。根据她的说法，自己当即就跳了起来，并且宣布：管虫体内一定有一种细菌，而且这些细菌会用硫来产生能量。琼斯一再请求她坐下，后来干脆给了她一条虫子研究。

经证明，卡瓦诺的顿悟是正确的，也具有革命性。[11]她通过显微镜发现，管虫的营养体内充满了细菌，每克组织中大约有十亿个细菌。另一个科学家也发现营养体内富含能够处理硫化物的酶，硫化物则包括常见于海底热液喷口环境的硫化氢。卡瓦诺把两个结论结合在一起，推测这些酶来自细菌，管虫利用细菌合成自身所需的食物，其采用的途径完全不同于当时已知的任何形式。

陆地生命由阳光驱动。植物、藻类和一些细菌可以利用太阳能来制作自己的食物，把二氧化碳和水加工成糖类。这种把碳从无机物转化成供能物质的过程即为固碳，利用太阳能的过程便是光合作用。这是我们熟悉的食物链的基础。每棵树、每朵花、每只田鼠和鹰，最终都依赖太阳给予的能量。但在深海，生命无法选择依靠阳光生存。它们可以选择过滤海水，捞得那么一点点从海上像落雪一般沉下的有机物碎屑，但若想旺盛地生存，那就需要一个不同的能量来源。对于管虫体内的细菌来说，这种能量来源便是硫，或者更确切地说，是从热液喷口喷出的硫化物。细菌氧化这些化学物质，用氧化所释放的能量固碳，这就是化学合成（chemosynthesis），即使用化学能而不是光或太阳能来合成食物。进行光合作用的植物会把氧气作为一种废弃产物排出体外，进行化学合成的细菌则会排出纯硫，并在管虫的营养体内留下黄色的结晶。

这种化学合成过程解释了为什么这种管虫既没有消化系统，也没有嘴：它们的共生细菌为它们提供了所需的所有食物。不像只依赖细菌产生的氨基酸的蚜虫或玻璃翅叶蝉，这些管虫把一切都寄托在它们的共生体之上。

科学家很快在深海发现了类似的共生现象。事实证明，很多动物体内都有进行化学合成的细菌，均使用硫化物或甲烷来固碳。[12] 能再生的扁形虫旁链虫（*Paracatenula*）①便是其中之一。一些蛤蛎、蠕虫和带壳蜗牛的体内也有参与化学合成的共生体，虾的鳃和嘴上也聚集了类似的菌群。某些线虫身上布满了此类微生物，看起来仿佛穿着毛皮大衣；有些雪蟹的钳子上就养着一个细菌乐园，随着滑稽的舞步挥动。

许多这样的生物都生活在热液喷口附近，还有一些聚集在冷泉附近，后者会释放相同的化学物质，不过是在较低的温度下以更慢的速度释放。失事船只和沉到海底的木头上定居着与巨型管虫关系很近的管状蠕虫，这些腐烂的木材会产生硫化物供它们使用。死去的鲸会像天赐吗哪②一般，缓缓地沉入海底，也随之创造出富含硫化物的环境，支撑起一个临时但充满生命力的化学合成生物群落。其中一些生物，例如没有肠子、鼻涕状、靠“啃骨头”生存的食骨蠕虫（*Osedax mucofloris*）③，专门生存并活跃在鲸落中。

对于这些动物而言，走过数十亿年的演化之路后，深海中的生命又仿佛回到了原点。地球上的生命起源于深海热液喷口，一开始的存在形式便是能进行化学合成的微生物。（加拉帕戈斯裂谷的一处地点名为“伊甸园”，真是起得恰如其分。）最终，这些微生物先祖精彩地演化成了数不尽的美丽生命，它们从深海发迹，来到浅海。其中一些演化出了更复杂的生命形式，例如动物；还有一些则通过与进行化学合成的细菌合作，又找回了落回深海、抵达另一个世界的演化之路——如果不这么做，深海极其贫瘠的营养氛围根本没办法支持它们的生存。今天包括管虫在内的所有生活在热液喷

① 拉丁名*Paracatenula*，*para-* 为拉丁词根中的“旁、伴”，*catenula*意为“小链子”。该译名系译者自拟。——译者注

② 根据《圣经》的记载，这是古代以色列人经过荒野时所获得的上帝赐予的食粮。——译者注

③ Osedax在拉丁语中的意思即为“啃骨头”。——译者注

口处的动物，都是从浅海物种演化而来的，而它们最终成了深海微生物的宿主。通过内化这些细菌，这些动物拿到了返回冥古的车票。那里既是冥古，也是所有生命的源头。

化学合成可能起源于深海，但不仅限于此。卡瓦诺在新英格兰海岸富含硫化物的泥沙中发现了一种蛤蜊，其体内有一种进行化学合成的细菌。另有人在红树林、沼泽、被污水污染的泥土，甚至珊瑚礁周围的沉积物中发现了类似的共生关系——这些生态系统几乎与浅水同义。卡瓦诺团队的前成员妮科尔·杜比利埃（Nicole Dubilier）在一个远离炽热热液喷口的地方研究化学合成。这地方远到什么程度呢？也许你可以试着想象一下：景色美如明信片的托斯卡纳小岛厄尔巴。

厄尔巴岛阳光灿烂，而这些太阳能也没有白白浪费。离岸的海湾里生长着大片海草。光合作用显然在这里占据着很主要的地位，但即使如此，化学合成也不罕见。杜比利埃潜水到海草处，搅起一些沉积物后便会看到明亮的白色线虫在里面扭来扭去。这是一种名为阿氏厄尔巴线虫（*Olavius algarvensis*）[①]的海洋蠕虫，它们是蚯蚓的近亲，长几厘米，宽半毫米，没有嘴和消化道。“我觉得它们美极了，”杜比利埃说道，“它们是白色的，因为其皮肤下的共生细菌里充满了小球状的硫黄。你可以很容易地把它们挑出来。”这些细菌进行化学合成，类似许多本地的线虫、蛤蛎和扁虫。在这片地中海的泥沙中，通过硫化物制造能量的生物极其丰富多样，甚至能与深海媲美。“居然在意大利！”杜比利埃惊叹道，“我们去了遥远的深海、到了热液喷口后才反过来留意到自家后院里的化学合成共生现象。每次奔赴实地考察，我们都会发现新的物种和新的共生物。”

厄尔巴岛看起来是一派田园牧歌的景象，但对化学合成的生命而言，这个地方也提出了挑战。还记得管虫的细菌通过氧化硫化物释放能量吧。在厄尔巴岛的泥沙层沉积物中，硫化物含量非常低，按照原理推测，化学合成过程应该不会在那里起作用。那么，厄尔巴线虫是如何生存的呢？

---

① 拉丁名 *Olavius algarvensis* 中涉及地名，其中 Olavius 来自 Ilva，是厄尔巴岛的罗马名。——译者注

2001年，杜比利埃发现了答案。她发现，它们有两个不同的共生体：一大一小，在皮肤下混在一起。[13] 小的细菌捕获了厄尔巴岛沉积物中十分丰富的硫酸盐，并把它们转化为硫化物；大的细菌会氧化硫化物，为化学合成提供动力，与管虫中的微生物发挥相似的作用。该过程会持续地产生硫酸盐，供身边的小细菌重复使用。这两种微生物在硫循环中为彼此提供原料，然后向蠕虫提供能量和营养，仿佛共生“三人组”。这个环境对于常规参与化学合成过程的伙伴而言非常贫瘠，但厄尔巴线虫在原有的合作伙伴关系中加入了捕获硫酸盐的细菌，成功地在泥沙中存活下来。

杜比利埃后来又发现，该联盟甚至更复杂。厄尔巴线虫实际上有五个共生体：两个处理硫酸盐，两个处理硫化物，还有一个螺旋状的细菌现在还不知道起到了什么作用。“我们可能还需要三十年才能完全理解它。”杜比利埃笑着说道。在浅水中研究共生的她很幸运，不用搭载笨重的潜水器抵达深海也能收集研究对象。她可以在阳光明媚的厄尔巴岛或在加勒比和大堡礁等地点浮潜。总之，这类科研课题很艰难，但必须有人来做。

对于露丝·莱（Ruth Ley）而言，收集微生物就更难了。问题不在于她要从粪便样本中找出微生物，因为在微生物研究中，处理便便根本不是什么事；问题也不在于要从动物园的动物身上收集微生物，因为总有笼子、围墙，或者拿着棍子的管理员守着，可以避免被利爪尖牙伤到。问题在于，做事情之前得先和各类人员过招，忍受各种各样的繁文缛节。

莱是一名微生物生态学家，她想比较不同哺乳动物之间的肠道细菌，看看它们的饮食以及演化史如何塑造各自的微生物组。她需要接触许多动物，收集大量粪便，而她附近的圣路易斯动物园刚好满足了这两个条件。实验间隙，莱会戴上手套，拎着袋子和一桶干冰，跳上动物园管理员的车，跟着这个非常友好的工作人员驶遍动物园。管理员负责分散动物的注意力，她则偷偷铲走粪便。“我一直往动物园跑，结果有一天有人注意到我原来是在捡大便，于是把我的情况上报给了动物园管理处，要求我必须‘走程序’。”她说道。不能再随便跟着管理员捡粪便，必须和园方沟通，填好收粪便的表格，签一大堆注意条款。例如一个冬日，莱发现动物园里的河马趴在围场的地上，它们已经悠闲地睡着了，“那里恰好有一大坨便便！”莱说道，“但园方却坚持表格上没有河马。随后，铲屎的工作人员告诉她：这些粪便十分钟后会转到巷子里，你去那儿取吧。”她只能照做。

她还收集了许多其他动物的粪便：熊（黑熊、北极熊和眼镜熊），大象（非洲象和亚洲象），犀牛（印度犀牛和黑犀牛），狐猴（黑狐猴、獴狐猴和环尾狐猴），以及熊猫（大熊猫和小熊猫）。她花了4年时间收集了60个物种、106个个体的粪便，每份样本都在烘箱中干燥，在混合器中搅成浆，并用研钵和研杵粉碎。那些气味令人难忘，而付出这一切都是为了拿到DNA数据，让她能够为这些动物的肠道细菌编目。

莱发现，每种哺乳动物都有自己一套独特的肠道微生物组，但根据其所有者的祖先，特别是它们的饮食结构，这些菌群能够再次被分成小群体。[14]食草动物的肠道菌群通常具有最高的多样性；食肉动物的最低；杂食动物的饮食种类丰富，肠道菌群多样性居中。不过也有例外：小熊猫和大熊猫的肠道微生物更像它们的肉食亲戚，例如熊、猫和狗，但它们本身却是纯食草动物。[15]不过这依然存在着某种一般模式，可以为此提供一个简单的解释，以及另一个深刻的暗示。

首先是解释。植物是陆地上迄今为止最丰富的食物来源，但这要求动物配备更多酶来消化它们。与肉类相比，植物组织中含有更复杂的碳水化合物，例如纤维素、半纤维素、木质素和抗性淀粉。脊椎动物不具有切碎这些化合物的分子刀，但细菌有。常见的肠道细菌B-theta便拥有超过250个切断碳链的酶，而我们虽然拥有比其复杂500倍的基因组，体内的这种酶却只有不到100种。我们使用类似于B-theta的各种细菌工具，切断植物组织中的碳水化合物，并释放直接滋养我们自身细胞的物质。它们为我们提供的能量占总摄入能量的10%，而这个比例在牛羊中高达70%。如果选择吃素，动物就需要种类多样、数量丰富的微生物。[16]

其次是暗示。地球上出现的第一种哺乳动物是食肉动物，它们体型较小，动起来一溜小跑，吃昆虫管饱。从肉食到植食的转变，是整个哺乳动物纲在演化上的突破。植物的丰富性和多样性使得食草动物的多样性增加得比食肉动物更快，并且散布各处，填补了大型恐龙灭亡后腾出的生态位。今天地球上的大多数哺乳动物是植食性的，大多数目下都至少包括一些食草的物种。即使是包括猫、狗、熊和鬣狗在内的食肉目，其中也有吃竹子的大熊猫。所以，哺乳动物的生存成功建立在植食基础上，而植食又建立在微生物的基础上。不同的哺乳动物一次又一次地从周围的环境中获取能够针对植物的微生物，用微生物的酶充分地磨碎和消化枝枝叶叶。

拥有合适的微生物还不够，它们也需要适当的空间和时间才能发挥作用，而植食性的哺乳动物恰好提供了这些条件。它们扩大了一部分肠胃，把它变成发酵室，一是为了容纳这些消化植物的细菌伙伴，二是为了减缓食物通过的速度，让细菌可以充分工作。在大象、马、犀牛、兔子、大猩猩、猪和部分啮齿动物体内，这些发酵室一般都位于肠道的尽头。这些"后肠发酵室"可以令动物在随粪便排出微生物前，让后者通过酶从食物中提取尽可能多的营养。例如牛、鹿、绵羊、袋鼠、长颈鹿、河马和骆驼等另一些哺乳动物，用的则是"前肠发酵室"：它们把微生物放在胃前，或者几个胃中的第一个。为了细菌，它们会牺牲一些营养，但是随后也会消化这些消化助手。"之所以把装细菌的袋子放在前面，是因为你自己也吃这些细菌，"莱说道，"这很聪明。如此一来，单吃秸秆就可以获取所需的全部营养。"比如牛的前肠发酵室会通过反刍来给微生物留下更多时间，虽然把吃下去的东西再呕回嘴里有些恶心，但这种循环反流、重新咀嚼和吞咽的过程十分有效。

发酵室的位置还会影响哺乳动物已有的微生物种类。莱发现，前肠发酵动物的微生物组彼此相似，与后肠发酵动物的微生物组差别较大，反之亦然。这些相似之处，甚至超越了物种祖先之间的边界。袋鼠是一种蹦跳在澳大利亚土地上的有袋动物，身穿"条纹裤"、长相与长颈鹿相仿的獾㹢狓则来自非洲——但这二者都是前肠发酵动物，从广义上而言，它们的微生物组非常相似。后肠发酵动物中也存在类似的现象。[17]

换言之，微生物左右了哺乳动物肠道的演化，哺乳动物肠道的形态也影响了微生物的演化。[18]

莱的下一项研究更加清晰地揭示了这一现象。她与罗布·奈特一起，比较了动物园动物和生活在泥土、海洋、热泉和湖泊等其他地方的动物的微生物基因组。他们发现，就微生物的多样性而言，脊椎动物的肠道菌群十分独特。动物个体之间的肠道菌群差异，甚至大于湖泊、热泉和其他环境之间的微生物差异。正如该研究团队描述的："肠道与非肠道环境分属两种情况。"[19]"这是一个巨大的惊喜，"奈特说道，"第一次有人着手这项分析时，我还认为他们搞错了。"形成如此巨大差异的原因尚不清楚，不过奈特认为，肠道是微生物的独特栖息地：黑暗、缺氧、时刻经受液体的冲刷，还布满了四处巡逻的免疫细胞，而且极富营养。不是所有细菌都可以在这里生存，但对那些抓住这种生态机遇的细菌来说，这一切都十分合适。它们打入肠道环境，疯狂地生长，继而发展出极富多样性的不同菌株和微生物物种。这株演化树朝一个方向深入，叶片宽大且薄薄的一层，与其说像树冠硕大的橡树，倒不如说更像高挑的棕榈。

你会在海岛上看到相似的生态系统。岛屿是动物演化的先遣据点，它们或是被暴风雨吹来，或许乘着树干漂来，抑或搭船而来。这些动物或飞行或四处窜行，抑或是蜿蜒滑行着来到岛上各处。它们的后裔开始慢慢地占据岛上的各种栖息地，演化出新的物种。于是便有了夏威夷的蜜旋木雀、加拉帕戈斯群岛的达尔文雀、法属波利尼西亚的蜗牛、加勒比的变色蜥……也许还应该算上我们肠道内的微生物。

研究小组表明，植食性脊椎动物的肠道微生物与其他任何环境中的微生物相比都有很大区别，不论是食肉动物、其他身体部位，还是无脊椎动物的肠道微生物。肠道本身可能就非常特殊，但脊椎动物的肠道更特殊，而灌满植物的脊椎动物肠道更是特殊到无可比拟。大量的枝条和叶片，还有多种多样可消化的碳水化合物，就像一座岛屿，为微生物提供了大量的食物来源。肠道为定植其中的细菌提供了无数种谋生方式，并鼓励它们发展出新的生存形式。[20]以微生物为动力的消化系统不断让吃素的动物成为自然界的赢家，并且不仅限于哺乳动物。

昆虫中的素食冠军是白蚁。1889 年，一名卓越的美国自然主义者约瑟夫·莱迪（Joseph Leidy）切开了白蚁的肠道，发现了它们吃的东西。他在显微镜下观察解剖后的昆虫，震惊地看到小小的斑点正在逃离白蚁的尸体，就像“一大群人挤出爆满的会议室大门”。他认为它们是“寄生虫”，但我们现在知道，这些逃掉的小不点儿是一种原生生物：比细菌更复杂的真核微生物，仍由单个细胞组成。原生生物的重量可达白蚁宿主体重的一半，造成其数量极其丰富的原因是，它们有一种能够消化白蚁所吃木材中坚韧纤维素的酶。[21]

这些原生生物大多数都发现于较原始的白蚁种群的肠道内，该白蚁被略带贬义地命名为低等白蚁（lower termites）。“高端”的高等白蚁（higher termites）之后才演化出来，它们更多地依赖细菌，好几个胃中都有各种细菌，这种结构几乎与牛一样。[22] 有一种听起来更进阶的大白蚁是最新演化出来的物种，它们采用了最复杂的策略来捣碎木质素：该策略就是“农业”。它们会在蚁穴内“种上”一种真菌，并用木屑和碎木片“喂养”这些真菌。真菌把其中的大分子纤维素分裂成更小的分子，做成白蚁能吃的“肥料”。在白蚁的肠道内，肠道细菌会更进一步地消化这些纤维碎片。在解决纤维素的消化问题上，白蚁本身并没有付出太多，它们主要为细菌提供寄宿场所，并培养那些能消化纤维的真菌。如果没有这些微生物伙伴，白蚁就会饿死。大白蚁的蚁后在这条路上甚至走得更远。它的体型巨大，头、胸加起来大约有人类指甲那么长，腹部却有手掌那么大，是一个不断颤动、不停产卵的巨大的囊，大到无法移动。它的肠道中也明显缺乏微生物。不过，它可以依靠工蚁（和它们的微生物）喂养。它的整个领地，包括巨大的巢穴、成千上万的工蚁、数以十亿计的微生物，以及能消化木屑的真菌，都是它的肠道。[23]

大家去非洲旅游时，可以看看这一整条策略有多成功。大白蚁修建了巨大的蚁穴，有些甚至高达9米，仿若哥特式的尖塔和支柱直冲天空。据记载，最古老的蚁穴（现在已经废弃）已有2 200年之久。而蚁穴也为许多其他动物提供了栖息地，白蚁自己也是其他动物的食物。它们消耗枯萎、腐烂的植物，以此驱动营养物和水分在环境中循环流动。它们堪称生态系统的工程师。在非洲的萨瓦那草原上，它们，或者说它们的微生物，秘密地开展着整项工作。如果这些消化植物的肠道细菌不复存在，非洲的自然景观将彻底改变。不仅白蚁会消失，那些巨大的兽群、食草者和巡游者也会消失：羚羊、水牛、斑马、长颈鹿和大象，这些可都是非洲野生动物的代名词。

我曾经在角马大迁徙期间去过肯尼亚。那是一场一年一度的马拉松，数以百万计的角马长途跋涉，寻找更丰美的草场。有一次，我们不得不停下吉普车，让一列长到不可思议的角马队伍从我们面前穿过，足足花了半小时。如果没有微生物尽可能多地从一口口难以消化的植物中提取营养，这些食草动物将不复存在。我们人类也不会。的确难以想象：如果没有驯化这些反刍动物，人类可能走不出狩猎时代，也发展不出聚落和农业，更不用说发明出我们搭载的国际航班，以及这趟野生动物园之旅。再没有游客目瞪口呆地观看一群揣着发酵室的动物跑过，蹄声如雷；非洲可能就只剩下一条空无一物的地平线，伴随着长久的沉寂。

30周内，凯瑟琳·阿马托（Katherine Amato）每天都做着同样的事情。她于黎明前醒来，开车到墨西哥的帕伦克国家公园（Palenque National Park），竖耳倾听。当清晨的阳光穿过树林，树枝沙沙作响的声音伴随着一阵阵深沉而嘹亮的喉声。这些叫声来自墨西哥吼猴，它们栖息在树上，硕大且黝黑，长着善于抓握的卷尾，还会发出非常响亮的叫声。整个白天，阿马托都追随着吼叫声，在地面上紧跟着它们穿行于树梢之上的脚步奔跑。她对它们的肠道微生物组感兴趣，需要收集粪便。吼猴都会在同一时间排便，所以很方便收集：“当一只猴子去‘方便’时，你就知道其他猴子都会跟过来。”阿马托解释道。

为什么会这样呢？因为吼猴全年不同时期会吃非常不同的食物。它们有半年时间吃的大多是无花果和其他水果：高热量，易消化。吃光果子后，它们大多靠叶和花生存：热量低，纤维更强韧，难以分解。一些科学家提出，为了度过食物短缺时期，这些吼猴会减少活动，进入“待机状态”。但阿马托观察到了截然不同的情形：这些吼猴一年到头都同样活跃。不过，它们的肠道微生物会变化。具体而言，在没有果实的季节，它们会产生更多的短链脂肪酸。由于这些物质能为猴子的细胞提供营养，当吼猴通过食物摄入的热量有所减少时，微生物会有效地为它们提供更多的能量。任凭季节变幻无常，微生物还是为吼猴保证了稳定的营养供给。[24]

如果我们讨论动物时都认为它们一年到头只吃一种东西，其实简化了问题，我之前也曾这样认为。而真实情况是，我们的饮食因季节而异，甚至每天都不同。一只吼猴上个月可能还在吃无花果，下个月却只能闷闷不乐地嚼叶子；松鼠可能整整一个秋天都在吃坚果，冬天则什么都不吃。我可能今天狼吞虎咽地吃着羊角面包，明天只能戳戳沙拉。每吃下一顿饭或一口菜，我们都会选择最适合消化它们的微生物。微生物以令人难以置信的速度对我们的食物做出反馈。有一项研究找了十位志愿者，给了他们两种食谱，让他们按照每种食谱严格坚持吃五天：一种富含水果、蔬菜和谷物，另一种则包括大量的肉、鸡蛋和奶酪。随着饮食结构的改变，他们的肠道也非常迅速地召唤了新的微生物菌群。一天之内，肠道菌群可以从分解碳水化合物和消化植物的模式，转变成分解蛋白质和消化肉类的模式，反之亦然。[25]事实上，这两种菌群看起来分别与食草和食肉动物的肠道微生物菌群相符。在不到一周的时间内，它们就重现了别处经历数百万年的演化。

就这一意义而言，肠道微生物使我们成了更灵活的食客。这对于发达国家的居民或动物园中的动物来说可能并不重要，因为他们进食规律，食源丰富。但对于从事狩猎-采集活动的人类祖先，或者吼猴那样的野生动物而言，肠道微生物就非常关键了。他们必须应对跟随季节变化的食物结构，有丰也有荒，或者被迫尝试不熟悉的食物。具有快速适应能力的微生物组，有助于我们应对所有挑战。在不断变化和充满不确定性的世界中，它们为我们提供了灵活性和稳定性。

这种灵活性可能是动物的福音，但对我们而言可能是诅咒。玉米根萤叶甲是一种产自北美的甲虫，会导致严重的危害。其成虫在玉米地里产卵，来年孵化的幼虫会大口啃食植物的根。这样的生命周期也有脆弱的一环：如果农民交替种植玉米和大豆，成虫在玉米地里产卵，但幼虫孵化后身边都变成了大豆，那就没法存活。这种耕作方式便是轮作，在阻止根虫方面已经卓有成效。但一些抗轮作的叶甲逐渐发展出了利用微生物的对策。它们的肠道细菌变得能够更好地消化大豆的根，让成虫能够打破对玉米长久以来的依赖，从而也能在大豆田中产卵。现在，幼虫孵化后再次如鱼得水。也正是由于这些快速适应变化的微生物组，害虫还在继续为难人类。[26]

自然界的一般规律是，有机体不会坐以待毙，它们会保卫自己。动物选择战斗或逃跑，植物则更加被动，更多地依赖化学防御。它们用一些化学物质填充自身的组织，阻止植食者取食；它们能让动物中毒、杀灭细菌、导致体重减轻、引发肿瘤、导致流产、造成神经紊乱，或者干脆杀死对方。

石炭酸灌木（creosote bush）是美国西南部沙漠中最常见的植物之一。它的生存秘诀就是拥有很强的抗性：抗干旱、抗老化，还抗动物啃食。它用含有数百种化学物质的树脂填充枝叶，这占了干重（除去水分的重量）的1/4。这种混合物质赋予了它独特的刺激性气味，雨滴冲刷叶子时，这种气味变得尤为明显。有人说石炭酸灌木闻起来像下雨的味道，但或许是它让雨闻起来像它自己。总之无论通过哪种方式，靠嗅觉都可以捕捉到这种树脂的气味。但是，吞下它就是另一回事了。这种树脂对肝和肾都具有很强的毒性，实验室小鼠一旦摄入过量就会死亡。但是，荒漠林鼠（desert woodrat）吃这种叶子就什么事都没有。它会吃很多很多。在美国加利福尼亚西南的莫哈韦沙漠（Mojave Desert），石炭酸灌木为它们提供了如此丰富的食物来源，以至于荒漠林鼠冬春两季几乎不吃别的东西。它们每天会吞下大量的有毒树脂，所含剂量足够让实验室小鼠丧命多次。那么，它们是如何应对这种毒性的呢？

动物有许多方法绕开植物毒素，但每个解决方案都要求一定的付出。它们可以吃含毒素较少的部分，但过分挑剔会大大限制觅食机会。它们可以摄入能够中和毒素的物质，比如黏土，但寻找解毒剂会另外耗费时间和精力。它们也可以自己分泌解毒酶，但这会损耗能量。细菌提供了另一种选择。它们是生化大师，可以降解从重金属到原油的任何物质，区区几种植物毒素根本不在话下。早在20世纪70年代，科学家就提出，动物消化道中的微生物，应该能在肠道吸收毒素前对毒素进行“预解毒”。[27] 若能依靠这些微生物为食物解毒，动物可以省去自己寻找对策而遇到的麻烦。生态学家凯文·科尔（Kevin Kohl）猜想，细菌可能可以解释荒漠林鼠的百毒不侵，而几千年以来的气候变化十分明显地为他揭示了证实其猜想的重要线索。

在大约17 000年前，美国南部的气候开始变暖，起源于南美洲的石炭酸灌木开始在这个地区扎根。它在温暖的莫哈韦沙漠安家，也就进入了荒漠林鼠的领地。但它从来没能迁移到更北、更偏冷的大盆地沙漠（Great Basin Desert），所以生活在那里的主要以杜松为食的林鼠，从来没有尝过石炭酸灌木。如果科尔的猜想正确，那么莫哈韦沙漠的林鼠肠道中应该充满了解毒菌，大盆地里的同类则缺少该细菌。科尔分别从两个沙漠捕获了一些林鼠个体，发现情况正是如此。摄入大量毒素后，大盆地的林鼠的肠道菌群会萎缩，而在这方面经验丰富的莫哈韦林鼠则会激活相应的解毒基因，大量肠道细菌活跃繁殖。为了证实莫哈韦林鼠是依赖微生物解毒的，科尔在它们的食物中加入了抗生素。然后他用正常的实验室食物喂养这些啮齿动物，在此之前，它们都很健康，但喂食带有少量石炭酸灌木树脂的食物时，它们就受不了了。随着肠道微生物的死亡，它们越来越不耐受这种有毒树脂，甚至不如大盆地的同类。它们的体重掉得很快，科尔不得不提前让它们退出实验。短短几星期，历经17 000年的演化遭到扭转，耐毒经验丰富的荒漠林鼠变成了彻底的“新手”。[28]

科尔做了相反的实验。他收集了一些正常的莫哈韦林鼠的粪便颗粒，搅拌制浆后再喂给大盆地林鼠，即相当于给它们注入了解毒微生物。很快，这些林鼠便可以愉快地享用石炭酸灌木。它们的尿液十分明显地体现出这种新能力：石炭酸灌木毒素会使林鼠的尿液变色、变暗，但这些之前毫无食毒经验的啮齿动物却能分解这么多毒素，它们的尿液呈金黄色，十分清透。仅几顿饭的工夫，它们就获得了历经几千年才演化出来的耐毒经验。

莫哈韦沙漠上首次出现石炭酸灌木时，可能发生了类似的事：一只林鼠窜入灌丛并决定啃上一口，结果这一口东西让它很不好受；但是冬天食物稀缺，没得挑，于是只好再咬一口。咬下去的每一口中都含有一些微生物，它们存在于石炭酸灌木的表面，也许这些微生物已经演化出分解这些树脂毒素的方法。林鼠吃下这些微生物后，也具有了分解毒素的能力。然后，它在身后留下了充满这种微生物的便便，再被另一只林鼠发现并吃下。分解毒素的能力自此得到传播。石炭酸灌木很快成了莫哈韦沙漠中最常见的植物，而林鼠也获得了食用这种植物的能力。林鼠随时都能从彼此身上获得新的微生物，这也许解释了它们为何能适应得如此成功。[29]

在微生物的帮助下，原本不耐毒的宿主能吃下原本致命的食物，类似的案例还有许多。[30]共生关系的代表生物地衣，携带着一种名为地衣酸（usnic acid）的毒素。但是驯鹿主要靠食用地衣生存，它们能很好地分解这种酸，排泄物中几乎没有残留这种物质的痕迹。肠道微生物也许可以解释这种能力。从考拉到林鼠的许多植食性哺乳动物都携带降解单宁（一种带有苦味的化合物）的微生物，它赋予红葡萄酒特殊的口感，但会对肝脏和肾脏造成损害。咖啡果小蠹携带的肠道微生物可以分解咖啡因，这种物质虽然能给咖啡爱好者带去愉悦的兴奋感，但也会毒害任何试图寄生在咖啡豆里的害虫。不过这伤害不到咖啡果小蠹本身，因为它携带分解咖啡因的细菌，从而成了唯一以咖啡豆为食的动物，并且也成了全球咖啡业最大的威胁之一。

这些技巧都是草食动物生存所必需的：消化食物，同时也分解毒物；不仅因为吃下食物而活着，还因为吃下这些也能活。植食者把微生物的各种能力与动物自身拥有的任何策略相结合后，可以充分利用环境中丰富的绿色植物。同时，植物会受到一定损害，但一般不会太严重。石炭酸灌木虽然遭到林鼠啃食，但它们依然是莫哈韦沙漠的主人。地衣遭到驯鹿啃食，却仍然覆盖着茫茫苔原。考拉吃掉桉树树叶，但在澳大利亚依然随处可见它们的树影。谢天谢地，即使有咖啡果小蠹的侵害，咖啡产量总体上还过得去。但有时微生物分解毒素的能力实在太强，反而会让植物遭受重大损失。

如果你坐飞机飞过北美的西部森林，很可能会发现大片红色或者裸露着枝干的树林。这看起来像是一派如画的秋天景色，但实际上却是一场灾难。这些树是松树，作为常绿树，它们的针叶不应该是红色的，至少还未濒死时应该全年常绿。杀害它们的凶手是谁呢？山松甲虫是一种身长不超过一粒米饭的炭黑色昆虫。它钻透松树的表皮，在树皮下蚀出一道长长的沟，一边移动一边产卵。孵化后，幼虫会钻入树皮，吸食韧皮部的汁液。一只甲虫吸食的汁液可能很少，但是成千上万只甲虫就可以侵蚀一整棵松树。剥下一块树皮，你会看到它们的“杰作”：迷宫般的隧道沿着树干向下延伸。甲虫吸取了松树大部分的营养，从而导致松树死亡，并把死讯散播给旁边的一棵棵同类，松树林一亩又一亩地变红，大片大片地死亡。[31]

这种甲虫有一些更小的同谋者：类似于之前写到的蚜虫，两种真菌作为膳食补充剂，如影随形地陪伴着它们。虽然甲虫的活动范围仅仅是树皮下方一层（而那一部位通常都无法获得充足的营养），但这两种真菌却可以更深入地侵入树体，打入存储着氮和其他必需营养物质的部位。而这些地方在其他情况下一般都难以企及。之后，这两种真菌再把这些营养物质抽取到表面，也就是幼虫可达的范围。“这些甲虫靠‘垃圾食品’过活，而真菌为它们提供全面的营养。”昆虫学家戴安娜·西克斯（Diana Six）说道，多年来她一直在研究甲虫。幼虫最终成蛹后，真菌会产生一种结实而强大的繁殖体——孢子。成虫羽化后会把孢子装入口中一个类似旅行箱的结构，然后带着它们去往下一棵倒霉的松树。

甲虫疫情忽来忽去，但目前这场因为全球气候变暖而比之前的任何一次都剧烈十倍。自 1999 年以来，甲虫及其附带的真菌杀死了加拿大不列颠哥伦比亚省超过一半的成年松树，影响了美国1 500万平方千米的树林。它们甚至越过了寒冷的加拿大落基山脉，离开长期止步于此的西海岸，开始向东扩散。而绵延在它们前面的，恰好是一条茂密但脆弱的森林带。

然而，树木不会温和地走进那良夜。遭到甲虫攻击后，它们会大规模地分泌一种名为萜烯（terpenes）的化合物，浓度很高，足以杀死甲虫和真菌。甲虫应该以纯暴力来对抗树木的防御：以巨大的数量盘踞树上，多到树木制造的萜烯都不足以杀光它们。但在昆虫学家肯·拉法（Ken Raffa）看来，这一解释说不通。如果真是这样，树木应该会集中产生一定数量的萜烯，那么在面对甲虫的猛攻时会很快耗尽。但事实并非如此。这些树木实际上能保持至少一个月的高水平化学防御，而甲虫的幼虫必须比它们的父母面对更多的毒素。

甲虫会怎么办呢？拉法的团队发现，除了真菌，甲虫也与一些细菌合作，比如假单胞菌（*Pseudomonas*）和拉恩氏菌（*Rahnella*）。它们出现在所有分布着甲虫的地区和有甲虫寄生的树上，几乎无处不在：附在昆虫的外骨骼上、挖出的虫道里、嘴和肠道中。它们是一组特定的菌种，多样性远小于白蚁等动物的肠道菌群，不适合承担任何消化功能。然而，它们具有大量用于降解萜烯的基因。研究表明，在实验室条件下，它们能有效地分解这些化学物质。不同的菌种处理不同的化合物，合在一起便能基本清除这些有毒物质。[32]

到了这一步，似乎可以宣布问题已经解决：细菌解除松树的毒素防御，甲虫把它们从一棵树传播到另一棵。但是，正如我们已经看到的，共生世界很复杂，简单的叙事虽然看起来自洽，但往往都是错误的。一开始，健康、未经感染的松树上也存在相同的细菌，它们可能是树本身的微生物组的一部分。松树遭到甲虫攻击时，萜烯分泌量飙升，这些细菌仿佛迎来了一场突如其来的“盛宴”。它们得到了丰富的食物，却无意中伤害了宿主、帮助了入侵的甲虫。甲虫自身也有一套作用有限的分解萜烯的酶，所以如何计算细菌本身的贡献呢？是承担了大量的解毒工作，或是与昆虫各自分工，就像蚜虫和布赫纳氏菌合作制造氨基酸那样？以及至关重要的问题，它们真的提高了甲虫的生存概率吗？

现在我们很清楚：由动物、真菌和细菌组成的大型联盟降临森林，虽然树木具有非常强的化学防御机制，但在这个联盟的攻击下，它们依旧陆续地开始死亡。它们的消亡证明了共生的力量，即一种允许本来最无害的生物变成最可怕生物的力量。你可能需要眯缝起眼睛才能看到这些微小的甲虫，只有通过显微镜才能看到相应的微生物，而它们相互合作形成的后果，却能从遥远的天空中俯瞰到。

微生物赋予半翅目昆虫能力，帮助它们演化到能吸食全世界植物汁液的地步；白蚁和食草哺乳动物也因为有了微生物而可以消化植物的茎和叶。管虫能在最深的海洋中定植，林鼠可以在美国的沙漠中扩散，山松甲虫可以摧毁绵延大陆的常绿森林。[33]

与这些招摇瞩目的例子相反，二斑叶螨制造的破坏场景精细且微妙。与甲虫一样，这种微小的红色蛛形纲生物与句号一般大小，却凭借庞大的数量杀死了它们附着的许多植物。它是一种全球性害虫，其厉害程度也得益于它的抗药性，以及来者不拒的食性：它能吃掉超过 1 100 种植物，从番茄到草莓、玉米和大豆。如此宽泛的口味意味着它拥有很不错的解毒技能：每种植物都有各自的化学防御物质，二斑叶螨需要一种万能的解毒方法。幸运的是，它装备了一个塞满解毒基因的武器库，一旦决定吸食某种植物，便会激活相应的基因。

微生物似乎不太像是这个特殊故事中的英雄。与荒漠林鼠或山松甲虫不同，二斑叶螨不依赖有助于消化食物的肠道细菌。它自己的基因组里就包含所需的一切。但即使细菌缺席这一场景，这些微生物对二斑叶螨也依旧很重要。

二斑叶螨食用的许多植物，其组织受到破坏后会释放氰化氢。这种物质对生命体极不友好。人们用它毒灭老鼠，捕鲸者把它抹在鱼叉上，纳粹把它用在集中营中。但二斑叶螨坚不可摧。它的其中一个基因可以产生一种把氰化氢转化为无害化学物质的酶。相同的基因存在于各种蝴蝶和蛾的毛虫中，所以它们能安之若素地爬过布满氰化物的植物。二斑叶螨和毛虫破坏氰化物的基因都不是自己原生的，也并非遗传自共同的祖先。

这种基因来自细菌。[34]

8

E大调快板

你出生时，分别从母亲和父亲那里继承了一半基因。这便是你抽到的签。这些继承到的 DNA 会伴随你一生，就在你的体内，不增不减。你不能得到我的任何基因，我也无法获取你的任何基因。但请想象一个不同的世界，在那里，我们可以与朋友和同事随意交换基因。如果你的老板有一个可以抵抗各种病毒的基因，你可以借来一用。如果你的孩子有一个让他面临患病风险的基因，你可以用自己的健康基因替换。如果你的远亲有一个有助于消化的基因，你也可以拿来试试。在那个世界，基因不仅是垂直地从一代传递给下一代的祖传之物，也能够水平地在一个人与另一个人之间交换使用。

细菌正生活在这样的世界之中。它们可以像交换电话号码、金钱或想法般轻松地交换 DNA。有时它们会侧身靠近，创建一个物理链接，然后在彼此间“运输”DNA：这一过程就相当于它们在交配。它们还可以从周围的环境中捡起其他有机体因为死亡或者腐烂而丢弃的 DNA。它们甚至可以依靠病毒把基因从一个细胞转移到另一个细胞。DNA 自由地在它们之间流动，使得细菌本身特定的基因组总是与其他同类的基因混杂在一起。即使是亲缘关系相近的菌株，也可能存在显著的遗传差异。[1]

几十亿年来，细菌一直在进行基因的水平转移（horizontal gene transfers，简称HGT），但直到 20 世纪 20 年代，科学家才意识到这个现象的存在。[2]他们注意到，肺炎球菌属（*Pneumococcus*）中的一些无害菌株与传染性菌株死后的残余提取物混合后，会突然致病。提取物中的一些东西改变了它们。1943 年，一位“悄无声息的革命者”奥斯瓦尔德·艾弗里（Oswald Avery）通过研究表明，实现这种转化的材料是 DNA，即非传染性的菌株会把传染性菌株的 DNA 吸收并整合到自己的基因组中。[3] 四年后，年轻的遗传学家乔舒亚·莱德伯格（Joshua Lederberg，后来正是他让“微生物组”这个词流行起来的）表明，细菌之间可以更直接地交换DNA。他使用的两种大肠杆菌菌株，各自单独存在时并不能生产出不同的营养物。这些细菌除非接受补充剂，不然都会死去。但是，莱德伯格把两种菌株混合到一起后，发现它们的后代可以在没有辅助的情况下生存下来。显然，两个亲本菌株水平地交换了基因，补偿了彼此的缺陷。后代垂直继承了这一整套功能，继续兴旺地繁衍下去。[4]

距离那时已经过去60年之久，我们现在已经知道，HGT是细菌生命中最深刻的一面：它允许细菌以惊人的速度演化。当面临新挑战时，它们不必等待正确的突变在现有的DNA 中慢慢积累，它们从已经适应环境挑战的细菌中获取基因，从而纳入整个适应过程。这些基因通常能使细菌分解尚未开发的能量来源，使它们免受抗生素的阻隔，以及获得一整套感染新宿主的“武器库”。如果一种细菌创新地演化出这些遗传工具，那么它的邻居便可以快速获得相同的属性。这个过程可以立即把无害的肠道微生物转变为病原体，使它们从好菌变成魔鬼；还可以把容易杀死的脆弱病原体转化成噩梦般的“超级细菌”，让最有效的药物在面对它们时也束手无策。这些抗药性细菌的传播无疑是21世纪公共卫生面临的最大威胁之一，它证明了 HGT 恣意妄为的力量。

动物的变化则没那么快。我们通常以缓慢而稳定的速度适应环境中的新挑战。因为突变而成功适应环境挑战的个体，更有可能生存下来，并把该突变作为礼物遗传给下一代。随着时间的推移，有用的突变会变得更加常见，有害的突变则会逐渐消失。这是对自然选择理论的经典诠释，即一种缓慢而稳定的过程，影响的是**人群**，而不是**个人**。黄蜂、鹰和人类可能逐渐积累有益的突变，但是某个大黄蜂个体、某只特定的鹰或者某一特定人群，并不能为自己拾取有益的基因。不过存在一些特殊情况。它们可以互换各自的共生体，立即获得一个新的微生物基因包。它们可以让新的细菌与身体中原有的细菌接触，使得外来的基因迁移到自己的微生物组中，让天然存在的微生物拥有新的能力。在一些罕见和充满戏剧性的情况下，有的动物可以把微生物的基因整合到自己的基因组中，就像上一章提到的，二斑叶螨可以获得氰化物解毒基因。[5]

听闻此讯而过度兴奋的记者，有时喜欢用 HGT 来挑战达尔文的演化论，让有机体摆脱垂直遗传的绝对统治。(一期《新科学家》的封面不当地写道："达尔文错了。"但这是不对的。)事实并非如此。HGT 为动物的基因组添加了新的变异，但是一旦这些跳跃着传播的基因到达新主人那里，它们仍然遵循旧有的自然选择规律。有害的基因与它们的新主人一起死去，有益的基因则传递给下一代。这是经典的达尔文主义，还是那个意味，唯有演化速度发生了变化。

我们已经看到，微生物帮助动物抓住令人兴奋的演化新机会。我们现在可以看到，有时候它们可以帮助我们更快地抓住这些机会。与微生物合作，我们可以加快演化的节奏，从缓慢、从容的柔板，转变成活泼、生动的快板。①

在日本的海岸沿线，有一种红棕色的海藻紧贴着潮汐冲打的岩石。这是紫菜，日语名为のり，也就是我们常说的海苔。日本人食用它们的历史已经超过1 300年。人们起初把海苔研磨成可食用的糊状物，后来则把它们压成了薄片，用来裹寿司。这种做法延续到了今天。海苔的人气很高，也传播到了世界各地。不过它与日本的关系更特殊，这个国家长期以来食用海苔的习惯，让日本人拥有了消化它们的特殊能力。

与其他海洋藻类一样，海苔含有的独特碳水化合物未曾在陆地植物中发现过。人类没有任何可以分解这些物质的酶，大多数能够分解它们的细菌也不在我们的肠道内。但海洋中满是特别擅长分解它们的微生物。其中一种名为食半乳聚糖卓贝尔氏黄杆菌（*Zobellia galactanivorans*）②的细菌，

① 就如这一章的标题"E 大调快板"，E 代表 Evolution（演化），我们的演化乐曲就此改变了节奏。——译者注

② 拉丁名中的 *Zobellia* 源自生物学家 C. E. 佐贝尔（C. E. Zobell），*galactanivorans* 意为吞噬（-ivorans）半乳糖（galactan）。——译者注

于十年前才刚被人类发现：它们已经吃了很长时间的海苔。试想象几个世纪前的佐氏菌：它们生活在日本的沿海水域中，占据一块海苔，食用并消化海苔。突然，这个微生物的世界被连根拔起。一位渔夫正在收集海苔，还把它们捣成了海苔糊。他的家人狼吞虎咽地吃下这些海苔，也一并吞下了这些佐氏菌。佐氏菌忽然发现，自己进入了一个全新的环境。冰冷的海水被胃液取代，身边原来的海洋微生物群被奇怪和不熟悉的物种取代。不过，与这些异域陌生菌混合在一起时，它会按照以往遇到类似情况的经验而沿用一种手段：共享基因。

我们之所以知道这个过程，是因为扬-亨德里克·黑埃曼（Jan-Hendrick Hehemann）在人类肠道细菌拟杆菌中发现了一个佐氏菌的基因。[6]这一发现令人震惊：海洋里的基因跑到生存在陆地上的人类的肠道里干什么？答案与HGT有关。佐氏菌并不适应在人类肠道里生活，所以那一口海苔上的佐氏菌并没有一直留在肠道中。但在短暂的逗留期间，它很容易就可以把一些基因送给拟杆菌，其中就包括形成紫菜多糖酶（porphyranases）的基因——顾名思义，这是一种能够消化海藻的酶。突然间，人类的肠道微生物获得了分解海苔中独特碳水化合物的能力，而且其他微生物同类并不具备这种能力，所以它得以独占这种能量源，并逐渐养成习惯。黑埃曼发现，这些肠道微生物基因组中的大量基因，最接近于海洋微生物的基因，而不是其他肠道微生物的。通过反复借用海洋微生物的基因，它能够熟练地消化海苔。[7]

“偷取”海洋中的酶的微生物，不只拟杆菌一种。因为一直吃海苔，日本人的肠道微生物已经含有来自海洋物种的消化基因。这样的基因转移不太可能还在进行：现在的厨师会烘烤和烹煮海苔，会消灭任何搭便车的微生物。几个世纪以来，食客只能通过生吃海苔而把这些微生物送入肠道，接着再由大人把含有紫菜多糖酶基因的肠道微生物传递给孩子。直到今天，黑埃曼仍能观察到同样的遗传现象。他的其中一个研究对象是一个没有断奶的女婴，出生之后一口寿司都没吃过；然而与她的母亲一样，她的肠道细菌中含有紫菜多糖酶的基因。女婴体内的微生物一开始就拥有了消化海苔的能力。

黑埃曼于2010年发表了这项研究。至今为止，该研究仍是微生物组领域中最引人入胜的故事。几个世纪以来，日本食客仅靠食用海苔就从海洋中获得了一整套消化基因，完成了令人难以置信的从海洋到陆地的演化之旅。基因从海洋微生物中水平地移动到肠道微生物中，再垂直地从一代人的肠道遗传给下一代人。它们的旅行甚至可以更进一步。一开始，黑埃曼只在日本人的微生物组中找到了紫菜多糖酶的基因，并没有在北美人中发现。现在这种情况已经有所改变：甚至连一些没有亚洲血统的美国人，也确定含有这种基因。[8]这究竟是怎么一回事呢？拟杆菌会从日本人的肠道中跳到美国人体内吗？这些基因是否来自附着在不同食物上的其他海洋微生物？威尔士和爱尔兰人也长期用紫菜属的海藻制作一道名为拉韦尔（Laver，又名莱佛，意为紫菜）的菜肴；他们是否是从那里获得了紫菜多糖酶，然后带着这些微生物穿越了大西洋？目前还没人清楚其中的原委。不过，这种模式表明，“一旦这些基因与一开始的宿主相遇，不管在哪里发生，之后都可以在个体间传播。”黑埃曼说道。

HGT适应得多快？这个例子便能给出绝佳的证明。人类无须演化出可以分解海藻中碳水化合物的基因，只要吞下足够多可以消化这些物质的微生物，我们自己的细菌就会通过 HGT“学习”消化它们的能力。

麻省理工学院的埃里克·阿尔姆（Eric Alm）读到了黑埃曼的这项发现，他想知道是否还能找到其他类似的例子。他搜索了超过 2 200 种细菌的基因组，其中一些细菌的 DNA 序列几乎相同，即使周围的其他基因差异很大。这些相似的“岛屿”漂浮在差异的“海洋”之上，不太可能来自垂直遗传。只有水平转移可以解释这些现象，并且必须是非常新近的转移。阿尔姆的团队发现了超过10 000组彼此交换过的序列，可见 HGT是多么常见的现象。[9]他们还发现，这种交换在人体中尤为常见。与其他环境中成对的细菌相比，人类微生物组的成对细菌，其相互交换基因的可能性是前者的25倍多。

这很说得通：HGT 的发生取决于物理空间上的接近程度，我们的身体会大规模地收集微生物，使它们形成十分密集的群体，从而达成这种发生条件。有人认为，城市是创新的中心，因为是城市把人才集中到了同一个地方，让想法与信息可以更自由地流动。同样，动物的身体是遗传创新中心，大量微生物挤在一起，使DNA更自由地在彼此之间流动。闭上眼睛，想象一束束基因如何缠在你的体内穿梭，从一个微生物到另一个微生物。我们的身体就是一处繁华的市场，细菌在这里交易遗传物质。

这么多微生物生活在我们体内，微生物基因肯定会在某个时刻进入宿主动物的基因。[10] 然而，人们长时间以来的共识都是：这不可能发生，动物基因是不可渗透的神圣领域，独立于微生物混沌一片的基因而存在。不过到了2001年2月，当人类基因组的第一个完整测序结果草图公布时，这种观点受到了一定打击。在已经经过鉴定的数千个基因中，人类有223个基因与细菌共享，但不与苍蝇、蠕虫、酵母等其他复杂生物体共享。人类基因组计划的幕后科学家写道："这似乎源于细菌基因的水平转移。"但仅仅四个月后，这个大胆的提法便开始失声。另一组研究人员表示，这些特殊的基因可能存在于一些非常早期的生物体中，但这些生物体在之后的系谱发展中失去了踪影，从而造成HGT的假象，实际上并没有发生过。[11]这次还击给HGT理论泼了一盆冷水，也为细菌与动物之间是否存在HGT笼上了一层疑云。

几年后，这种怀疑才开始瓦解。2005年，微生物学家朱莉·邓宁-霍托普（Julie Dunning-Hotopp）在夏威夷的嗜凤梨果蝇（*Drosophila ananassae*）基因组中发现了一种普遍存在的细菌，即沃尔巴克氏体的基因。[12]一开始，她认为这些基因来自昆虫体内的沃尔巴克氏体细胞。但即使她用抗生素处理了果蝇，属于细菌的基因仍然存在。经过几个月的失败尝试，她终于意识到，这些基因已经无缝融入了果蝇的DNA。然后，她在其他七种动物的基因组中也发现了类似的模式，包括黄蜂、蚊子、线虫和其他一些果蝇，就仿佛沃尔巴克氏体用自己的DNA朝着生命树喷洒了一遍。许多基因片段很短，但其中有一段让朱莉大吃一惊：她发现，这种果蝇保有沃尔巴克氏体的完整基因组。在十分新近的某个时刻，沃尔巴克氏体已经把所有的遗传物质注入了某个特定的宿主。所有定义这种细菌的物质组成，包括其遗传身份的总和，都传播并注入了另一种动物体内。这是迄今为止有关HGT的发现中最惹人瞩目的一个例子，而且也许是全基因的终极表达：往长远看，动物和微生物的基因能够融合成一个单一的实体。

邓宁-霍托普发表了她的研究结果，并附上了一条清晰的声明："基因的确可以从细菌移动到动物身上 。"不仅如此，它们可以从最常见的共生细菌出发，移动到地球上数量和种类都最丰富的动物（即昆虫）身上。20%至50%的昆虫体内，都有沃尔巴克氏体HGT留下的痕迹。这是非常惊人的数量！邓宁-霍托普表示："我们需要重新评估认为（水平）转移不常见、不重要的想法。"[13]

已有非常确凿的证据证明，这种转移并不罕见。[14]但是，它们真的很重要吗？一间卧室里有一把吉他，并不代表一定会有人弹它。同样，某个基因存在于基因组中，也并不一定意味着什么，可能只是出现在那里而已，并没有开启表达。在果蝇中发现的许多沃尔巴克氏体基因碎片或许就是这样：这些遗传信息载体只是在基因组中漂来移去，几乎不发挥作用。一小部分沃尔巴克氏体的基因的确被开启了，但即使如此，也不能证明它拥有活跃的功能；细胞中总有一些嘈杂的活动迹象，基因自发地开启，但没有投入使用。实际上只有一种方法可以证明引入的基因发挥过作用，那就是找到它们具体做了什么。在少数情况下，这种证据是存在的。

根结线虫是一种寄生在植物上的线虫，仅在显微镜下可见，但影响显著。通常而言，全世界大约有5%的农作物正在遭受它的危害。根结线虫的寄生方式有点像吸血鬼：用口针刺穿植物的根部细胞，吸出细胞内含物。这个过程虽然听着简单，但实际上很困难。植物细胞的外层包裹着由纤维素和其他坚固的化学物质构成的韧壁，所以线虫必须首先确保配备合适的酶，可以用来软化和打破这些屏障，然后才能吸食营养丰富的细胞内含物。它们通过自身基因组编码的指令合成这些酶，而单个物种可以调动超过60个破坏植物的基因。这很奇怪。这些基因只存在于真菌和细菌界，动物不应该拥有它们，更不用说拥有这么庞大的数量……然而线虫显然配备了这些基因。

使线虫刺穿植物细胞的基因，显然起源于细菌。[15]它们不同于其他线虫体内的任何基因，其实最接近这些基因的对应基因反而存在于植物根系的微生物中。与大多数进行水平转移的基因不同，大部分基因在新宿主中的作用并不明确，甚或是不发挥作用的，但是线虫获取这些基因却有十分明确的目的。线虫在它们的食道腺（throat gland）中激活这些基因，形成一团足以摧毁植物壁的酶，再注入植物根部。这是它们整个生活方式的基础。没有这些基因，这些小吸血鬼就只是发挥不了任何影响的寄生虫。

没有人知道根结线虫最初是如何获取这种细菌基因的，但我们可以进行一次有据可依的猜测。与这些线虫关系非常近的另一个物种，生存在植物的根部附近，以细菌为食。如果线虫吃的这种细菌能够穿透植物的细胞壁，那么它们便可以缓慢地获取这种基因，从而拥有同样的能力。随着时间的推移，这些生活在土壤中以细菌为食的蠕虫，变成了让植物枯萎的死神，成了农民的心腹大患。

上一章提到的咖啡果小蠹，是另一种通过 HGT 获取杀伤力的害虫。[16]这种黑色的小虫会通过肠道中的微生物分解咖啡树中的咖啡因毒素，而这种能力也是它们通过把细菌基因整合到自身的基因组中实现的。它们的幼虫因此能够消化咖啡豆中丰富的碳水化合物。它们是唯一具有这种能力的昆虫，任何其他昆虫，哪怕亲缘关系非常接近，也没有携带相似的基因。这种基因只存在于细菌中，很久以前就打入了咖啡果小蠹的祖先体内，让这种不起眼的小虫子得以散布至世界各地的咖啡园，令全世界的每一滴浓缩咖啡都经历过惨痛的折磨。

因此，农民有理由厌恶 HGT——不过，也有理由喜欢它们。对于茧蜂科的昆虫而言，一些转移的基因反而摇身变成了一种特殊的害虫控制手段。雌蜂把卵产在活的毛毛虫体内，孵出的小蜂便以毛毛虫为食。为了让幼虫存活下去，雌蜂产卵时会给毛毛虫注射一种病毒，抑制它们的免疫系统。这种病毒名为茧蜂病毒，它们不只是茧蜂的盟友，简直可以说是茧蜂的一部分。它们的基因已经完全整合到了茧蜂的基因组中，并受后者调控。雌蜂制造这种病毒时，会把用于攻击毛毛虫的基因装载入病毒，把用于繁殖或传播的基因扣在体内。[17]一种茧蜂“驯化”了病毒！它们完全依赖茧蜂繁殖。有人可能会说，它们压根不是真正的病毒，没有属于自己的实体，更类似于茧蜂的分泌物。它们的祖先很可能是一种古老的病毒，基因进入了茧蜂祖先的基因组，并永久地保留在那里。二者的结合促成了茧蜂科下两万多种昆虫的诞生，而每一种的基因组里都包含了茧蜂病毒基因。以共生病毒为生物武器的茧蜂，就这样建立起了自己的寄生王朝。[18]

一些动物会使用水平转移的基因，以保护自己免受寄生虫滋扰。毕竟，细菌本身也是抗生素的主要来源。它们已经相互战斗了几十亿年，发展出了一个巨大的基因“武器库”来对抗对手。有一类名为tae的基因，其合成的蛋白质能在细菌外壁打孔，让细菌产生致命的泄漏。这些手段由微生物自行开发，之后则可用于对抗其他微生物。但这些基因也进入了动物的基因，比如蝎子、螨虫和蜱虫。不仅如此，海葵、牡蛎、水蚤、帽贝、海蛞蝓，甚至帆蜥鱼，都与类似于我们的脊椎动物有着非常近的亲缘关系。[19]

在所有容易通过 HGT 传播的基因中，tae族基因是一个很好的例子。它们自给自足，不需要其他基因支持就能完成工作。因为可以制造抗生素，所以这些基因用处广泛。毕竟生物体都必须与细菌竞争，任何能够让机体更有效压制细菌的基因都能在整棵生命树中找到用武之地。如果它可以从一个机体转移到另一个机体，那么就有很大概率让自己成功地变成对新机体有用的部分。这种基因转移对我们而言很重要。我们人类正在想尽办法，用自己的智力和技术努力地制造新的抗生素，然而在过去的几十年中，并没有任何新发现。但是，像蜱虫和海葵这样简单的动物，却可以自行合成抗生素。我们需要经过许多轮研究和开发才能达成的目标，这些动物依靠基因水平转移就能马上实现。

以上这些故事把HGT描述得仿佛一股外来的神秘力量，为微生物和动物注入了奇妙的新能力。但它不仅仅可以做加法，也可以做减法。微生物的基因和动物结合，为后者赋予了有用的微生物能力。而这一过程也可以使微生物自身颓败、衰竭，直到完全消失，仅仅留下一些基因遗存。

一种能在世界各地的温室和田地中都找得到的生物，是说明这种现象的典型例子，但它也给农民和园丁平添了许多麻烦。那就是柑橘粉蚧，一种体形很小、靠吸食植物汁液存活的昆虫，外表看起来就像一小片掉落的皮屑，或一只沾满面粉的木虱。保罗·布赫纳是一名异常勤奋的共生学者，他在环游昆虫世界的旅程中拜访了柑橘粉蚧一族。他在它们的细胞内发现了细菌，这并不出乎我们的意料。但是，他记下了一处不寻常的描述：一个“圆形或椭圆形的黏液球，里面嵌着厚厚一层共生物”。这些小球几十年来一直躺在暗处，毫不起眼，直到 2001 年才被科学家注意到：它们不只是细菌的居所，还是细菌本身。

柑橘粉蚧就像活的俄罗斯套娃。它的细胞内部有细菌，细菌内部还有更多的细菌，可谓“菌菌相套”。[20]较大的细菌是特朗布莱菌（*Tremblaya*），得名于意大利昆虫学家埃尔梅内吉尔多·特朗布莱（Ermenegildo Tremblay，曾在布赫纳手下从事研究工作）。较小的名为莫兰菌（*Moranella*），得名于蚜虫专家南希·莫兰。（“和我叫同一个名字，真是个可悲的小家伙。”南希笑着对我说。）

约翰·麦卡琴为这个奇怪的层次结构找出了起源。其中的过程一波三折，令人难以置信。故事从特朗布莱菌开始：它首先定植了柑橘粉蚧，和许多昆虫共生体一样，成为“永久居民”，失去了自由生存所需的重要基因；在宿主提供的舒适环境中，它得以维持一个更简洁的基因组。后来，莫兰菌加入了这种双向的共生关系，这个新来者能够承担更多工作，甚至让特朗布莱菌可以省去更多基因。只要几个合作伙伴中的一个拥有某个基因，其他伙伴没有它也不要紧。这些类型的基因转移，不是把线虫转化为植物寄生虫，也不是把抗生素基因注入蜱虫基因组。在这种情况下，接受者没有获得有益的能力，HGT 更像是从超载的船上为细菌抽出不必要的基因，再丢弃它们。它只保留了某些重要的基因：没有它们，共生基因组会产生不可避免的衰变，损害关键功能。

例如，有三个合作伙伴一起为柑橘粉蚧制造营养。它们需要 9 种酶才能合成苯丙氨酸（一种氨基酸）：特朗布莱菌可以制造 1、2、5、6、7 和 8 号，莫兰菌可以制造 3、4 和 5 号，柑橘粉蚧可以制造 9 号。无论是柑橘粉蚧还是它的两种共生细菌，都不能独立合成苯基丙氨酸，只有合作才能填补这个任务条中的空白栏。这让我想起古希腊神话中的格里伊三姐妹：三个姐妹共享一只眼睛和一颗牙齿，别的东西都是多余的。这种安排虽然奇怪，但仍然能让她们看到东西、咀嚼食物。柑橘粉蚧和它的共生体也类似，最终就像是安排了一张新陈代谢的网络，分布在三个互补的基因组中。在共生算法中：1+1+1=1。[21]

这解释了关于特朗布莱菌基因组的另一个真正的吊诡之处：它缺少一组必要的基因，那是现存最古老的基因之一，存在于所有生物最初的共同祖先体内，从细菌到蓝鲸，在所有生物体内都有发现。它们几乎是生命的同义词，是基因组不可或缺的一部分。这组基因总共有 20 个，一些共生体已经失去了其中的好几个，特朗布莱菌则是彻底没有。然而它还存活着，因为它的合作伙伴——宿主昆虫与该细菌内部的其他细菌——补偿了消失的基因。

这些缺失的基因都去了哪里呢？正如前面所述，细菌基因通常被重新定位到宿主的基因组内。麦卡琴检查柑橘粉虱的基因组时，毫不意外地发现昆虫的基因组中掺杂了细菌基因，共有22个。但让他惊讶的是，这其中没有一个来自特朗布莱菌或莫兰菌，一个都没有。相反，它们来自属于其他三条分支的细菌，这些细菌都可以定植在昆虫细胞内，但却没有留存在柑橘粉蚧中。[22]

柑橘粉蚧体内原来至少包含五种细菌，其中两种高度简化、互相依存的细菌嵌在昆虫的细胞内部；曾经至少有三种细菌与昆虫共享身体，但现在均已消失不见。

留存下来的基因仿佛那几段共生关系的遗魂。它们并不只是无所事事地存在于柑橘粉蚧的基因之间：其中一些会制造氨基酸，还有一些能参与制造肽聚糖大分子。这很奇怪，因为动物并不利用肽聚糖，这是细菌用来制造细胞壁、把细菌物质限制在“墙”内的。[23]然而，莫兰菌已经失去了合成肽聚糖的基因。为了“筑墙”，它必须依靠柑橘粉蚧从已经分手的共生体那儿借来的细菌基因。

麦卡琴想知道，是否可以让柑橘粉蚧停供肽聚糖，从而破坏莫兰菌的稳定状态。没有了造墙的材料，莫兰菌翻墙而出，迎来爆发；同时，它会释放出自己能够制造，但特朗布莱菌无法制造的蛋白质。请记住，特朗布莱菌缺少一类生物应有的必需基因；或许，这是它应对此类情况的方法。“这是一个疯狂的猜测，”麦卡琴说，“看起来十分愚蠢，但也是我猜得最准的一次。”他谈这件事时透露着敬畏、困惑和略微的尴尬，好像他的发现异常到他都不敢相信自己。但是，这的确实实在在地发生了。

数据讲出的故事或许很荒谬，但它们从不撒谎。它们告诉我们，柑橘粉蚧是至少六种不同物种的混搭，其中五种是细菌，有三种甚至已经不复存在。它通过前共生体的基因控制细菌、制造物质，完善它与现有共生体之间的关系。[24]

并非所有的昆虫共生体都如此紧密地与宿主相结合。例如蚜虫，其体内除了一直都有布赫纳氏菌，还含有其他几种细菌。但这些“次等共生”关系就不那么忠诚了：可以在一些蚜虫种群十分常见，但在另一些种群中就很少见或不存在。一些蚜虫含有全部三种细菌，另一些则一种都没有。

当南希·莫兰注意到这些模式时，她意识到，这些微生物提供给蚜虫的并不是必要的营养，否则它们的存在将稳定不变。相反，它们提供的应该只是一些蚜虫偶尔需要的服务。从许多方面来看，它们所做的事情，类似于人类基因组中影响我们患病风险的不同变异。例如，一些人的基因中含有一种突变，会导致红细胞从圆饼形突变成镰刀形。突变有成本，即同时遗传到两个突变基因会患上镰状细胞病，削弱体质；但也有好处，因为如果只遗传了其中一个突变基因，那么这个人对疟疾将产生非常好的抵抗力，因为部分镰刀形细胞更难被携带疟疾的寄生虫感染。疟疾在热带非洲十分常见，但那里同时有多达 40% 的人携带镰刀形细胞突变；而在疟疾罕见地区，镰刀形细胞突变也很罕见。突变的出现频率取决于其防御对象会带来多激烈的影响。莫兰推断，蚜虫的“次级共生”也遵循同样的原理。也许它们可以保护蚜虫免受天敌侵扰，但如果敌人很少，它们就不那么需要提供这种优势，数量也会随之降低。如果天敌很常见，那么这种共生带来的优势也不会少见。

但是，到底谁是天敌呢？蚜虫有很多天敌：蜘蛛的诱捕，真菌的感染，瓢虫和草蛉的吞食。但可以说，它们面对的最大威胁来自拟寄生，即把幼虫和卵植入其他昆虫的“劫持犯”。这种奇怪的生存方式常见得惊人。每十种昆虫中就有一种拟寄生生物，包括驯化并携带病毒的茧蜂。有一种阿尔蚜茧蜂（*Aphidius ervi*），身体又细又黑。这种茧蜂以蚜虫为攻击对象，效果显著，所以经常被农民用来消灭作物上的蚜虫。花上不到20元人民币，大概就能在网上买到数百只茧蜂。

不同的蚜虫，抵抗这些茧蜂的能力也各有不同。一些完全有抗性，另一些则总是中招。科学家曾经推测，这是蚜虫自身的基因差异所致。但莫兰想知道，这种差异是否涉及共生体。她招收了一名研究生克里·奥利弗（Kerry Oliver），一起实验这个想法。[25]此处说来话长。以共生来对抗寄生，这在当时还是人们闻所未闻的奇思妙想，甚至连莫兰都不相信：以如此出奇的想法为基础的实验，最终会取得成功。

依靠显微镜、针和一双稳健的巧手，奥利弗从不同的蚜虫中提取了不同的共生体，并把它们分别注入一种特定的蚜虫之中，接着再把阿尔蚜茧蜂放入装着蚜虫的笼子里。不到一周时间，装有蚜虫的笼子里便布满了僵化的蚜虫尸体和新孵出的茧蜂，但有一组蚜虫却显示出了惊人的生命力。茧蜂也在它们体内注入了蜂卵，但后一组蚜虫携带的共生体以某种方式杀死了茧蜂幼虫。奥利弗切开这些蚜虫时，常常发现里面藏着一只死亡或濒死的茧蜂。换句话说，经证明，研究小组此前的疯狂想法是正确的：蚜虫携带的某种微生物成了它们抵抗茧蜂的保镖。他们把这种微生物命名为汉氏抗菌（*Hamiltonella defensa*）①。[26]

现在看来，防御性微生物的存在并不奇怪。很显然，保护寄主免受伤害也可以保障自身的成功生存，而且细菌大多非常擅长制造抗生素。但是汉氏抗菌自己不产抗生素。测序了汉氏抗菌的基因组后，研究人员才揭示

---

① 汉氏抗菌（*Hamiltonella defensa*），拉丁属名*Hamiltonella*来源于英国演化生物学家威廉·汉弥尔顿（William Donald Hamilton），种名*defensa*是抵抗之意。此译名由译者自拟。——译者注

了其防御力的真正成因：它有大约一半DNA都属于病毒。这是一种噬菌体，我们在之前章节中提到过的爱待在黏液中的细长腿病毒，就是一种噬菌体。它们通常在细菌内部拼命复制，然后再向外爆发，从而杀死细菌。但它们也可以选择较为被动的生存方式，即把 DNA 整合到某个细菌的基因组中，并通过细菌代代相传。这些噬菌体现在就藏在汉氏抗菌的内部。[27]

这些病毒是汉氏抗菌的拳头，让细菌“保镖”能够抗击入侵者。奥利弗的研究表明，携带某种特定噬菌体的汉氏抗菌菌株，几乎能使蚜虫对茧蜂完全产生抗性。如果噬菌体消失，同样的细菌会变得一无是处，所有的蚜虫宿主几乎都会死于茧蜂的拟寄生。没有噬菌体的汉氏抗菌完全可能失去所有长处。噬菌体可以直接毒害茧蜂：它们产生大量毒素，攻击动物细胞，但似乎不会伤害到蚜虫本身；或者与汉氏抗菌分离，导致细菌自己的毒素溢出到茧蜂身上；抑或是和细菌产生的毒素一起作用。无论如何，很明显，一种昆虫、一种细菌和一种噬菌体已经形成了紧密的联盟，可以抵抗寄生的茧蜂对三者构成的共同威胁。

这种联盟也十分多样。蚜虫防御茧蜂的能力各有不同，因为它们含有的汉氏抗菌菌株不同，更准确地说，是汉氏抗菌含有的噬菌体不同，从而对蚜虫的保护程度也有高低之别。正如镰刀形细胞突变带来的结果，这些微观的伙伴关系也有其代价。出于某些原因，在一定温度下，携带这些“保镖”的蚜虫，其寿命会变短，后代也会变少。如果茧蜂的数量很多，这样的成本是值得交换的，但如果代价太高，共生体也会离去。类似地，某种蚜虫主要以蚂蚁排泄的甜液体为食，所以它们不太可能携带汉氏抗菌，因为蚂蚁已经能够为它们提供针对茧蜂的防御。这就是为什么汉氏抗菌并非蚜虫的固定伴侣，而只在需要它们的时候出现。同样，噬菌体也不是汉氏抗菌的固定伴侣。在野外条件下，它们经常消失，其中的原因尚不清楚。这种动态的合作关系会通过自然选择调整到与周围的威胁程度相符的水平。

但是，汉氏抗菌是如何进入蚜虫身体的呢？蚜虫若在年景尚好时与它分手，那如果之后的日子变得艰难，又如何与它复合呢？ 莫兰发现了一个可能的答案：性。雄性精子携带的汉氏抗菌，以及其他具有防御功能的共生体，可以通过交配传给雌性，为后代“接种”这些“抗体”。因此，通过与合适的配偶交配，雌性可以突然获取针对茧蜂的抵抗力。这让汉氏抗菌成了共生界的稀罕物，即可以传染“有益的性病”。[28]

蚜虫通过性行为获取汉氏抗菌，但并没有把细菌的基因分股注入自己的基因组，而是直接选取了整套“原装”的细菌基因。这与HGT很相似，只不过这里的G代表基因组（genome），而非基因（gene）。与HGT一样，它能使动物很快地，甚至是立刻适应新挑战。

与其依靠自己的基因组逐代积累突变，不如捡现成的已经适应环境的微生物来帮助自己。[29]与其慢慢培训现有的员工开展新工作，不如从别处挖来熟练的老手。只有招募到合适的新员工，有机体才有适应环境的新转机：细菌正好是这样的全面手。它们是代谢小能手，可以降解从铀到原油的任何物质。它们还是专业的药理学家，擅长制造化学物质杀死敌人。如果你想保护自己免遭另一种生物侵袭，或者想吃某种新食物，几乎肯定有一种拥有现成工具的微生物可以胜任这些任务。即使现在没有，也可能很快就会遇到：微生物能迅速复制，又很容易彼此交换基因。在演化竞赛中，它们全力冲刺。与它们相比，我们简直像是在爬行。但我们可以通过与微生物建立合作伙伴关系，稍微赶上它们快到炫目的步伐。换言之，细菌能帮助我们活出一点“菌样”。

所以，荒漠林鼠吞下能解毒的微生物后，便可以吃下原本有毒的石炭酸灌木叶；日本金龟子吞下土壤中能够分解杀虫剂的微生物后，立即会对农民喷洒的农药产生免疫；蚜虫也总是采取这样的策略，除了汉氏抗菌，它们还有至少8种不同的次级共生体：一种抵抗对它们致命的真菌，一种帮助它们忍受热浪，一种允许蚜虫吃下特殊的植物（比如苜蓿），一种让它们从红色变为绿色。这些能力对蚜虫来说很重要。获取新的共生体，往往与进入新的气候环境或转向新的食物来源同时发生。[30]

这些变化从根本上而论都符合达尔文主义。这一点值得一再提及：用快速、即时的演化，驳斥缓慢渐进的、人们通常认为的“达尔文式”的演化，是完全错误的。因为这些快速发生的变化仍由某种“渐进主义”主导。林鼠可以通过获取正确的细菌来抵抗石炭酸的毒性，但是这些菌株必须自然而然地演化出消解毒素的能力。从细菌的角度看，演化一如往常地逐渐发生；而从宿主的角度看，一切都发生在一瞬间。这是共生的力量：它允许微生物中逐步发展出来的突变，在很短时间内给予宿主同样的突变。我们可以让细菌替我们完成费时耗力的演化工作，然后通过与它们建立联系，快速地改变自己。如果与细菌的联盟对我们彼此都有益，那么这种形式可以以惊人的速度传播开去。

一只果蝇嗡嗡地飞过北美森林，一路寻找着美食的踪迹：一种从枯叶覆盖的土地中萌发出来的蘑菇。果蝇落到蘑菇上，以它为食，并产下卵。在这一过程中，果蝇无意间在蘑菇上“种”上了一种寄生线虫，霍氏线虫（*Howardula*）[①]。它们在蘑菇中繁殖，然后钻出来，找到蘑菇表面的果蝇幼虫。果蝇成为成虫飞走后，也将载着这些线虫散播到更多的蘑菇上。

约翰·哈尼克（John Jaenike）从20世纪80年代开始研究霍氏线虫。他发现，线虫对果蝇造成了严重的伤害，导致果蝇早早死去，雄性很难找到伴侣，雌性则完全丧失性功能。它们沦落成了线虫的“交通工具”。但是自21世纪以来，事情却发生了变化，哈尼克开始发现被寄生的雌性仍带着一肚子卵。哈尼克十分着迷于沃尔巴克氏体，因为这种超级微生物也感染了他研究的果蝇，所以他自然很想知道，是否是这种微生物帮助宿主防御了寄生虫。他猜对了一半：果蝇确实受共生体保护，但——仅此一次！——沃尔巴克氏体并没有参与这个故事。这些果蝇的保护者，是一种名为螺原体（*Spiroplasma*）的螺丝锥型微生物。

果蝇、线虫和螺原体的故事非常引人入胜，这并不是因为它的主题或角色，而是因为哈尼克亲眼见证了发生过程。他去博物馆分析了20世纪80年代收集的果蝇标本，却找不到螺原体的痕迹。但在2010年，无论是在北美东部的任何地方，他都能在50%至80%的果蝇体内看到分布着这种细菌。

① 霍氏线虫属（*Howardula*），因描述者N. A. 科布（N. A. Cobb）的朋友，昆虫学家勒兰德·霍华德（Leland Ossian Howard）而命名。——译者注

该细菌正在向西进军。截至2013年，它们已经越过落基山脉。哈尼克分析道：“它应该会在十年内到达太平洋沿岸。”[31]

尽管最近螺原体扩散迅猛，但它并不是果蝇的新盟友。哈尼克估计，早在几千年前它就已经进驻果蝇体内，但分布比例一直保持在极低水平。这就是为什么他在 80 年代的标本中找不到螺原体的痕迹。直到最近，寄生的霍氏线虫从欧洲传播到北美，螺原体才随之变得普遍。寄生线虫到达后，螺原体便像野火一般传播开去，搭载着果蝇肆虐地穿越森林，还让这些宿主失去了生育力。果蝇需要一条对策，而螺原体正好进入了它们的视野。它恢复了宿主的繁殖能力，并让后者在竞争中胜过没有螺原体的同类。因为果蝇也可以把这些小救星传递给后代，所以携带螺原体的比例会一代又一代地不断增长。哈尼克恰好目睹了这一传播过程。“这让我怀疑我的头脑，”他说，“这应该十分罕见啊！”

但是，他的同事还偶然发现了一些理应更罕见的情况。另一种名为立克次体的细菌，短短6年内就席卷了美国的烟粉虱，让这种害虫长得更结实，繁殖能力更强。[32] 我们通常只看到了这些事情的结果：看到生活在最黑暗海底的蠕虫、蛤蜊和其他动物，看到徜徉在大草原上的大群食草哺乳动物，以及主要以吸食植物汁液为生的、不计其数的昆虫。这些都是微生物作用的结果，让动物得以在各自的生态位上繁衍生息。但是这些联盟建立得足够频繁，只要选择在正确的时间去到正确的地方，那么科学家们的确能够偶尔亲眼看见它们的起源和成形。[33]

我们周围的世界储存着数量巨大的潜在的微生物伙伴。每一口食物都可以带来新的微生物，帮助我们消化之前无法分解的部分，消除曾经不可食用之物中的毒素，或杀死从前抑制我们人类数量的寄生虫。每个新的合作伙伴都可能帮助它的宿主多吃一种东西，多行一点远路，多活一些岁月。

大多数动物没法有意地去利用帮助自己适应环境的这些开放资源。果蝇并不是主动找螺原体来帮忙解决寄生虫问题的；林鼠并不是主动找来可以解毒石炭酸的微生物，从而拓宽自己的食谱的。遇见合适的伙伴纯凭运气，但人类并不受此限制。我们能够创新，善于计划，专注于解决问题。比起其他动物，我们的巨大优势在于知道微生物的存在！我们设计出可以观察到它们的仪器，我们也可以专门培育它们，以及拥有相应的工具去解释其存在规律、摸清我们之间共生关系的实质。我们因此获得能力，可以主动操纵这些伙伴关系。我们可以用全新的健康微生物替代衰败的菌群，进而提高自身的健康水平。我们可以创造新的共生关系，以此抗击疾病。我们也可以有针对性地打破那些威胁人类生命的古老联盟。

9
微生物菜单

一切都始于蚊子咬下的一小口。一只蚊子落在人的手臂上，把口器刺入肉里开始吸吮。当血液从人体涌入蚊子体内时，微小的寄生虫则沿着相反方向前进。它们是丝状线虫的幼虫。这些细小的蠕虫在人体的血液中游动，并钻入腿和生殖器的淋巴结中。在接下去的一年里，它们会发育成熟，并相互交配，每天产下成千上万条的幼虫。医生可以透过超声波扫描仪看到它们在蠕动，被感染的人自己却看不出来，尽管体内生存着数百万条寄生虫，但是仍然没有表现出任何症状。最终，这一切都会改变。蠕虫死亡后会引发炎症，阻断淋巴液流动，使其积留在皮肤下。患者的四肢和腹股沟会肿胀到不成比例，大腿会变得有躯干那么粗，阴囊肿得有脑袋那么大。他没法工作，能站起来已经足够幸运。他将拖着畸形的身体，在社会的异样目光中度过余生。这个人可能是坦桑尼亚的农民，印度尼西亚的渔民或印度的牧牛人。不管是谁，他都是全球数百万淋巴丝虫病患者中的一位。

这种疾病在热带地区都有发现，又名象皮病，因为奇异的肿胀会让患者变得像大象一样。罪魁祸首是三种线虫：马来丝虫（*Brugia malayi*）、帝汶丝虫（*Brugia timori*），以及最主要的班氏丝虫（*Wuchereria bancrofti*）。另一种相关物种是盘尾丝虫（*Onchocerca volvulus*），它会引起另一种相关病症：盘尾丝虫病。该疾病通过虱子而不是蚊子传播，并能绕开淋巴结，进入更深处的组织。在那里，雌性盘尾丝虫可以长到 80 厘米长，紧紧地嵌在肌肉的纤维蜂窝状组织中。它们释放的幼虫会迁移到皮肤，引起令人难以忍受的瘙痒；或者进入眼睛，破坏视网膜和视神经。这就是为什么盘尾丝虫病还有一个简单的名称，河盲症（river blindness）。

这两种疾病统称为丝虫病，是全世界传播最广的疾病：超过 1.5 亿人患有其中一种丝虫病，另有 15 亿人面临患病风险。[1] 人们至今还没有找到治疗方式。有些药物可以通过杀死线虫的幼虫来控制症状，但面对耐受度极高的成虫几乎无效。这些物种可以活几十年——对线虫而言已经非常长了——受感染的人必须放弃工作，定期接受治疗。“在所有热带疾病中，这两种摧毁力度最大。”马克·泰勒（Mark Taylor）说道。他是一名身着笔挺西装、满头银发的寄生虫学家。

泰勒于 1989 年开始研究丝虫病时，最令他好奇的是这种病的严重程度。许多人都会感染寄生的线虫，但表现出的症状通常是良性的。为什么丝虫病造成的炎症会严重到让人失去活动能力？原来它们有帮凶，而且是我们“熟悉”的伙伴。20 世纪 70 年代，研究人员在显微镜下观察这些蠕虫，注意到它们内部有类似细菌的结构。[2]此后，人们都没有往微生物方面想，直到 20 世纪 90 年代，它们被鉴定为沃尔巴克氏体，就是那种已经把自己的基因组植入夏威夷果蝇的基因组中、杀死雄性幻紫斑蛱蝶，并且存在于全世界2/3昆虫体内的细菌。

与昆虫体内的对应物相比，线虫体内的沃尔巴克氏体是一个收缩的退化版本。它丢弃了自己1/3的基因组，永久地依附在宿主身上。反之，宿主也离不开它。具体原因尚不清楚，但没有这种共生体的话，线虫便不能完成它们的生命周期，也无法导致严重的疾病。线虫死后，会把自己的沃尔巴克氏体释放到感染者体内。这些细菌不能感染人类细胞，但是会引发剧烈的免疫反应，与线虫本身引起的反应不同。根据泰勒的说法，这是同时拮抗蠕虫以及共生体的两种免疫反应的结合，进而导致了丝虫病的剧烈症状。不幸的是，这意味着杀死线虫反而会恶化疾病，因为它们濒临死亡时会挣扎着释放出所有的沃尔巴克氏体。“然后你会迅速长出巨大的结节，阴囊也会发炎，”泰勒满脸严肃，“你绝对不想倒这个霉。慢慢杀死线虫是更好的选择，但很难想象该如何用抗线虫的药物做到这一点。”

还有另一个选择。为什么不干脆忽略线虫，直接针对沃尔巴克氏体呢？

泰勒和其他研究者在实验中发现，对线虫而言，用抗生素清除细菌是致命的。幼虫无法成熟，成虫会失去繁殖力；一段时间后，它们的细胞开始自我毁灭。身处这种伙伴关系之中，哪一方都不可能选择“分手”，因为如果共生关系断裂，双方都会死亡。这个过程长达18个月，但缓慢的死亡也还是死亡。而且，由于这些线虫没有沃尔巴克氏体可以释放，所以人类消灭线虫后不会导致疾病恶化。

20世纪90年代，泰勒和同事把这些想法付诸临床试用。他们想试验是否可以使用一种名为多西环素（doxycycline）的抗生素，来消除丝虫病患者身上的沃尔巴克氏体。一个实验小组在加纳某个村子的河盲症患者身上试验了该药，另一组则在坦桑尼亚的淋巴丝虫病患者身上试验。两个试验都成功了。在加纳，多西环素让雌线虫无法繁殖；在坦桑尼亚，抗生素消灭的是幼虫。[3]这两例地点试验中有大约3/4的志愿者，其体内的线虫成虫被杀死，且没有引起任何灾难性的免疫反应。这是一则大新闻。“有史以来，人类第一次治愈了丝虫病患者，”泰勒说道，“我们无法用标准药物做到这一点。”[4]

但是，多西环素并不是万能神药。孕妇不能服用，孩子也不能服用；它的药效发挥得很慢，患者必须坚持服用长达多个星期的好几个疗程；在农村和一些偏远社区，要获得整个疗程的药物十分困难，也很难说服患者坚持。作为对付线虫病的武器，多西环素还不错。但泰勒认为，他能做得更好。

2007年，他成立了一个名为A·WOL〔即“反沃尔巴克氏体联盟”（Anti-Wolbachia Consortium）的缩写〕的国际团队。在比尔及梅琳达·盖茨基金令提供的2 300万美元的资助支持下，他们把目标定为寻找针对线虫沃尔巴克氏体的新药物，用于杀死线虫。[5]他们从数千种备选的化学物质中筛选出了一种很有希望的化学物质：米诺环素（minocycline）。实验室测试证明，它比多西环素的有效性还高50%。研究团队立即把该药物投入加纳和喀麦隆的试验。米诺环素有其缺陷：孩子和孕妇仍然无法服用，价格也比多西环素贵几倍。不过A·WOL团队在此期间又筛选了另外60 000种化合物，并确定了几十个更有前途的候选。

与此同时，泰勒发现，丝虫线虫和沃尔巴克氏体之间的伙伴关系或许比看上去的更不稳定。他发现，当线虫理应更需要沃尔巴克氏体、沃尔巴克氏体的数量也因此开始上升时，线虫却会将其视为入侵者，并试图摧毁它们。[6] 泰勒解释道："线虫会认为沃尔巴克氏体是一种病原体。"线虫需要细菌，但如果沃尔巴克氏体不受控制地生长，可能会变成一种共生肿瘤，从而伤害宿主。所以，线虫必须把它们的数量控制在一定范围内。因此，即使这是一个"你死了我也没法活着"的紧密联盟，其中仍有冲突暗涌。在泰勒眼中，这暗藏了可能的治疗手段。他一直在寻找杀死沃尔巴克氏体的药物，而线虫本身已经演化出了杀死它们的方法。如果 A·WOL 团队可以找到激发线虫体内"控制程序"的化学物质，他们便可以触发宿主和共生体之间潜在的紧张关系，使其彻底演变成一场战争，诱导线虫走上"自毁"之路。这个雄心勃勃的想法是一场豪赌。如果泰勒可以打破这个已经存在了一亿年的共生关系，他便可以改善全球1.5 亿人的健康。

我们已经看到，微生物组能屈能伸。它可以随着每一次触摸、每一次寄生物的侵入、每一剂药物，甚至单纯随着时间的推移而改变。它是一个动态的实体，会增大也会消失，还会不断地形塑再形塑。这种灵活性是微生物与其宿主之间许多相互作用的基础。这意味着共生可以通过积极的方式引导改变，因为新的微生物合作伙伴能够为宿主提供新的基因、能力和演化机会。这也意味着，伙伴关系可能以消极的方式发生改变，失调的菌群或缺失的微生物会导致疾病。这还意味着，合作伙伴关系也可以依照我们选择的方式刻意地加以改变。早在1962年，西奥多·罗斯伯里就认识到这一点。他写道，人类能够操纵原生的微生物，"就像为了人类的利益改造环境一样"。我们应该接受它们作为我们生活中很自然的一部分，但这种接受"不一定是被动和听其摆布的"。[7]

从那时到现在已过去了50年之久，我们再也见不到"被动"和"听其摆布"的姿态。今天的微生物学家明白，他们正在改写微生物与动物宿主之间的关系：从线虫到蚊子，再到我们自己。泰勒正致力于清除工作：他们计划使线虫失去共生关系，共同消灭细菌和寄主，从而拯救那些饱受疾病折磨的患者。而另一些想要操纵微生物组的人，则试图把微生物引入宿主体内，从而重新恢复遭到破坏的生态系统，甚至建立全新的共生关系。他们正在开发益生菌“鸡尾酒疗法”，我们可以使用这些配方来治疗或预防疾病，把喂养微生物的营养物质打包，甚至把一个人身上的整个微生物菌群移植到另一个人身上。当人们明白微生物不是动物的敌人，而是整个动物王国的基础后，医学就会大变样。是时候与这种思维告别了：把微生物与我们的关系比喻成战争，认为人类战士应该不计代价地清除细菌。也许，温和、微妙的园艺劳作更适合类比人类对共生关系的新认知：我们确实必须拔除杂草，但也要培养肥沃的土壤，洁净空气，栽种更愉悦视觉的植物。

这一认知可能不够直观，不仅仅因为“益生菌”的提法对许多人来说还算新鲜，还因为这是反直觉的——竟然这么多医疗保健手段都要依赖同样的基本思路。得了维生素C缺乏病？缺乏维生素C要多吃水果。得了流感？如果是病毒捣乱，你就需要服用药物，把它从你的呼吸系统中清除出去。添加缺乏的，除去不需要的，这些简单的加减逻辑驱动了许多现代的医学思想。相比之下，微生物组的运作逻辑更复杂，因为它们涉及一张不断变化的巨大网络，网络内部相互联结、相互作用。控制微生物组仿佛运行一整个世界，听着就很困难。请记住，微生物菌群具有天然的弹性：被“击中”后会反弹。它们也是不可预测的：如果你改变、调整它们，最终结果可能一发不可收拾。添加一个所谓“有益”的微生物，很可能会挤掉我们同样依赖着的另一些微生物；而丢失一个据说“有害”的微生物，可能会让更糟糕的机会主义者趁机取而代之。这就是为什么塑造整个微生物世界的尝试至今都鲜获成功，令人费解的挫折却频频遭遇。我们在前面的章节中看到，修复微生物组不像用抗生素去除“坏细菌”那么简单。而我们将在本章中看到，添加“好细菌”也没那么简单。

21世纪是蛙类爱好者的噩梦，世界各地的两栖动物都在迅速消失。面对现状，最乐观的自然保护者都不禁皱眉。全世界1/3的两栖动物濒临灭绝。而导致这种局面的原因，几乎所有的野生动物都在面临：栖息地丧失、污染、气候变化。但是，除此之外，两栖动物同时还为自己独有的死对头所困扰：一种对它们来说如末日降临般的真菌，蛙壶菌（*Batrachochytrium dendrobatidis*）。这是一种可怕的蛙类杀手，能使受害蛙的皮肤变厚，阻止它们吸收钠盐、钾盐等，并引发类似于心脏病的疾病。蛙壶菌发现于20世纪90年代末，自那之后已扩散至除南极洲以外的六大洲，任何有两栖动物的地方都有它们的身影；而一旦抵达，该地的两栖动物就会消失。这种真菌可以在数周内摧毁整个种群，并的确已经让几十个物种步入演化史的尘埃。尖鼻湍蛙（sharp-snouted day frog）可能已经灭绝，胃育蛙也没了，哥斯达黎加的金蟾蜍所剩无几，其他数百种蛙类也已经暴露在这一威胁之下。完全有理由把蛙壶菌定性为“记录在案的最糟糕的脊椎动物传染病”。[8] 包括青蛙、蟾蜍、蝾螈、蚓螈在内，两栖动物无一幸免。如果出现一种能杀死每一种哺乳动物的新真菌，每条狗、每只海豚、每头大象、每只蝙蝠和每个人一定会陷入恐慌。而研究两栖类的生物学家，的确已经陷入恐慌。

蛙壶菌预示了许多即将发生之事。2013年，科学家描述了另一种与它相关的真菌，蝾螈壶菌（*B. salamandrivorans*）攻击了欧洲和北美的蝾螈和瘰螈。自2006年以来，另一种真菌已经横扫北美洲的蝙蝠种群：它会导致一种致命的白鼻综合征（white nose syndrome），在蝙蝠洞内留下了数以百万计的尸体。几十年来，珊瑚不断遭受一波又一波传染病的侵袭。[9] 新的野生动物传染病出现得越来越快，而人类至少需要承担部分责任。我们的飞机、船只和双脚正以前所未有的速度把病原体散播至世界各地，在新宿主缓慢适应之前就已经把它们摧毁。蛙壶菌的兴起就是最好的例子。它的确有毒，也的确会抑制两栖动物的免疫系统。但它仍然是一种真菌而已，而两栖动物已经与真菌周旋了大约3.7亿年。这并不是它们第一个需要驾驭的对象，但驾驭过程之所以异常艰难，是因为两栖动物的适应能力本身已经被气候变化、入侵捕食者和环境污染削弱。此时，再加给它们一种具有破坏性且能快速传播的疾病，未来无疑骤然渺茫。

但两栖专家里德·哈里斯（Reid Harris）还抱有希望。哈里斯找到了一种可能可以保护这些动物免受真菌敌人攻击的方式。21世纪初，他发现两种来自美国东部的身体蜷曲的小蝾螈，红背蝾螈和四趾蝾螈，它们身上覆盖着富含抗真菌化学物质的混合物。[10] 这些物质并不是动物自己制造的，而是细菌在它们的皮肤表面生成的。该混合物或许有助于保护蝾螈的卵，使其免受在潮湿地下巢穴繁殖的真菌的侵扰。正如哈里斯后来发现，这些物质也可以阻止蛙壶菌生长。他认为，这也许解释了为什么一些幸运的两栖动物似乎可以抵抗致命的真菌：其皮肤表面的微生物打造了一副“共生盾”。他设想，这些微生物或许可以帮助保存两栖类中越来越稀少的脆弱物种。

在美国的另一边，万思·弗雷登堡（Vance Vredenburg）也怀有同样的希望。他一直在研究加利福尼亚州内华达山脉的黄腿山蛙，但蛙壶菌的入侵让他沮丧不已。“这令人难以置信，”他说，“前一刻真菌还完全不存在，后一刻就消灭了整片流域的蛙。”它们一只接一只地从好几十个地点消失。但并非所有地方的状况都是如此。在康纳斯山（Mount Conness）的一个高山湖泊中，黄腿山蛙虽然感染了蛙壶菌，但仍然活蹦乱跳。蛙壶菌通常会用成千上万的孢子淹没宿主，但每只山蛙只携带了几十个孢子。这些致命真菌所到的湖泊都漂满了浮尸，但是在康纳斯，它们充其量只产生了一起轻微的滋扰。在这一处以及另外几个地方，有什么东西在抵抗蛙壶菌的进军。弗雷登堡听说哈里斯的实验后突然明白了什么。他擦拭了黄腿山蛙的皮肤表面，证实其中的确携带了与哈里斯在蝾螈中观察到的相同的抗真菌细菌。其中一种细菌保护力极强，颜色也很鲜明，整体表现十分突出：呈现出一种妖媚的黑紫色，透着一种暗黑之美。这是深蓝紫色杆菌（*Janthinobacterium lividum*），许多人称它为 J-liv，我们暂且称它为蓝紫菌吧。[11]

在实验室测试中，弗雷登堡和哈里斯都证明，蓝紫菌确实可以保护幼蛙免受蛙壶菌侵扰。但它是如何做到的呢？是通过制造抗生素直接杀死真菌？还是刺激山蛙自身的免疫系统？或是重塑山蛙原生的微生物组？又或只是占据了皮肤表面，从物理层面防止真菌吸附？既然这种真菌这么有用，为什么只在一些山蛙身上发现了它们，其他山蛙身上却没有呢？为什么它们即使存在，数量也很少？“如果能研究清楚每一处细节，当然再好不过，但我们没有时间了。”弗雷登堡说道，“再拖下去，山蛙会就此灭绝。我们面临的是一次真正重大的危机。”先不管细节了。关键是，至少在设置好的实验室条件下，这种细菌是管用的。那么，在野外呢？

当时，蛙壶菌正在内华达山脉快速蔓延，每年推进约 700 米。绘制出扩散路线后，弗雷登堡预测，蛙壶菌接下来将攻击海拔约为3 353米的杜西流域（Dusy Basin），成千上万只黄腿山蛙对即将遭遇的厄运毫不知情。这是考验蓝紫菌能力的完美地点。2010 年，弗雷登堡和他的团队登上了杜西流域，抓住了能找到的每只青蛙。他们在一只黄腿山蛙的皮肤上发现了蓝紫菌，取样后再培养成了一大簇。然后，它们让捕获到的其他黄腿山蛙在这种“菌汤”里洗了个澡，另一些则留在装着池塘水的容器中。几个小时后，他们重新放生了所有的黄腿山蛙，让它们直面真菌的洗礼。

“结果惊人。”弗雷登堡说。正如他预测的，到了夏天，蛙壶菌如期而至。真菌对只泡过池塘水的青蛙施加一贯的“酷刑”：它们身负的几十个孢子增多到成千上万个，黄腿山蛙也成了一具躯壳。但在蓝紫菌中浸泡过的青蛙，数量激增的孢子不仅早早涨到了趋于稳定的水平，甚至还经常出现逆转。一年后，大约有 39% 的黄腿山蛙还活着，而它们的同伴全部死去。这次试验奏效了。弗雷登堡的团队成功地用一种微生物保护了脆弱的野生蛙群，确立了蓝紫菌作为益生菌的地位。益生菌通常与酸奶和补充剂联系在一起，其实，这个词适用于任何可以改善宿主健康的微生物。

但是，这种方法需要穷尽所有的个体，而动物保护者并不能抓住所有受到蛙壶菌威胁的两栖动物，也因而无法为它们接种。作为替代方案，哈里斯正在考虑在土壤中播种益生菌，以便让它们自动接种到青蛙或蝾螈身上。或者圈养一些受威胁的蛙类，在实验室接种，然后把这个群体释放到自然中。“有很多可行的方法，”弗雷登堡表示，“但不能一击致命。就像任何复杂的问题一样，我们不能指望总是只有一个赢家。”现实确实如此。哈里斯以前的学生马修·贝克尔（Matthew Becker）发现，同样的方法，在捕获的巴拿马金蛙（即泽氏斑蟾）身上却完全失败。这种与大黄蜂体色相似的蛙，已经永久地成了黄黑色的鬼魂。因为蛙壶菌的寄生，野生的巴拿马金蛙已经灭绝，现在只有在动物园和水族馆才能瞥见它们的踪影。而只要蛙壶菌存在，就没法把它们重新释放回巴拿马的野生环境中。虽然蓝紫菌首先给人们带来了希望，但在这儿却帮不上什么忙。[12]

也许这种情况并非无法预见。我们已经看到，哪怕是密切相关的动物，也可以携带非常不同的微生物菌群。没有理由假定在一个种群中繁殖的细菌，也会在另一个种群上成功繁殖，或者会有一种普遍的益生菌能保护所有的两栖动物。蓝紫菌可能可以在美国的蝾螈和黄腿山蛙上生存，但它并非原产于巴拿马，没有和金蛙共同演化的历史。这么说显得有些事后诸葛亮，但把美国的微生物用在巴拿马的金蛙上，似乎过于乐观了，甚至还有点帝国主义倾向。而无畏的贝克尔决定前往巴拿马，寻找一种更好的益生菌。他研究了和金蛙最接近的几个物种的表皮微生物组，发现几种本地的细菌能够阻止蛙壶菌生长，至少在培养皿中是这样表现的。不幸的是，这些本地的微生物都无法定植在金蛙身上，在真实条件下也无法对抗蛙壶菌。不过，还是有一丝希望闪过：出乎意料的是，在贝克尔的实验中，有五只金蛙能够自然地抵抗蛙壶菌。它们皮肤上的微生物不同于那些死掉的青蛙，而贝克尔现在正试图在这些菌群内鉴定出能发挥保护作用的细菌。哈里斯也正在两栖动物的天堂马达加斯加开展类似的工作，蛙壶菌才刚刚开始入侵这里。他试图找到一种本地的微生物，人为地把它添加到两栖类皮肤上，之后可以抵抗蛙壶菌。贝克尔和哈里斯并不试图创造新的共生关系，或是把细菌从世界的一处引到另一处。“我们只是在为局部出现的微生物扩大覆盖范围。”哈里斯解释道。

即使确定了有用的细菌，还是要解决如何让这些细菌黏在青蛙皮肤上。简单的浸泡可能不够，时间点可能也很重要：因为从蝌蚪到青蛙的转变过程中，它们会清除皮肤上所有的微生物，就像大火烧过森林一般。变态期创造了一个必须重新定植的贫瘠世界。对动物而言，这是最危险的时候，但也可能是添加益生菌的完美时间点。也许在这个时候，与融入固定的、状态平稳的微生物群相比，外来的微生物可能更容易融入处于不稳定、重组状态的微生物菌群。其他细节可能也很重要。那些已经存在于各种两栖动物皮肤上的微生物又会如何表现？它们会阻碍，还是补给刚来的益生菌？

宿主的免疫系统也是个问题：它会促进微生物菌群在皮肤上定植，还是会纠正它们朝向另一个状态发展？事实证明，细节确实很重要。[13] 它们可以决定事情的成败，生存或灭绝只有一线之隔。而它们在蛙类皮肤上的重要性，与在人类肠道中的不相上下。

益生菌翻译成英语是 probiotic，意为“为生命好”，在语源和意思上都刚好与抗生素（antibiotic）相反。抗生素被制造出来，是为了除去我们体内的微生物，而益生菌意味着有意地添加它们。20世纪初，俄罗斯的埃黎耶·梅奇尼科夫就是第一批支持这一想法的其中一位科学家；他喝了几十年酸奶，努力摄取乳酸菌，因为他认为这种细菌帮助延长了保加利亚农民的寿命。但等他去世后，微生物学家克里斯蒂安·赫尔特（Christian Herter）和亚瑟·艾萨克·肯德尔表明，梅奇尼科夫推崇的微生物并不长期存在于肠道中。只要你愿意，吃多少都可以，它们不会在肠道中久留。然而，尽管肯德尔推翻了梅奇尼科夫的想法，但却捍卫了其内涵。“人类肠道乳酸菌将被广泛用于矫正某种类型的肠道微生物疾病，”他写道，“科学研究最终会发现并指出成功治疗这些疾病的必需条件。”[14]

相关研究人员的确已经往这个方向努力过。[15] 20世纪30 年代，日本微生物学家代田稔就曾经领导过一项研究，希望找到可以直达肠道，而不会中途被胃酸分解的强壮微生物。他最终瞄准了一株干酪乳杆菌（*Lactobacillus casei*），令其在发酵的牛奶中生长，并于1935年制造了第一瓶养乐多。如今，养乐多每年的全球销量约为 120 亿瓶。总体而言，益生菌已是价值高达数十亿美元的产业。相关产品不仅填满了我们的胃，也满足了我们对“天然”保健的渴望（即使其中的许多益生菌已经经历了好几代工业化的培养和驯化，申请了专利，发生了很大的改变）。在一些产品中，微生物在活的培养物中生长；在另一些产品中，它们会被冷冻、干燥，并包装成胶囊或小袋。一些产品只包含一种菌株，另一些则混合了不同的菌株。在相关产品的宣传文案中，它们被包装成可以促进消化、改善免疫系统、治疗各种疾病和消化系统疾病，以及其他身体机能的紊乱。

即使是最浓缩的益生菌，每一小袋也只含有几千亿个细菌。这听起来很多，但是人体肠道拥有的细菌数量至少是其百倍以上。大口喝下一杯酸奶，就像补充了某种稀缺资源，也摄入了罕见菌群：这些产品中的细菌，并不在成年人的肠道菌群中扮演重要角色。它们大部分属于令梅奇尼科夫走上神坛的那种细菌类别：乳酸杆菌和双歧杆菌等制造乳酸的细菌。选择它们更多是出于实际考虑而非科学考量。它们容易培养，在发酵食品中已有发现，并且在经历了商业包装生产和消费者的胃之后还存活着。“但它们中的大多数从来没有出现在人类的肠道中，没有什么因素能够让它们在肠道内长期滞留。”杰夫·戈登说道。通过监测志愿者的肠道微生物组，戈登的团队证实了这一点。志愿者每天食用两次达能碧悠酸奶（Activia），持续 7 周。酸奶中的细菌既没有定植在志愿者的肠道内，也没有改变肠道中的微生物组成。这与赫尔特和肯德尔在20世纪20年代指出过的问题一样，马修·贝克尔和另一些研究者在蛙类的益生菌研究中也发现过类似的情况。它们就像一阵穿堂微风，吹过两扇对开的窗。[16]

有些人认为这并不重要。但微风虽然穿堂过，仍然可能把沿途的东西吹得哗哗作响。戈登的团队看到了一些迹象：它们研究的酸奶可以让小鼠肠道中的微生物激活消化碳水化合物的基因，尽管只是暂时的效应。温迪·加勒特后来发现，乳酸乳球菌（*Lactococcus lactis*）的菌株可以在不停留，甚至不保持活性的情况下，发挥一些作用。它们进入老鼠的内脏后会裂开，死亡过程中会释放减少炎症的酶。它可能并不擅长定植，但不妨碍提供益处。

理论上益生菌可以提供益处，但它们真的会这么做吗？“益生菌”一词本身就暗含着答案。世界卫生组织对该词的定义是，“活性微生物，如果施以足够数量，有助于提高宿主的健康状况”。根据定义，它们是促进健康的存在。乍一眼看，似乎有一长串研究都支持这一定义，但其中的许多研究是在分离的细胞或实验室动物身上开展的，益生菌与人的相关性尚不明了。在涉及真实人类的研究中，许多实验使用了少量志愿者，产生的结果可能有所偏倚或存在统计学上的侥幸。

翻看一篇篇相关论文，想从中找出基础扎实的研究可是件苦差事。幸运的是，一个名为科克伦协作网（Cochrane Collaboration）的非营利组织在专门开展这项工作。这个在业界声望颇高的协作组织，会使用系统化的方法核查医学研究。根据他们的判断，益生菌可以缩短传染性腹泻的发作期，并减少由抗生素治疗引起的腹泻风险。它们也可以拯救坏死性小肠结肠炎患者的生命，那是一种可怕的肠道疾病，会影响早产儿的健康。好了，益处列到这里为止。相比于社会上对益生菌的炒作，它的真实效果并没有那么神乎其神。现在仍然没有明确的证据表明益生菌能够帮助治疗过敏、哮喘、湿疹、肥胖、糖尿病、相对常见的炎性肠症类型、自闭症，或者任何其他与微生物组有关的疾病；目前尚不清楚，是否是微生物组的变化产生了这些有益效果。[17]

监管机构已经注意到这些问题。从生产和收益角度考虑，益生菌通常被归类为食物而非药物。这意味着，厂商不会面临制药公司开发药物时必须跨越的监管障碍。但他们也不能说，这些产品能够预防或治疗特定的疾病，因为一旦这么描述就变成药物宣传了。他们一旦越线就会面临麻烦：2010年，美国联邦贸易委员会起诉达能，因为达能声称旗下的产品碧悠酸奶可以“缓解暂时的不规律排便”，或者帮助饮用者预防感冒和流感。这就是为什么与益生菌相关的话语往往模糊到几乎毫无意义，各大品牌提到“平衡消化系统”或“提高免疫防御力”时总是泛泛而谈。

即使模糊到近乎空无一物的说法也会遭到反对。2007年，欧盟要求食品和营养品公司为包装上层出不穷的夸张描述提供科学依据。如果想宣传自家的产品能使人们更健康、体形更棒、更苗条，他们必须证明这些效果。他们试图提供过，但反馈的结果很糟糕。提交给欧盟科学顾问小组的几千种说法，90%以上都遭到了否定，包括所有与益生菌相关的说明。由于益生菌从字面上就暗示了有益于健康，所以，自2014年12月起，欧盟禁止食品包装和广告上出现该字样。益生菌的倡导者认为，此举忽视了其中基于扎实科学研究的产品，相当于直接给该领域泼了一盆冷水；而怀疑者认为欧盟做得对，这样能够迫使业界提高水准，并为本无事实根据的说法提供证据。[18]

尽管过度炒作，但益生菌背后的理念仍然具有合理性。[19]鉴于细菌在我们体内发挥的所有重要作用，应该有办法通过服用或摄入正确的微生物来改善我们的健康。可能仅仅因为当前用错了菌株，它们只占我们生命中所涉及的微生物的极小部分，其能力只代表微生物组全部能力的冰山一角。我们在前面的章节中看到过更合适的微生物。喜欢黏液的阿氏嗜黏液菌，它们与降低肥胖和营养不良的风险相关。脆弱拟杆菌能够刺激免疫系统抵抗炎症。柔嫩梭菌可以抵抗炎症，炎性肠症患者的肠道中明显缺乏这种细菌，而在小鼠实验中，它们的出现可以逆转小鼠的相关症状。这些微生物可能组成了未来益生菌的一部分。它们的能力显著，引人注目，很适合我们的身体。它们中的一些本就大量存在于我们体内：健康成年人的每二十个肠道细菌中，就有一个是柔嫩梭菌。它们不是人体微生物中的无名之辈（比如乳酸菌），它们是人类肠道中的明星，在定植方面从不露怯。[20]

不过还是会面临这个问题：有效的定植，往往意味着更大的风险和更高的回报。截至目前，益生菌的表现还没有越出安全范围，[21]但可能是因为它们并不能很好地在人体内立足。如果使用更常见的肠道定植者，那么会发生什么呢？通过动物研究可知，如果在动物的早期生命阶段提供一定剂量的微生物，那么对个体的生理、免疫，甚至行为都可能产生长期影响。正如我们所看到的，没有微生物生来有益，包括长期存在于人类微生物组中的幽门螺杆菌等，都既可以发挥积极作用，也可以产生消极影响。阿氏嗜黏液菌在许多研究中被称为救世主，但似乎在结肠癌患者体内更常见。这些微生物不能轻易投入使用，如果没有更透彻地理解它们是如何改变微生物组的，以及这些变化的长期后果，我们就不应该轻举妄动。就像之前说到的黄腿山蛙一样，细节很重要。

在关于益生菌毁誉参半的消息中，也有成功的案例，其中最引人注目的研究发生在20世纪50年代的澳大利亚。当时，澳大利亚的国家科学机构正开始寻找一种热带植物，以养活数量不断增长的牛群。一种备选的中美洲灌木看起来很有希望胜任。它名为银合欢（*Leucaena*），容易生长，能够承受大量放牧压力，富含蛋白质。不幸的是，它也富含含羞草素，而这是一种毒素，会导致甲状腺肿大、脱发、发育不良，甚至偶尔会致死。科学家试图培育一种没有含羞草素的银合欢，但未能成功。一种完美的备选植物却有着致命缺陷。1976 年，一位名叫雷蒙德·琼斯（Raymond Jones）的官方科学家偶然发现了一种解决方案。他在夏威夷参加会议时，注意到一整排山羊正在大口大口地咀嚼银合欢，看起来完全没问题。他怀疑，这些山羊的第一个胃室——瘤胃中，携带了能够解毒的微生物。

经过多次长途飞行，琼斯带回了数个装满山羊瘤胃液的热水瓶，甚至带回了几头活的山羊。他终于证明了自己的假设。20 世纪 80 年代中期，他把耐受山羊的瘤胃细菌引入原本脆弱的澳大利亚家畜的胃中，然后发现被移植的家畜可以吃下银合欢而不受副作用折磨。原本吃下这些银合欢就会生病甚至死亡的动物，因为胃里的“外来”微生物而可以吞下大量富含营养的灌木，以创历史纪录的速度增重。琼斯所做的事，其原理并不复杂，就像蜂缘蝽从周围的环境中摄取了破坏杀虫剂的细菌，或沙漠林鼠从彼此那里获得了抵抗石炭酸灌木的微生物。琼斯为动物“装备”上新的微生物，以此来中和化学物质的威胁。他的同事最终识别出这种来自夏威夷山羊且能够降解含羞草素的细菌，并将其命名为穷氏互养菌（*Synergistes jonesii*）。截至 1996 年，农民已经能够买到这种“益生菌灌药”：一种工业制造的、含有微生物的瘤胃液混合物，用来喷洒在牲畜群中。农民从此可以无忧无虑地用银合欢喂养牲畜，可以说这种益生菌改变了北澳大利亚的农业。[22]

为什么其他希望操纵微生物的人总是遇到各种挫折，而琼斯却成功了呢？也许有人会辩解，他试图修复的是一个简单的问题。他并没有试图治愈炎性肠症或是阻止一种致命真菌的传播，他只需解毒一种化学物质，所以很有机会发现能够胜任这项工作的单个微生物。但即便如此，也不能确保成功。

以草酸盐为例。甜菜根、芦笋和大黄等食物中都含有这种化学物质。高浓度的草酸盐能够阻止人体吸收钙，并让钙元素凝结成一个硬块。这也是肾结石的一种形成方式。我们不能消化草酸盐，只有微生物才能。一种名为产甲酸草酸杆菌（*Oxalobacter formigenes*）的肠道细菌就非常擅长消化草酸盐，草酸是它唯一的能量来源。粗略一看，这与银合欢的消化问题相同：有一种化学物质（草酸盐），明确地引起了一个问题（肾结石），并且可以被一种微生物（产甲酸草酸杆菌）分解。如果你快得肾结石了，解决方案莫过于摄取这种益生菌。不幸的是，这样的益生菌虽然存在，却不是很有效。[23] 为什么呢？

有两种可能的答案为我们提供了宝贵的教训。首先，如果只给动物注入细菌，然后坐等其发挥作用，这远远不够。微生物是活物，它们需要食物。产甲酸草酸杆菌只吃草酸盐，而得了肾结石的人通常都吃不含草酸盐的东西。他们当然可以摄取这种细菌，但细菌会立即陷入饥饿状态。[24] 澳大利亚农民的做法恰恰相反，他们被要求用银合欢喂养牲畜一周以上，再给它们灌食穷氏互养菌。这样，移植的细菌才有足够的食物可以消化。

用于选择性滋养益生菌的物质又名益生元，它可以囊括草酸盐或银合欢，但通常指的是某种植物多糖，例如菊粉，可以提纯并作为补充剂包装售卖。[25] 这些物质可以增加如柔嫩梭菌和阿氏菌这样的关键微生物的数量，还可以降低食欲、减少炎症。但它们是否需要被作为补充剂添加，那又是另一回事了。我们已经看到，我们吃下的东西会大大地改变肠道中的微生物，而洋葱、大蒜、洋蓟、菊苣、香蕉和其他食物都会提供丰富的益生元（如菊粉）。

母乳中含有喂养微生物的多糖HMO，它们也被视为益生元，因为能够滋养婴儿双歧杆菌，以及其他专用的微生物。儿科医生马克·安德伍德（Mark Underwood）认为它们可以帮助拯救一些最脆弱的生命：早产儿。安德伍德在加州大学戴维斯分校领导着一个新生儿重症监护病房，在那里，他的团队能够同时看护多达 48 个早产儿。最小的23 周就出生了，最轻的体重只有大约 455 克。他们通常是剖宫产出生的，先接受几个抗生素疗程，然后待在经过严格消毒的环境中。正常生产时会最初定植在人体内的微生物被剥夺了，这些孩子在成长过程中会发展出很奇怪的微生物组：正常的婴儿双歧杆菌含量较低，投机取巧的病原体以很高的含量填充了它们空出来的空间。这是一幅生态失调的景象，奇怪的微生物菌群通常会使早产儿面临患上致命肠道病症坏死性小肠结肠炎（necrotising enterocolitis，简称NEC）的风险。许多医生试图通过给早产儿提供益生菌来预防NEC，也的确取得了一些成功。但是，安德伍德与布鲁斯·吉尔曼（Bruce German）以及大卫·米尔斯等人讨论后认为，给婴儿注入婴儿双歧杆菌和母乳的混合物可以带来更好的效果。他表示："给细菌提供的食物与细菌本身一样重要，食物能让细菌在非常恶劣的环境中定植并生长。"他已经开展了一项小规模的试验研究，结果显示，如果用正确的食物喂饱婴儿双歧杆菌，后者确实能够更有效地在早产儿的肠道内定植。[26] 他现在正在开展一项规模更大的临床试验，以确定结合婴儿双歧杆菌和母乳益生元后有助于预防NEC。

互养菌和产甲酸草酸杆菌教给我们的第二点启示是团队合作。没有细菌能在真空中存活。不同的物种通常会形成一张相互喂养、彼此支持的复杂网络。即使看起来仿佛是单个微生物就能解决的具体问题，但微生物的持续存活可能需要一个团队来支持。也许这就是为什么互养菌作为益生菌如此出色，因为瘤胃胃液中同时含有很多其他的微生物。也许这也是为什么产甲酸草酸杆菌作为益生菌的效果并不突出，因为没有合作伙伴。这个道理同样适用于其他微生物。你可以设想一个含有柔嫩梭菌的益生菌冲剂袋，它能够治愈炎性肠症；或者含有阿氏菌的药丸，它能够帮你减肥。但我不会干等着它们成为现实。

因此，更聪明的生产益生菌的方法，是创造一个共同协作的微生物菌群。2013年，日本科学家本田贤也（Kenya Honda）发现了17种可以减少肠道炎症的梭菌菌株。根据他的研究，波士顿的韦丹塔生物科学公司（Vedanta BioSciences）已经开发了一种治疗炎性肠症的多种微生物混合处方。[27] 在本书英文版付梓的同时，这家公司应该已经开始把他们的新益生菌疗法投入临床试验。会管用吗？谁知道呢。但是，与使用任何孤立的菌株相比，用微生物的协作网络来调整微生物组肯定更有意义。毕竟，这是目前已知最成功的操纵微生物组的方法。

2008年，明尼苏达大学胃肠病学家亚历山大·寇拉茨（Alexander Khoruts）遇见了一名61岁的女性，暂且叫她丽贝卡（Rebecca）吧。在过去的8个月里，她遭受了腹泻的无情折磨，不得不穿着成年纸尿裤成天坐在轮椅上，体重降到了约25千克。这里的罪魁祸首是艰难梭菌，它们因为极强的抗药性而臭名昭著。抗生素能压制它一阵，但它经常变异、反弹，发展出抗药性。丽贝卡的情况便是如此：她的医生尝试了一种又一种药物，全都不管用。“她几乎绝望了。”寇拉茨回忆道。她已经几乎穷尽了所有选择。

只有一项除外。寇拉茨回忆起他在医学院时，曾学过一种名为粪便微生物群移植（faecal microbiota transplant，FMT）的技术。术如其名：医生获取捐赠者的粪便，把它移植到病人的肠道中，当然包括移植其中所有的微生物。显然，这可以治愈艰难梭菌的感染。这个想法听起来有点恶心和怪异，似乎不值得信任。但丽贝卡没有任何意见。她只是想——也急需——让病情得到好转。她同意尝试这种治疗方式。她的丈夫捐赠了一些粪便样本。寇拉茨把它们放在搅拌机中粉碎，然后通过结肠镜把一杯粪便浆输送到丽贝卡的肠道中。

输送后不到一天，她就不再腹泻。一个月内，艰难梭菌彻底消失。这一次没有出现任何反弹。她被彻底、快速、持久地治愈了。

虽然丽贝卡的案例听起来像是一桩逸事，但的确是这种治疗方法的原型。同样的理念出现在数百个涉及粪便移植的类似案例中：一个感染了艰难梭菌后很难治愈的病人，一个绝望的医生，还有一个神奇的恢复过程等。在一些病例中，医生从病人那里听来这种疗法。[28]安大略省金斯敦皇后大学的伊莱恩·彼得罗夫（Elaine Petrof）就是其中之一。2009年，她正在治疗一个感染了艰难梭菌的病人，但一直没什么起色，直到病人的家属开始反复带着一小桶粪便出现。“我还在想他们是不是疯了，”她回忆道，“但是看到女患者病情恶化，做任何事情都十分无助的样子，我想也没什么可失去了吧？后来我们成功了，这种治疗手段确实有效。她从鬼门关走了回来，能自己走出医院，状态很好，基本痊愈了。”

粪便移植肯定有些恶心，无论就理念还是实际操作而言；毕竟最终要有人使用搅拌器搅拌便便。[29]但是，“患者无所谓恶不恶心，”彼得罗夫说道，“他们什么方式都愿意尝试。他们经常会打断我：好的没问题，在哪里签名确认？”的确，人类对粪便有着不同寻常的厌恶。其他许多动物都有食粪性，它们奋勇地吞食彼此的粪便和排泄物，从而获取微生物。通过这样的方式，大黄蜂和白蚁能够传播相应的细菌，并把微生物打造成整个群落的免疫系统，防御寄生虫和病原体的侵袭。[30] 相比之下，粪便移植以一种相对怡人的方式提供类似的好处，毕竟不用真的吃下粪便。细菌可以通过结肠镜、灌肠或鼻管等方式，直接送入人的胃或肠。

这种治疗方式的工作原理与益生菌相同，但不是只添加一个甚或是 17 个菌株，而是所有的微生物。这是一个生态系统的整体移植，试图使其完全取代一片发育贫瘠的区域，例如完全被蒲公英杂草覆盖的草坪。通过收集丽贝卡移植前后的粪便样本，寇拉茨为我们展示了这个过程。[31] 移植之前，她的肠道菌群一团糟。寇拉茨表示，感染艰难梭菌后，她的肠道微生物组已经完全重组，创建了一个看起来像是不存在于自然界的东西，仿佛来自另一个星系。移植后，她与丈夫的肠道微生物组别无二致。他的肠道微生物占据了她的消化道，重置了整个环境。这几乎就像是做了一次器官移植，把病人因病受损的肠道微生物组完全“切除”，并用捐赠者健康的新微生物组替代。或者可以这么说，微生物组是唯一一种可以不经历手术就被替换掉的器官。

粪便移植已经诞生了至少1 700年。最早的记录可见于中国的一本急救医学手册（著于4世纪）。[32] 欧洲人则花了更长时间理解：1697 年，一位德国医生在一本书中推荐了这种技术，并起了一个绝伦的名字：海尔萨姆德雷克药房健康秽物药方（Heilsame Dreck-Apotheke-Salutary Filth-Pharmacy）。1958 年，美国一位名叫本·艾斯曼（Ben Eiseman）的外科医生重新发现了它，但仅仅一年后就被万古霉素（vancomycin）取代，这种新型抗生素能够有效地对抗艰难梭菌，因此被广泛投入使用。正如寇拉茨写过的，粪便移植的地位“降到了只是偶然使用、偶尔报道，几十年来都被人们当作一桩趣闻来戏谑谈论”。但人们从没有完全忘记它。过去十年间，不少勇敢的医生开始使用它，谨慎的医院也开始采纳它，成功治愈的故事不断相传。

2013年，这种势头达到了顶峰。由乔思伯特·凯勒（Josbert Keller）领导的荷兰团队，终于把粪便移植应用在了一次随机临床试验中。这是医学界的黄金标准，以此区分真正有效的治疗方案与庸医的偏方。[33]凯勒的团队招募了感染复发性艰难梭菌的患者，把他们随机分配去接受万古霉素或粪便移植治疗。这项研究原本计划招募120名参与者，但最终只招到了42名。在那次试验中，万古霉素只治愈了27%的病人，粪便移植的治愈比例却高达94%。粪便的效果如此显著，甚至连医院都认为，继续给患者使用抗生素不符合医学伦理。他们很快决定：大家之后都采用粪便移植。

在医学领域，某种疾病的治愈率为 94% ，且没有严重的副作用，这是闻所未闻的。更喜人的是，粪便移植的投入产出比也非常高：万古霉素很贵，粪便则不要钱。即使在许多怀疑者眼中，这次试验也足以把这种治疗程序从一个怪异的替代疗法转变成令人印象深刻的主流疗法；从绝望下的最后一招，变成医疗一线的第一选择。医生中流传着一种说法：没有所谓的“替代医学”，如果治疗手段起作用，那就是医学。主流医学越来越接受粪便移植的趋势，也在实践层面进一步佐证了这一想法。寇拉茨现在已经用该手段治愈了数百名感染艰难梭菌的患者，彼得罗夫也一样。世界各地的相关病例报告已多达数千份。

这些成功的粪便移植案例，也让医生开始在其他疾病的患者身上尝试这一疗法。如果它对感染艰难梭菌的患者能产生这么好的治疗效果，那么是否也能治疗炎性肠症，使反应过激的生态系统恢复平静？这似乎不容易。对于炎性肠症而言，粪便移植成功率更低，效果不一致，且更容易出现副作用和复发。[34]其他疾病呢？瘦子的粪便能帮助肥胖症患者减肥吗？目前尚无定论。据报道，一些医生已经使用粪便移植来治疗肥胖、肠易激综合征、自身免疫性疾病、精神健康问题，甚至自闭症。但单个案例无法表明，患者是否因为移植而康复，而不是由于自行疗愈、生活方式改变、安慰剂效应等。区分真实的医学成果和单个案例的唯一方法是通过临床试验，而现在恰好有几十个临床试验正在进行。例如，前面提到的在荷兰开展艰难梭菌实验的团队，手头也在进行另一项实验。他们随机分配了 18 名肥胖志愿者，给一组输入自己的肠道微生物，给另一组输入由瘦子提供的肠道微生物。接受瘦子微生物的那一组患者变得对胰岛素更加敏感，这是代谢良好的标志——但他们并没有减重。[35] 即使使用了粪便移植，重置微生物生态系统也不容易。

艰难梭菌感染是一个证明了规则的例外。[36] 人们服用抗生素后受其感染，通常会再服用更多的抗生素来控制它。抗生素对肠道微生物进行了一番地毯式轰炸，清除了许多天然存在的细菌。而当粪便捐赠者的肠道微生物到达这片荒地时，并没有遇到任何竞争者，也没有其他微生物像它们一样适应肠道环境。它们很容易定植。如果你想设计一种可以轻易通过粪便移植来治疗的疾病，你会制造出类似于艰难梭菌感染的疾病，而不是炎性肠症。因为在后一种患病情况下，捐赠者的微生物需要面对的是一个充满敌人、正在发炎的环境，肠道里已经有足够多原本就适应这里的微生物。寇拉茨思考着，为了给这些移植的菌群一个落脚的环境，医生是否必须使用抗生素，像擦黑板一样把肠道擦干净再说。或者它们可以让接受移植的人吃某种带有益生元的食物，帮助新的微生物定植。无论如何，“只是把微生物注入人体，并不能指望移植就这么成功，”寇拉茨说道，“我觉得很多人认为粪便移植是某种魔弹，可以万能地解决各自的问题，但他们并没有意识到其中的复杂性。”

即使对于艰难梭菌感染而言，也不能随随便便进行粪便移植，必须对粪便进行严格的筛查，排除诸如肝炎或艾滋病病毒等病原体。一些医生还会拒绝部分捐赠人，因为他们患有与微生物组相关的病症，比如过敏、自身免疫疾病或肥胖等。这个耗时的过程排除了许多人选，最后可能很难找到捐赠者。一些医疗机构已经采取冷冻的办法，把符合标准的粪便样本冷冻起来。[37] 非营利组织“开放生物群”（OpenBiome）就运营着这样一家粪便银行。潜在的捐赠者如果通过了一系列筛选测试，他们的粪便就会经过过滤、胶囊包装，最后被冷冻起来，陆续送到有需求的医院。[38] 寇拉茨在明尼苏达州经营着类似的服务。2011 年，当他的病人丽贝卡因为新的艰难梭菌感染而回来求助治疗时，寇拉茨用冷冻的粪便样本治愈了她。而 2014 年她再次返回时，寇拉茨给了她一粒口服胶囊："她不止一次地试验了新开创的粪便疗法。"

吞下冷冻大便胶囊的行为，也正呼应了粪便移植的奇怪性质。这看起来是一颗普通药丸，但其包装在很大程度上毫无典型特征。每颗药丸都出自一名志愿者之手，而非工厂的流水线，每一次生产都各有不同。这些胶囊之间的差异之大，惊动了美国食品药品监督管理局(FDA)。2013 年 5 月，他们决定把粪便作为一种药物来管理。而这一举动迫使医生在执行粪便移植治疗之前需要填写一份长长的申请。患者和医生均纷纷抱怨，漫长的申请过程让患者无法得到及时的治疗。[39] 六周后，FDA 把艰难梭菌病例的治疗作为例外，省去了这一程序，但应用于治疗其他疾病时依旧要遵循既定的流程。一些研究人员认为，这些管制非常不必要，且令人沮丧。另一些人则认为，此举恰好给这一产业提供了一次喘息的机会。近年来，人们对粪便移植的兴趣呈指数级增长，针对在各种疾病上尝试该技术的呼声也不断地为研发人员增加压力。

但问题是，还没有人清楚这种做法的长期风险。[40] 动物实验明确表明，移植微生物组会让接受者更容易肥胖，也容易发展出炎性肠症、糖尿病、精神病、心脏病，甚至癌症等；然而，就任何特定的微生物菌群是否会给人类带来这些健康风险，我们仍然无法准确预测。对于一位 70 岁的艰难梭菌感染患者来说，这个问题可能并不重要，他想要的只是马上得到治愈。但是对二十多岁的年轻人来说，越来越常见的艰难梭菌感染会为他们带去怎样的影响呢？对孩子又如何呢？艾玛·艾伦-费尔科（Emma Allen-Vercoe）告诉我，她曾听说过有医生和父母试图用粪便移植治疗自闭症儿童。"这把我吓得不轻，"她说，"这可是成年人的粪便，却要用在儿童身上。万一导致类似于结肠直肠癌那样的糟糕结果，那可怎么办？我认为这很危险。"

粪便移植太简单了，任何人都可以在家里尝试(的确有许多人都试过)。网上都能找到相关的励志和教学视频，还有聚集了 DIY 移植者的大型线上社区。[41] 可以肯定的是，这些资源帮助了许多真正有需要，但又遭到医生拒绝的病人。但是，这种移植操作容易，也很可能让获得错误信息的人采取错误的行动。[42] 在医疗实验室外，人们不可能事先筛查捐赠者的病原体，已经有几例DIY移植操作使被移植者出现了严重的感染。“这是一片蛮荒之地，”艾伦-费尔科说，“人们随便使用彼此的粪便。”微生物组领域的一些领军人物已经意识到这些问题，他们最近敦促研究人员规范这种技术，收集捐赠者和受体的系统数据，并创建一个报告意外副作用的系统。[43]

彼得罗夫表示同意。“我想每个人都认识到了，用大便只是权宜之计，”她说道，“我们最终应该清楚地分辨出这些混合物的性质。”她的意思是，创造一个特定的微生物菌群，能够把粪便捐赠者提供的益处复制出来。这是没有粪便的粪便移植，使用的是粪便替代品。与艾伦-费尔科一起，彼得罗夫找到了她能找到的最健康的捐赠者：一名女性，41岁，从未服用过抗生素。该团队培养了这名女性肠道里的细菌，并去除了哪怕显示出一丝毒性和抗性的任何细菌。最后，一个由33株细菌组成的菌群留了下来，彼得罗夫灵光一闪，把它命名为“RePOOPulate”①。她在两个艰难梭菌患者身上测试了这种混合物，最终使他们在数日内恢复了健康。[44]

这只是一次小小的试水，但彼得罗夫确信，RePOOPulate代表了粪便移植的未来；一些商业公司也正在各自开发可移植的微生物混合物。你可以把这些混合物视为简化的粪便或复合的益生菌。它们都包含被定性为“好”的菌株，可以根据标准化的配方一次又一次地“烹制”出相同的东西。彼得罗夫认为，这当然也好于性质不明、高度不可控的粪便中的菌群。[45] 把许多未知物植入患者的肠道，这种行为无异于赌博。相比之下，RePOOPulate带来的实践结果更精确。然而，这些合成菌群也同样面临益生菌所面临的问题：没有哪个单一的细菌可以治疗所有的疾病，甚至患有某种特定疾病的所有人。艾伦-费尔科说道：“我们不认为某一生态系统对所有人都是好的。你不会给迷你库柏装上V8引擎，搞不好会弄出人命。”理想状况是，最后可以针对不同的疾病开发出一系列RePOOPulate。这些不是一刀切的解决方

① RePOOPulate是“使……重新住入”的意思，poo是粪便的意思。——译者注

案，需要个性化的输入。

几百年来，医生们都用地高辛（digoxin）治疗心脏衰竭的人。这种药物改良自提取于毛地黄的化学物质，能够让心跳更强烈、缓慢且规律。至少，它的药效通常都是这样，但每十个病人中就有一个使用地高辛后不见起色。这是一种名为迟缓埃格特菌（*Eggerthella lenta*）的肠道细菌所导致的失败，它能使药物失活，失去治疗效果。只有迟缓埃格特菌的一些菌株能做到这一点。2013 年，彼得·特恩博通过研究表明，这些细菌中有让药物失活的菌株和中性菌株，二者之间只有两个基因不同。[46] 他认为，医生可能可以根据这些基因的存在与否来指导治疗。如果它们不存在于病人的微生物组内，那么就可以用地高辛；如果存在，那么患者就需要摄取大量蛋白质，因为蛋白质似乎可以阻止让药物失效的基因启动。

除了这种药物，微生物菌群还会影响许多其他药物发挥作用。[47] 易普利姆玛（Ipilimumab）是目前最热门的一种新型癌症药物，它通过刺激免疫系统攻击肿瘤来发挥作用，但只有存在肠道微生物时才能发挥作用。用于治疗类风湿性关节炎和炎性肠症的柳氮磺胺吡啶（Sulfasalazine），需要肠道微生物将其转化到活性状态才能发挥作用。伊立替康（Irinotecan）用于治疗结肠癌，但一些细菌会加强它的毒性，造成严重的副作用。即使人们目前最熟悉的扑热息痛（有效化学成分是对乙酰氨基酚，acetaminophen），用在不同人身上的效果也不同，因为人们各自携带的微生物不同。我们一次又一次地看到，微生物组的不同会显著改变药物的有效性，哪怕是由单一、性质分明、无生命的化学品构成的药物，也是遇到如此的状况。益生菌或采取粪便移植等治疗手段中包含了极其复杂、人类尚未了解清楚，且自身不断发展变化的多种有机体。试想象，摄入这些有机体后，我们的体内会发生什么变化呢？这些都是“活”的药物。它们成功或失败的概率取决于患者现有的微生物组，而微生物组本身会随着年龄、地理位置、饮食、性别、基因而变化，另外还有很多其他我们仍未理解的因素。我们已经在苍蝇、鱼和小鼠的研究中观察到不同情境下的不同效应，同样的事不会发生在人类身上？这种想法并不明智。[48]

既然如此，那我们需要的应该是个性化的输入，不能指望相同的益生菌菌株或供体粪便能够治疗各种疾病。更好的方法，是根据每个个体生态系统中的缺陷、免疫系统的怪癖或遗传易感的疾病而定制益生菌。[49]

医生需要同时治疗患者和他们的微生物。炎性肠症患者若服用抗炎药，其体内的微生物组可能只会把人体送回同样的炎症状态；若是选择益生菌或粪便移植，那么新的微生物可能无法在发炎的肠子里落脚。如果吃下一种高纤维的益生元饮食，那么首先面临的局面是缺乏消化纤维的微生物，症状可能会更糟。零星的解决方案不起作用，就像人们不会只通过引入适当的动物或植物来修复受损的珊瑚礁或裸露的草地：可能还需要移除入侵物种或控制营养物质的流入。我们的身体也是如此。必须针对整个生态系统——宿主微生物、营养素，一切的一切，多管齐下。

正确的做法应该是这样：如果患者的胆固醇水平偏高，医生可能会开他汀类（statins）药物，阻断参与创造胆固醇的酶。但斯坦利·哈森（Stanley Hasen）的研究已经表明，操纵肠道细菌也能解决问题。其中一些细菌会把胆碱和肉碱等营养物质转化为一种名为 TMAO 的化学物质，减缓胆固醇的分解。[50]随着 TMAO 水平上升，脂肪会在我们的动脉中沉积，导致动脉粥样硬化（动脉壁硬化）和其他心脏问题。哈森的团队最近发现了一种化学物质，可以阻止细菌制造 TMAO，从而阻断后续发展，而且这一切都不会伤害肠道细菌本身。也许这种化学品或类似的物质能与他汀类药物共存在药箱中：两种药物相互补充，一种针对共生体中的人类身体，另一种则处理微生物部分。

这只是微生物组医学全部潜力的冰山一角。试想象10年、20年，甚至30年后的未来。你为焦虑所困扰而去看医生，她给你开了一种细菌，这种细菌已经被证明会影响神经系统，抑制焦虑。你的胆固醇含量略高，所以她又添加了另一种微生物，制造分泌降胆固醇的化学物质。你肠道中的次级胆汁酸水平异常低下，因此容易感染艰难梭菌——最好能增加一些可以产生这些酸的菌株。你的尿液中含有某种分子，表示你体内有炎症，而且因为你本来就有炎性肠症的遗传倾向，所以她又给你开了一种释放抗炎分子的微生物。医生选择这些微生物物种，不仅仅是因为它们“能做什么”，还因为她预测到，这些微生物会很好地与你的免疫系统，以及现有的微生物组相互作用。她还添加了其他一些能起到支持作用的细菌配方，辅助核心治疗，另外还给出了饮食计划建议，从而帮助你有效地滋养微生物。最后，你带着一颗定制好的益生菌丸满意地离开。这是一种旨在改善体内旧有微生物生态系统的治疗方式，不仅如此，你还将独有一套特定的系统。正如微生物学家帕特里斯·卡尼（Patrice Cani）告诉我的：“未来的微生物疗法就相当于从菜单上点菜。”

而真的进入点菜式的未来之后，我们也许会不满足于为某种功能挑选合适的细菌。一些科学家正在努力挑选合适的基因，并把它们组合成人造细菌。他们不仅仅局限于使用具有某种特定能力的微生物，而是会改造它们，赋予其全新的能力。[51]

2014年，来自哈佛医学院的帕梅拉·西尔弗（Pamela Silver）为最典型的微生物大肠杆菌装上了一个基因“开关”，让它可以感应到一种名为四环素的抗生素。[52]药物存在时，“开关”打开；如果条件合适，它会激活一种基因，让细菌变蓝。西尔弗把这些经过加工的细菌喂给实验室的小鼠，这样她就可以收集它们的粪便，培育其中的微生物，查看它们的颜色，分辨小鼠是否服用了一定剂量的四环素。她成功地把大肠杆菌变成了一个微型的报道者，可以感觉、记住，并报告肠道内的情况。

我们需要这样的报道者，因为肠道对我们来说仍然是一个神秘的“黑盒”。这是一个长约71厘米的器官，最常见的研究方法是分析最后从里面拉出来的东西。这有点像在河口处安一张滤网，试图靠它标识一条河的状况。结肠镜检查能提供更详细的画面，但它们会入侵肠道生态。所以，与其把肠镜从末端推入，为什么不像输送西尔弗的大肠杆菌一般，从肠道内把细菌送到末端？这些细菌出现后，它们在游经肠道的旅程中碰上什么都可以填充其中。先不论上文提到的四环素：它只是用来论证原理的可行性的。西尔弗希望改装微生物，以此来监测毒素、药物、病原体，或者反映疾病早期发展阶段的指示性化学物。

她的最终愿景是设计出可以检测身体问题，并对其加以修复的细菌。想象一种大肠杆菌菌株，它能够感应沙门氏菌产生的信号分子，并马上做出反应，释放特定的抗生素杀死这些微生物。在这种状况下，它不仅是一名报道者，还是一位护林员。它可以防止食物中毒：平日在肠道中巡逻，没有发现威胁就保持惰性，出现沙门氏菌就马上开始行动。你可以把它用在贫穷国家的儿童身上，因为这些孩子往往面临腹泻等疾病的风险；或者用于流行病传播的地区，提供给该地区的海外驻军。

另一些科学家也正在建立自己的微生物迷你兵团。马修·吴克·张（Matthew Wook Chang）改装了大肠杆菌，用来寻找和破坏绿脓杆菌（*Pseudomonas aeruginosa*）。这种细菌是机会主义者，面对免疫系统薄弱的人，它们会乘虚而入。经过改装的大肠杆菌能觉察到“猎物”的出现，然后游向它们，释放两种武器：一种能把绿脓杆菌菌群打散的酶，另一种是专门攻击脆弱菌群片段的抗生素。麻省理工学院的吉姆·柯林斯（Jim Collins）也改装了类似的肠道细菌，用以消灭病原体。这种微生物的猎杀对象是引发痢疾的志贺氏菌（*Shigella*），以及导致霍乱的霍乱弧菌。[53]

西尔弗、张和柯林斯是合成生物学的实践者。这是一门年轻的学科，旨在把工程师的思维应用于肉体和细胞的世界。他们的行话冷静又超然：基因被视为“某部分”或“砖块”，可以组装成“模块”或“电路”。他们充满活力，且富有创造性：科学作家亚当·卢瑟福（Adam Rutherford）把他们比作20世纪70年代的嘻哈DJ，通过混编已有的音乐和节奏，制造出令人惊异的音乐，开创了一场新的音乐运动；[54]合成生物学家则凭借重新混合基因，正在创造新一代益生菌。

“把这些原理应用于细菌可以带来更多灵活可能。”纤维领域的专家贾斯廷·松嫩堡说道。天然存在的细菌可能很擅长发酵纤维、与免疫系统交流或制造神经递质等，但它不太可能在所有方面都表现卓越。要找到任何一个理想的特点，科学家必须筛选到新的微生物。或者，他们可以简单地把想要应用的“电路”加载到某个微生物中，形成一个新的合成微生物。松嫩堡说：“我们希望未来可以有一份零件清单，整个系统都将变得即插即用，效果也可预见。”

合成生物学家并不局限于让微生物跟踪病原体。他们也可以训练这些合成微生物，让它们消灭癌细胞，或把毒素转化为药物。还有一些研究人员试图增强我们自身微生物组的天然能力，制造控制其他微生物的抗生素，或制造抑制慢性炎症的免疫分子，抑或是产生影响我们心情的神经递质、影响食欲的信号分子等。如果这听起来像是在干预自然，那么你要知道，这上面提到的所有事我们都做过，而且都是通过更猛烈的方式，比如服用阿司匹林或百优解。当我们这样做时，一定剂量的药物会一下子涌入我们的身体。相较之下，合成生物学家可以制造一种细菌，使相同的药物在出现问题的具体位置上施加适当剂量的药物。他们可以以毫米、毫升的精度用这些微生物进行治疗。[55]

至少在理论上是可行的。“在办公室的白板上设计出能正常工作的电路很容易，”柯林斯说道，“但生物学非常混乱、复杂，着手开展一项工程并不像看起来那么容易。面对宿主充满压力的体内环境，要想让‘电路’根据你所设想的发挥作用，非常有挑战。”例如，激活一个基因需要能量，因此，装载复杂“电路”的合成细菌可能无法和天然的细菌竞争，因为后者拥有更轻便的基因组。

一个让合成细菌更有竞争力的解决方案，也是松嫩堡倾向于选择的方案，是把合成基因“电路”装入像B-theta这样常见的肠道细菌中，而不是我们更熟悉的大肠杆菌。后者更容易操作，但它们并不擅长在肠道内定植；相反，B-theta能够精确地适应肠道环境，在肠道中的数量也非常可观。[56]什么样的候选菌能够担任人类生态系统的“护林员”工作？吉姆·柯林斯对此更加谨慎。鉴于我们对微生物组的了解还十分有限，他对改造微生物的前景感到不安，毕竟这些微生物可能在我们的身体中永久定植。这就是为什么他专注于设计“自杀开关”：如果微生物出现错误或离开宿主，这些开关能让它们自毁。（如何隔离细菌也是个大问题，毕竟每次冲厕所时，这些细菌都可能进入周围环境。）西尔弗也正在努力制定安全措施。她希望通过调整合成微生物的基因而建起一道生物“防火墙”，阻止它们与自然形成的同类水平交换 DNA（普通的细菌容易发生交换）。她还想创建合成微生物菌群。例如，一个有五种微生物的菌群，它们彼此相互依赖，如果其中任何一种死亡，其他微生物也会随之死去。

这些特征是否符合监管机构的要求或满足消费者的需求，目前尚不清楚。[57] 转基因总是充满争议，而益生菌和粪便移植教会我们，全世界都不知道如何应对这种“活药”带来的趋势。合成生物学只会加剧这种紧张关系。然而值得注意的是，这些经过改造的细菌都不是真正意义上的“合成”生物体。它们拥有非凡的技能、含有新的基因组合，但从本质上而言仍然是大肠杆菌、B-theta，以及其他一些熟面孔——这些微生物已经和人类共存了数百万年。它们还是我们的共生老伙伴，只是加入了一点现代元素。

更让人惊讶的是创造一种全新共生关系的想法，即把从来没有相遇过的动物和微生物联合在一起。有一个研究团队花了二十多年时间一直在做这件事。而他们的成果，已经嗡嗡地飞在澳大利亚东部的上空。

2011年1月4日清晨，空气微凉。在澳大利亚凯恩斯的郊区，斯科特·奥尼尔（Scott O'Neil）正向一间黄色的平房走去。[58] 他戴着运动眼镜，留着山羊胡，穿着牛仔裤和一件白衬衫，胸前的口袋上印着“消除登革热”的字样。这既是奥尼尔创建的组织的名称，也是他的目标：在凯恩斯，在整个澳大利亚乃至全世界，消除登革热。达成这一壮举的工具就在他手里拿着的小塑料杯里。他拿着小塑料杯向平房走去，穿过一排篱笆，路过一个种着鲜花的露台，在一棵巨大的棕榈树前停下。他的步调有些不自然，但并不机械。这是一个重要的时刻，大约有 20 个人在观看、拍摄，彼此开着玩笑。奥尼尔停下来，抬起头。“准备好了吗？”他问道。人群开始欢呼，他们等待这一刻已经很久。奥尼尔打开杯盖，几十只蚊子从里面飞出来，飞进清晨的空气里。“飞吧，宝贝们，飞吧！”其中一个旁观者念道。

这些黑白色的蚊子是埃及伊蚊，能够传播并引发登革热。每年有多达

4 亿人因为被它叮咬而感染登革热。奥尼尔没有得过登革热，但他看过其他人饱受这种疾病的折磨，深知这种疾病带来的发烧、头痛、皮疹、严重的关节和肌肉疼痛，也知道目前没有针对这种疾病的疫苗或有效的治疗手段。控制登革热的唯一有效的方法是预防。我们可以用杀虫剂杀死埃及伊蚊，也可以使用驱虫剂或蚊帐阻止它们叮咬。我们可以清除蚊子繁殖的死水地带。但是，尽管采用了这些策略，登革热仍很常见，感染人数越来越多。我们需要新的解决方案——奥尼尔正好有一个。他的计划听起来很反常规，即通过释放更多携带登革热病毒的埃及伊蚊来阻止疾病传播。但他的蚊子不同于相关的野生同类，其体内已经植入了一种我们非常熟悉的细菌：沃尔巴克氏体。[59]

奥尼尔发现，沃尔巴克氏体能够阻止埃及伊蚊携带登革热病毒，把它们从传播载体转变成死胡同。当然，不可能收集每一只野生蚊子给它们注入共生体，奥尼尔也不必这么做。他只需释放几只携带沃尔巴克氏体的昆虫到野外，然后静静等待。请记住，这种细菌是操纵大师，可以借助许多技巧在昆虫中传播。最常见的是细胞质不亲和性（cytoplasmic incompatibility），与未感染的同类相比，受感染的雌性能把微生物传递给下一代，其产下的卵更容易存活。这一优势意味着沃尔巴克氏体可以迅速在一个地区蔓延，而它的传播即意味着消灭登革热。奥尼尔计划在野外释放足够数量的携带沃尔巴克氏体的蚊子，创造一个完全抗登革热的种群。他在凯恩斯释放的是第一批。这一批蚊子凝聚了奥尼尔几十年的艰辛付出，还有无数次令人扼腕的挫败。“仿佛投入了我的整个人生。”奥尼尔说道。

自20世纪80年代起，奥尼尔就立志把沃尔巴克氏体变成抗击登革热的战士，期间走了不少弯路，也走进过很多死胡同，浪费了好多年时光。直到1997年，他的研究才开始显露成果。那时候他刚好了解到一种能够感染果蝇、毒性惊人的沃尔巴克氏体菌株。这种以“爆米花”（Popcorn）之名而为众人所熟知的菌株，可以在昆虫成虫的肌肉、眼睛和大脑中疯狂繁殖，最后充满整个神经元，让它们变得像一个充满了爆米花的袋子（也是其名字的由来）。果蝇的感染情况非常严重，甚至会减半寿命。“对我来说，这是一个灵感迸发的时刻。”奥尼尔说道。他知道，登革热病毒在蚊子体内繁殖需要时间，而到达涎腺则会更久；只有到了那里，它才有机会转移到新的宿主上。这意味着，只有老蚊子才能传播登革热。如果奥尼尔可以使昆虫的寿命减半，那么也就有机会令它们在传播病毒之前死亡。他需要做的，便是把“爆米花”菌株植入伊蚊。

沃尔巴克氏体会感染许多蚊子。请记住，它最初就是在一只库蚊中被发现的，直到那一刻，人们才意识到它无处不在。但不幸的是，它尚未触及给人类造成最大疾痛的两个种群：携带疟疾病毒的疟蚊（Anopheles），以及传播基孔肯雅热（Chikungunya）、黄热病和登革热的埃及伊蚊。奥尼尔准备“牵线搭桥”，从零开始创造新的共生关系。他不能只给成虫注入沃尔巴克氏体，还需要给卵注射，等蚊子孵化后，使其每一部分都携带这种微生物。他和他的团队透过显微镜，十分小心地尝试用带有沃尔巴克氏体的针头轻轻地刺穿蚊卵。许多年来，他们试了几十万次，却从来没有成功。“我葬送了这些学生的职业前途，自己也十分沮丧，甚至准备离开，”奥尼尔说道，“但我还是有点不见黄河心不死。2004 年，实验室来了一个特别聪明的学生，我无法说服自己不去试试。我把这个老项目交给他，他非常辛苦地不断尝试。他名叫康纳·麦克马尼曼（Conor McMeniman），是我最棒的学生之一。他成功了。”康纳试了好几千次，终于在 2006 年让沃尔巴克氏体稳定地感染了蚊子，孵出了一只一出生就携带沃尔巴克氏体的伊蚊。在本书中，我们已经见证了动物和微生物之间长达几百万年的联盟。而在这个故事里，在我写作本书的时候，这个年轻的联盟才不过十岁。[60]

但是这一切实现后，该研究团队发现了他们计划中的致命缺陷：“爆米花”菌株毒性太强。除了过早地杀死了未成熟的雌性，还减少了它们产卵的数量和卵本身的活力，从而破坏了细菌进入下一代蚊子的机会。数据模拟显示，如果把它们放到野外，根本无法传播。[61]这是个可怕的坏消息。

奥尼尔很快意识到，以上这些问题都不重要。2008 年，两组独立的研究人员分别发现，沃尔巴克氏体可以令果蝇对引发登革热、黄热病、西尼罗河热病和其他疾病的病毒产生抗性。奥尼尔了解到这点后，立即要求团队给感染沃尔巴克氏体的蚊子喂食含有登革热病毒的血液。病毒彻底无法奏效。即使直接把病毒注入昆虫体内，沃尔巴克氏体也能阻止其复制。这改变了一切。不再需要沃尔巴克氏体来缩短蚊子的寿命，只要它存在，就足以防止登革热传播！更值得庆幸的是，团队不再需要“爆米花”菌株，因为其他毒性较弱的菌株也具有类似的抗性，并且更容易扩散。“碰了数十年壁，我们突然意识到，我们根本不用碰这些壁。”奥尼尔自嘲道。[62]

这个团队改用了另一种名为 wMel 的菌株。根据记录，它可以通过野生昆虫种群传播，但是比“爆米花”更温和，所以作为昆虫伴侣，不像前者那样会折损昆虫的寿命，也不会破坏大脑或阻止产卵。它能有效地传播吗？为了确认这一点，奥尼尔的团队建造了两个供昆虫使用的鸟舍，在巨大的步入式笼子里装满蚊子。他们每放入一只未受感染的蚊子，就会配以两只携带wMel菌株的蚊子。他们还搭了一个临时的门廊，挂上一堆吸满汗水的健身房毛巾，吸引蚊子在下面聚集。每天，他们会送几个人去里面待上15分钟，喂养这些被感染了沃尔巴克氏体的蚊子。每隔几天，该团队会从笼子里收集蚊卵，检查它们是否感染了沃尔巴克氏体。他们发现，三个月内，每只蚊子的幼虫都感染了这种wMel菌株。[63] 一切的一切都表明，他们的宏大理想是可行的。所有的迹象都在召唤他们：行动吧。

所以，他们真的照做了。2006年（彼时距离真正携带沃尔巴克氏体的蚊子诞生还有很长一段时间），他们就开始与凯恩斯两个郊区，约克斯诺波（Yorkeys Knob）和戈登维尔（Gordonvale）的居民讨论他们的计划。[64] 他们会说：你好，我们有一个消除登革热的计划。是的，我们知道，别人总让你们杀死蚊子，因为蚊子让你生病，但是现在，如果你们允许我们释放更多的蚊子，我们定会感激不尽。不，它们不是转基因蚊子，但我们为它们装载了一个微生物，能传播得特别快。此外，埃及伊蚊不会迁徙太远，所以为了这个计划，我们不得不释放很多蚊子，包括在你们屋内释放。是的，它们可能会咬你。不，之前没人这样做过。你同意吗？

令人惊讶的是，两个小区的居民很支持这项工作。两年来，消除登革热团队在市政厅和当地的酒吧组织了焦点小组，开展了不少谈话；他们还用一间店面开了家临时诊所，人们可以在那里问询。他们也走街串巷，敲开了不少大门。“推进这个项目需要人们给予很大的信任，我们得到了人们的信任，但这一切都不是一蹴而就的，”奥尼尔说，“我们十分愿意倾听他人的想法，也十分注重倾听的方式。当人们有所顾虑时，我们设法解决这些顾虑。我们甚至做了实验。”例如，实验表明，沃尔巴克氏体不能感染鱼类、蜘蛛和其他捕食蚊子的动物，人类也不会因为遭到蚊子叮咬而感染沃尔巴克氏体。慢慢地，连怀疑论者都成了他们的支持者。“当地有个志愿者团体总在发生洪水和飓风时动员人们帮助需要帮助的社区。他们找到我们，询问是否可以代表我们上门说服居民参与，请他们允许我们在他们的房子里释放蚊子，”奥尼尔说，“这对我来说是个真正的转折点。”截至2011年他们准备好释放蚊子时，该项目已经得到了87%的居民支持。

1月的一个早晨，奥尼尔郑重地揭开装有蚊子的杯子。“那个时候，我们都有点晕头转向，”奥尼尔回忆说，“我们努力了几十年。那些曾经陪伴我们走了很长时间的人们几乎都聚在那里，只为见证这历史性的一刻。”团队成员走过一条条街道，每隔四幢房子就释放几十只蚊子。两个月内，他们释放了大约30万只蚊子，其间只有一次为躲避飓风而暂停过。每两个星期，他们会用一张诱捕蚊子的网从郊区捕获一些蚊子，并进行沃尔巴克氏体的测试。奥尼尔表示：“实际结果比预期的更好。”到了5月，沃尔巴克氏体已经感染了戈登维尔80%的蚊子，在约克斯诺波的感染比例则达到了鼓舞人心的90%。[65]短短四个月内，抗登革热的蚊子几乎完全取代了原生蚊子。这是历史上第一次，科学家通过改变野生昆虫种群阻止了它们传播人类疾病。共生促成了这一切。

话说回来，奥尼尔的组织并不叫“改造蚊子”，而是“消灭登革热”。他们达成目标了吗？自2011年以来，这两个郊区的确已经没有报告过任何新的病例。这样的现状鼓舞人心，只是还不能太早下定论。这两个小区都不是登革热的热点地区，整个澳大利亚都不是。只有当这些蚊子能在登革热最猖獗的国家有效控制疫情时，奥尼尔才能宣布这项计划获得成功。这也是为什么他正在把研究工作推广到巴西、哥伦比亚、印度尼西亚和越南。[66]2004 年建立“消灭登革热”时，该团队的全部成员只有奥尼尔和他的实验室同事，现在已经是一支由科学家和卫生工作者组成的国际队伍。

回到澳大利亚，该团队开始在北部城市汤斯维尔（Townsville）散播这种蚊子。这里大约有20万居民，但他们没法敲开每一扇门一一推广讲解。所以，他们转向了媒体报道、大型公共活动和公民科学活动，让当地人甚至小学生能够利用空余时间担任志愿者。释放成年蚊子十分麻烦，该团队采取的做法是把装有蚊卵、水和食物的容器带到人们家中，让蚊子在花园里长大。奥尼尔说：“我们的最终目标是去到热带大城市。”

每到一个新的地方，他们都要面临不同的新挑战。例如，如果一个城市毫无节制地使用杀虫剂，当地的蚊子可能已经产生了部分抗性。那么，把“单纯”的澳大利亚蚊子释放到这样的环境中毫无意义：在传播共生体之前，它们可能早已死去。因此，注入沃尔巴克氏体的蚊子至少要和当地的蚊子一样耐药。交叉育种可以帮助解决这个问题。在“消灭登革热”的印度尼西亚分部，科学家用当地的蚊子和携带沃尔巴克氏体的蚊子一起繁育了好几代，让释放的蚊子尽可能地接近本地的蚊子。这有助于它们更成功地交配。“每个地方都独一无二，”奥尼尔说道，“但是我们看到，沃尔巴克氏体在每一种环境中的效果都很好。一切都表明，这种方法可以推广到全球。不消两三年时间，我们应该可以掌握证明其效力的良好证据；在10到15年内，我们应该能看到登革热中患病率的显著下降。”

怀疑论者认为，演化会针对每一项措施产生一计对策，有矛必有盾。登革热病毒最终会发展出对沃尔巴克氏体的抗性，并开始再次感染蚊子。〔就像英国科学家莱斯利·奥格尔（Leslie Orgel）曾说过的：“演化比你更聪明。”〕但是，“消除登革热”团队的长期成员伊丽莎白·麦格劳（Elizabeth McGraw）却很乐观。她的团队已经发现，沃尔巴克氏体会用以下几种方式保护自己免受病毒感染：它能强化蚊子的免疫系统，以及抢占诸如脂肪酸、胆固醇等营养物质。登革热病毒需要这些营养物质才能繁殖。[67]“配备的机制越多，受到的阻力就越小，”她说道，“对于演化生物学家来说，这着实令人振奋。”

奥尼尔和麦格劳还认为，抗药性的幽灵至今依然困扰着所有可能应用到现实中的疾控措施，比如杀虫剂和疫苗。不同于这些解决方案，沃尔巴克氏体是活体，可以灵活地适应任何病毒的演变。它也很安全，投入收益比高。杀虫剂本身有毒，并且必须连续喷洒；而携带沃尔巴克氏体的蚊子没有副作用，释放后可以靠自己维持生命。“一旦开始，便会持续，”奥尼尔说，“我们试图把 每个人头的成本摊薄到两三美元。”

奥尼尔惊叹于沃尔巴克氏体的研究已经发展到了如此高度。“我们是一个单纯研究共生关系的实验室，”他说道，“这是一个基础科学领域，但也会产出非常优质且能投入实际应用的成果。”除了阻止登革热病毒，沃尔巴克氏体还能阻止蚊子携带基孔肯雅病毒、寨卡病毒或引起疟疾的疟原虫寄生虫（现在，一个中美科学家团队已经成功地把这种微生物与传播疟疾的疟蚊组合在了一起）。[68] 还有更多研究人员试图使用沃尔巴克氏体控制虫害，例如传播睡眠病的臭虫和让人辗转难眠的舌蝇。“这只是整个新型思维方式中的一部分：关于生物的微生物生态学，以及它如何与我们的疾病相关。”奥尼尔解释道。

1916年，也就是本书诞生的大约一百年前，大胆超前的俄罗斯科学家梅奇尼科夫逝世。在此之前，他已经喝了几十年含有微生物的酸奶。他可曾想到，自己开创的方法有一天会成就一个价值数十亿美元的产业，即使其真实效用不断遭到怀疑，但不妨碍它们旗下的产品占领世界各地的超市货架。1923年，美国微生物学家亚瑟·艾萨克·肯德尔出版了最新的细菌学教科书，他在书中预测：“人们将使用人类肠道里的细菌治疗肠道疾病。”他可曾预见，现在人们会组织冻结人体的排泄物，送往医院，再移植到病人身上？1928年，英国细菌学家弗雷德里克·格里菲斯（Frederick Griffith）表明，细菌可以从同类身上获得遗传特征，通过一个后来被证明是 DNA 的因子来改变自己。他可曾预见，科学家如今能够如此精确、常规地调整微生物的遗传物质，改造细菌，把它们用于狩猎和毁灭另一些微生物？1936年，昆虫学家马歇尔·赫蒂希决定用他的朋友希米恩·伯特·沃尔巴克命名一个不起眼的小细菌，那时距离在波士顿的蚊子体内发现这种微生物已经过去12年。他们可曾想过，沃尔巴克氏体会成为这个星球上最成功的细菌之一？或者说，他们是否想过会有那么多科学家研究它，组织关于它的双年学会，分享关于它们的研究成果？又可曾想过它可能是防治河盲症的关键，那是一种每年折磨致残1.5亿人的疾病？抑或是，科学家有一天会把细菌植入蚊子，在全球范围内控制登革热和其他疾病？

当然没有。对大多数人而言，微生物隐藏在视线之外，只有通过它们造成的疾病才能感知它们的存在。即使当列文虎克在350年前第一次见到它们时，对人类而言，这些微生物也不过是闲荡的无名之辈。当它们终于上升到重要地位时，它们又先被视为恶棍，人们根本不想接受甚至拥抱它们的存在，只想着根除它们。即使有科学家注意到人类肠道中集群或嵌在昆虫细胞内的细菌，这些发现也遭到了质疑和反驳。直到最近，它们才从被忽视的生物学边缘转移到聚光灯下。直到最近，我们才更了解微生物世界，才开始尝试操纵它。我们的尝试刚刚起步，前景未卜；我们有时难免过于自信，但这项事业的确潜力无穷。从列文虎克第一次想到研究池塘里的水，从而改善我们的生活——直到现在，我们才终于开始应用所学到的关于微生物的一切知识。

10

明日的世界

我站在一所位于郊区的房子里，这栋小楼大概代表了绝大多数美国人心中的田园理想。墙外是白色的护墙板，门廊里摆着摇椅，孩子们绕着房子骑自行车。房子里有大片空间，杰克·吉尔伯特和妻子凯特不知道用它来做什么。他们和我一样是英国人，都习惯更紧凑的空间。二人十分热心，也很幽默：杰克仿若一名充满能量的托钵僧，凯特为人处事镇定且踏实。他们的儿子迪伦（Dylan）正在看漫画，另一个小子海登（Hayden）正试图打我的屁股——至于为什么，只有他自己知道。为了“保护”自己，我只好缩到厨房的一角，靠在料理台上，手中紧紧捧着茶杯。此时此刻，我正在不知不觉地把微生物蹭到杯子上、柜台上，以及这个装修精美的厨房的角角落落。

不过还好，吉尔伯特一家也一样。就像本书前面写到的，我们与鬣狗、大象和獾一样，会把细菌的气味释放到周围的空气中。其实，我们也释放了细菌本身。我们所有人都在不断地向外界播撒自己的微生物。我们每触摸一件东西，就会在上面留下微生物的印记。我们每次走路、谈话、刮擦物体表面、搅动什么东西或者打喷嚏，都会向周围释放一团带有个人特色的微生物。[1] 每个人每小时大约会喷出 3 700 万个细菌，这意味着我们的微生物组不仅处于身体内部，还会不断地扩散到周围的环境中。坐在吉尔伯特的车上，我会把微生物留在车座上；现在我靠在他的厨房料理台上，在上面留下的微生物也写满了我的信息。我包罗万象，但只“包罗”了一部分，剩下的像鲜活的光环一般围绕着我，延伸进周围的世界。

为了分析这些“光环”，吉尔伯特最近擦拭了家里的开关、把手、厨房料理台、卧室地板，还有他们自己的手、脚和鼻子。[2] 他们每天都这么做，已经持续六个星期。他们还招募并培训了另外六组家庭，包括单身人士、夫妇和带小孩的一家，都照着他们这样做。这项名为“家庭微生物组计划”（Home Microbiome Project）的研究表明，每个家庭都有自己独特的微生物组，其中的大部分组成来自居住其中的每个人。他们手上的微生物会附着在开关和把手上，脚上的微生物会覆满地板，皮肤里的微生物则蹭上了厨房台面。所有这一切都以惊人的速度发生。其中三名志愿者在研究过程中变更了住处，而他们的新住所也迅速继承了老房子里的微生物特性，即使仅仅换到了酒店房间也是如此。在进入新地方的 24 小时内，我们便用自己的微生物覆盖了这些地方，把它们变成自身的映射。当别人试图让你觉得“宾至如归”时，你们真的都没什么自主权，因为微生物会首先帮我们制造一个“家”。

我们也会改变室友身上的微生物。吉尔伯特的团队发现，同居一室的不同人，彼此之间所分享的微生物要多于分开居住的人，而同一夫妇在微生物层面也更相似。（就像结婚誓言，“与你分享我，以及我的一切。”）如果家里养狗的话，这些微生物之间的连接还会增强。“狗从户外带来细菌，也会增加人与人之间的微生物交流。”吉尔伯特解说道。他与苏珊·林奇的研究均显示，狗身上携带的灰尘中含有抑制过敏的微生物。因此，吉尔伯特家里也养了一条狗，黄白色，是金毛、柯利牧羊犬和大白熊犬的混血，名叫博迪格利队长（Captain Beau Diggley）。吉尔伯特说：“我们能看到增加家庭微生物多样性的好处，我们希望保证孩子们具有训练自身免疫系统的能力。狗狗的名字是海登起的。海登，这名字怎么来的？”海登回答道：“从我的脑袋瓜里想出来的。”

无论是狗还是人，所有动物都生活在一个充满微生物的世界。当我们在世界各处移动时，微生物也随之发生改变。去芝加哥拜访吉尔伯特一家时，我把皮肤上的微生物留在他们家中、酒店房间里、几家咖啡馆内、几辆出租车以及一个飞机座椅上。博迪格利队长是一团毛茸茸的“导体”，把微生物从纳帕维尔的土壤和水中带入吉尔伯特的家。破晓时分，夏威夷短尾乌贼把发光的微生物伙伴费氏弧菌散入周围的水中。鬣狗在草茎上涂鸦微生物。我们所有人都不断地让微生物进入体内，无论是通过呼吸还是进食，或者是触摸、脚踏、受伤、遭到叮咬。我们的微生物就像藤蔓一般，让我们扎根进更广阔的世界。

吉尔伯特想要了解这些联系。他想成为全人类的人体边检员，想确切地知道哪些微生物进入了我们的身体（以及它们是从哪里来的），又有哪些微生物离开（以及它们要去哪里）。但人类本身让他很难开展这项工作。我们与许多不同的对象打交道，与不同的人交流，去到许多地方。所以，要追踪任何一个特定微生物的路径，简直是场噩梦。“我是一名生态学家，我想把人类当作一个岛屿来实验，”他说道，“但我不能这么做。我提出了一个实验建议，要求把一些人锁在一个空间里六个星期，但机构审查委员不允许我这么做。”

这就是为什么他后来转而去研究海豚。

“你需要多少个样本？”兽医伯妮·马乔（Bernie Maciol）问道。

“你完成了几个？”吉尔伯特问道。

“三个。”

“你能把它们全部复制一份吗？或者从另一个皮肤点采一些？腋窝怎么样？不，不是腋窝……先不管是什么。你们怎么称呼海豚的腋窝？”[3]

我们正在谢德水族馆（Shedd Aquarium）的海豚展览区。这是一个大水箱，上面覆盖着人工岩石和树木。穿着黑蓝色潜水衣的教练杰西卡坐在水中，她用手拍打着水面，只见一头名为萨谷（Sagu）的太平洋白海豚游了上来。这是一种美丽的动物，皮肤仿若精心裱制过的木炭画。它很听话：当杰西卡掌心向下往两旁挥动时，萨谷会打个滚，露出乳白色的肚皮。马乔靠近它，用棉签擦了擦萨谷的腋下，然后封在一根管子里，递回给吉尔伯特。她对另两头海豚科里（Kri）和皮奎特（Piquet）进行了同样的操作，它们都静静地游荡在各自的教练身旁。

“我们一直对海豚的气孔、粪便和皮肤取样，”杰西卡告诉我，“做气孔取样时，我会把它的头放在我的手上，把一块琼脂板搁在气孔上，然后戳戳海豚，强制让它呼气。采集粪便样本时，我会让它们翻转过来，从肛门处插入一个小橡胶导管，然后再抽出来。”

这个水族馆的微生物组计划，为吉尔伯特提供了他无法从自己家里或其他任何曾经取样过的家庭中获得的东西：某种全知性。在这些实验中，动物的生活环境都是可知的。水温、盐度、化学物质的含量都可以定期测量。在这里，吉尔伯特可以分析海豚的身体、所在的水环境、吃过的食物、待过的水箱、接触过的训练师和管理员，以及周围空气中的微生物。他每天都这么测量，一直重复了六个星期。他表示：“它们是真实的动物，与自己真实的微生物组一起生活在真实的环境中，我们已经为这些环境中所有的微生物，以及它们与微生物之间的互动编目。”这应该能够为他提供一个前所未有的视野，可以观察动物体内与外界所有微生物之间的联系。

水族馆正在开展多个类似的项目，收取一定费用来改善动物的生活条件。[4]谢德负责动物健康方面的副主管比尔·范·波恩（Bill Van Bonn）告诉我，海洋馆共有约1 360万升水，之前每三小时就要通过一个维持生命的循环系统进行清洁和过滤。“你知道推动这些水循环需要耗费多少能量吗？为什么我们要这样频繁地操作？因为我们需要维持水体干净，这绝对是最好的保障，”他假装热情高涨，“但是我们退了几步，只净化了一半的水。你猜怎么着？什么都没发生！实际上，水的化学状况和动物的健康状况还反而得到了改善！”

波恩怀疑，他们在追求高度清洁的道路上已经走得太远。过度清洁会导致水族箱环境中的微生物被剥离，无法形成一个成熟、多样的微生物菌群，并为海藻或其他有害物种创造了生存机会。这听起来很熟悉不是吗？因为抗生素给医院病人肠道带来的影响也是如此。它们破坏了原生的微生物生态系统，并允许梭菌等与其相抵触的病原体代替原有的微生物大量繁殖。在这两种环境中，消毒成了灾难而非目标，一个多元化的生态系统要优于贫瘠的生态系统。无论我们谈论的是人类肠道还是水族箱，甚至是医院，这些原则都同样适用。

“我是杰克·吉尔伯特博士，那是一家医院。”杰克·吉尔伯特一边说，一边指了指浮现在他身后的巨大建筑。

我们正在芝加哥大学医学院的临床和科研中心（Center for Care and Discovery）。这是一栋闪亮的崭新建筑，看起来像是一座巨大的歌剧门廊，灰、橙、黑的三色结构层层叠叠。吉尔伯特站在大楼前，正在为一个宣传视频反复做着同样的动作。我十分怀疑，在芝加哥恐怖的大风中，摄影师的麦克风是否能够收到任何可用的音频。但我确信，吉尔伯特一定很冷，还有，那的确是一家医院。

该医院于 2013 年 2 月正式开放，在此之前，吉尔伯特的学生西蒙·莱克斯（Simon Lax）带领一队研究人员穿过空荡荡的走廊，手里拿着一袋棉签和医院楼层设计图。他们扫过分布于两个楼层的十间病房和两个护士站：其中一层楼提供给从非紧急的选择性手术中恢复过来的病人使用，他们通常只在这里短暂停留；另一层楼则提供给长期住院的病人，例如癌症和器官移植等。但没有一个房间有人居住。这里唯一的居民是微生物，也是莱克斯团队想要收集的对象。他们擦拭了还没有被人踩过的地板，崭新的、闪闪发光的床栏和水龙头，以及折叠得平平整整的床单。他们也从灯的开关、门把手、通风口、电话以及键盘等处收集样本。最后，他们为房间安装数据记录器，测量光强、温度、湿度和空气压力，还有自动记录房间是否被占用的二氧化碳监视器，以及探测人们何时进入或离开的红外传感器。医院正式开放后，该团队仍在继续工作，每周从房间和住在里面的患者身上收集更多样本。[5]

正如其他人为新生婴儿正在发育的微生物组编目一样，吉尔伯特第一次为一座新建成大楼中正在形成的微生物组编目。他的团队忙于分析数据，以了解人类的存在如何改变了大楼中微生物的特性，以及环境中的微生物是否已经流回居住在此环境中的人身上。这些问题在医院环境中显得尤其重要。因为在那里，微生物的流动可以攸关生死，甚至会造成大量死亡。在发展中国家，大约有5%至10%入住医院或其他医疗机构的人，会在住院期间受到不同程度的感染。他们反而在那些意图让自己变得更健康的地方得了病。仅在美国，每年会发生大约170万起与此相关的感染，以及9万起死亡事件。这些感染背后的病原体从何而来？水？通风系统？受到污染的设备？医院工作人员？吉尔伯特打算找出答案。他的团队积累了庞大的数据量，应该能允许他跟踪病原体的流动，例如从灯的开关到医生的手，再到病人的床栏。他应该能够通过这项研究制定出一些方案，以此来减少危及生命的病菌流通。

这并不是一个新问题。早在19世纪60年代，约瑟夫·李斯特就在他的医院中启用了无菌技术，制定清洁制度，帮助遏制病原体的传播。诸如洗手这样的简单措施，就无疑拯救了无数生命。但正如我们过度使用不必要的抗生素，或者恨不得把自己浸泡在抗菌消毒液中一样，我们过度清洁了所在的建筑物，甚至是医院。例如，美国一家医院最近花了大约70万美元（约合447万人民币）来安装铺有抗菌物质的地板，尽管没有证据表明这些措施会奏效。这甚至可能让事情变得更糟。正如海豚水族馆和人类的肠道，也许拼命地对医院进行消毒，会使得建筑物中的微生物组生态失调。也许，我们驱除了阻止病原体生长的无害细菌，无意间构建起了一个更危险的生态系统。

“我们需要引入一些良性的或不常与周边物件发生反应的微生物，只是增加物件表面的多样性。”吉尔伯特的另一位学生肖恩·吉本斯（Sean Gibbons）补充道：“多样性是好事。”太讲卫生反而可能导致多样性的丧失。通过对公共厕所的研究，[6]吉本斯发现，彻底清洁消毒过的厕所首先会被粪便中的微生物定植，接着，这些微生物会通过冲厕所的水流回到空气中；然后，这些微生物物种因为竞争不过周围环境中种类丰富的皮肤微生物而变少；但是，一旦厕所再次经过清洁，微生物会被重新洗牌，粪便细菌又会占据高地。讽刺的地方就在于此：太过频繁地清洁厕所，更有可能被粪便里的细菌覆盖。

居住在俄勒冈州的生态学家杰西卡·格林（Jessica Green）是工程师出身，她在漂浮于医院空调房内的微生物中发现了类似的模式。[7]“我原本以为，室内空气中的微生物群落是室外空气中微生物群落的一个‘子集’，”她说道，“然而真相让我大吃一惊，二者之间很少甚至没有重叠的部分。”室外空气中充满了来自植物和土壤的无害微生物，室内空气中则含有大量不成比例的潜在病原体，主要来自患者的口腔和皮肤，通常在室外非常罕见。可以说，患者把自己浸泡在了自己的“微生物汤”里。而解决这个问题的最佳方式很简单：开窗通风。

拯救了无数生命的弗洛伦斯·南丁格尔护士，早在150多年前就开始提倡这一措施。她对微生物没有明确的概念，但她在克里米亚战争期间注意到，如果把窗户打开，患者更容易从感染中恢复过来。她写道：“总是这样，通过窗户进来的空气最新鲜。”这对生态学家来说完全合理：新鲜空气会带来无害的环境微生物，占据病原体的生存空间。但是医院特意把微生物引入病房的想法，与我们惯常认为的医院卫生条件存在很深的矛盾。格林表示：“现在很多医院与其他建筑所采用的模式，是把门外的永远拒之门外。”这是一种根深蒂固的态度，所以她开展研究时不得不说服医院开一点窗——这些地方总是门窗紧闭。

我们一直试图从建筑物和公共空间中排除微生物，但也许是时候欢迎它们光临了。其实我们无意间已经欢迎过。2014年，格林的团队参观了一栋闪亮而崭新的大学建筑，利利斯会堂（Lillis Hall）。他们从300个教室、办公室、卫生间等场所收集灰尘样本。分析表明，许多设计会影响灰尘中的微生物，比如房间的大小、房间之间的连通关系、被占用的频率，以及通风方式。几乎每种建筑设计选择都会影响建筑物中的微生物生态，从而影响我们自身的微生物生态。或者，正如温斯顿·丘吉尔说过的：“我们塑造了建筑，而建筑也塑造了我们。”格林认为，通过她口中的“生物信息化设计”（bioinformed design），我们可以控制这个过程。也就是说，我们可以塑造建筑物，从而选择与我们共同生活的微生物。同样，我们可以在其他领域看到类似的实践：农民可以在田垄边缘种一排野花，从而增加授粉昆虫的数量。格林希望开发出类似的建筑设计窍门，从而提高有益微生物的多样性。她表示：“未来十年内，建筑师就可以实践我们的研究结果。”[8]

杰克·吉尔伯特同意她的想法，而他有着更宏伟的计划：他想在建筑物内“播种”细菌：不是直接喷洒或涂抹在墙壁上，而是裹在工程师拉米勒·沙阿（Ramille Shah）设计的微型塑料球体内。她会用 3D 打印机制作一系列小球，小球上密密麻麻地分布着微小的裂缝和凹点。吉尔伯特会把小球浸泡在有益的细菌以及滋养细菌的营养液内（比如帮助纤维消化、减轻炎症的梭状芽孢杆菌）。这些细菌之后会转移到与小球产生互动的人和其他东西上。吉尔伯特正在用无菌小鼠进行测试，他想看看细菌在小鼠笼子里是否能保持稳定，是否能真的转移到玩球的啮齿动物身上，并在这些新宿主身上安家，帮助它们治疗炎症性疾病。如果这么做有效，吉尔伯特会进一步扩大尝试范围，比如在办公大楼或医院病房测试微生物球。他设想把这些小球捆到新生儿特护病房的病床上，"让婴儿身处丰富的微生物生态系统，这个微生物环境是为了有益于婴儿而特别设计的。"他补充道，"我也想设计可以 3D 打印的牙胶。能够想见孩子们玩这些玩具的场景吧。"

这些球体提供了另一种摄入益生菌的有效方式，并不是通过酸奶或 FMT，而是通过动物身处的环境来传递有益的微生物。"我不想把微生物放在食物里或灌进食道中，"他说道，"我想让微生物与动物的鼻膜、嘴和手互动。我希望后者以更自然的方式体验微生物组的存在。"

"我想给它们起名为'生物球'（bioballs），"他补充道，"或者叫'微球'（microballs）。"

我告诉他，微球可能不是个好名字，他偷笑了一下，表示同意。

"我这双手，昨天刚握过世界女子壁球冠军的手。她把她的微生物组传给我，而我现在又把它给了你。"卢克·梁（Luke Leung）一边说，一边和吉尔伯特握手。

"所以凭借这双手我就能变成壁球'高手'了吗？"吉尔伯特问道。

"只是右手而已，"梁说，"如果你是左撇子的话，我只好说声抱歉啦。"

梁是一名建筑师，拥有十分精彩的履历。他设计的作品包括全世界最高的建筑：迪拜的哈利法塔。自从遇见了吉尔伯特，他也成了某种意义上的微生物狂热爱好者。芝加哥可持续发展的首席官员卡伦·魏格特（Karen Weigert）也是如此。我们四人聚在一家高档餐厅共进午餐，周围都是西装革履的公司高管；向窗外望去，密歇根湖的风光尽收眼底。“你不会认为这些都是活物。”吉尔伯特一边说，一边抬起手臂指向餐馆里精美、时尚的内饰，拱形的天花板，以及外面的摩天大楼。“但它们确实活着。它们是有生命的、能呼吸的有机体。细菌是这里的主要组成部分。”

吉尔伯特与梁以及魏格特谈论，如何更大规模地实现他的想法。他希望把从普通家庭、水族馆和医院项目等研究中得出的原理，用在塑造整座城市的微生物群上，而且想从芝加哥开始。梁是一名理想的合作伙伴。在他的几件建筑作品中，他精心设计了新风系统，使流经它们的空气会穿过一面种满绿植的墙壁：这不仅是一道养眼的景观，同时也可以过滤空气。对他来说，吉尔伯特把微生物小球捆在墙上的想法——我提议这个小球应该叫烟草球（Baccy）——完全可行。听闻在建筑中使用细菌的想法，魏格特也十分兴奋。她问吉尔伯特，除了应用在那些极具标志性的摩天大楼中，烟草球是否也能在保障性住房中使用。“可以。”吉尔伯特答道。他想尽可能地降低价格，降到比大型的植物墙还便宜。

松了一口气的魏格特把对话转到芝加哥常年遭遇的洪水问题上。下水道系统承担了许多防涝压力，并可能随着全球气候的变化趋势而要承担越来越高的风险。她问道：“我们可以采取怎样的措施来有效地管理洪水，或者处理如霉菌这样的后续问题？”“其实已经有了。”吉尔伯特回答道。他一直在与欧莱雅公司合作一个项目，即通过阻止头皮上真菌的生长来鉴别可以预防头皮屑和皮炎的细菌。这些微生物可以成为制造抗头屑益生菌洗发剂的关键成分。同样，建筑师可以遵循这种方式来创建“微湿地”，防止经过洪水冲刷的家园成为霉菌的乐园。如果一个家园遭遇洪水，对霉菌和真菌而言无疑是一场充沛的灌溉，但也意味着对抗真菌的微生物会大量增殖。“如此一来，你就有了自动控制霉菌的系统。”吉尔伯特说道。

“这些事情到底有多靠谱？你的研究已经进展到了哪一步？”魏格特问道。

“我们已经有了真菌控制剂，目前正在尝试把它们植入塑料，”吉尔伯特说道，“大概还要两三年时间，我们才能没有顾虑地在一般人，而不是充当‘小白鼠’的同事的家里放置这样一个东西。可能还要等上三四年时间，我们才能公开地推广可靠、可行的方案。”

我开玩笑道，科学家预测他们的工作时总是过于乐观，老是说“距离投入实际应用还有五年时间”。

吉尔伯特笑道：“好吧，我刚刚说的是三四年，那我岂不是更乐观？”

梁也很乐观。“我们已经非常擅长杀死细菌，但现在我们想复兴人类和微生物的关系，”他说，“我们想了解细菌如何能在建筑物内帮我们过得更好。”

我问他，作为设计师，你认为我们多快才能在这种理念的指导下真正地建造出设想中的建筑？

他顿了一下：“要不五年？”

调控建筑物和城市的微生物组只是吉尔伯特野心的开端。除了医院和水族馆项目，他还研究了当地的健身房和大学宿舍中的微生物组。家庭微生物组计划显示，人们留下的微生物痕迹，一定程度上给别人提供了追踪它们的路径，所以吉尔伯特和好朋友罗布·奈特正在研究把微生物应用于法医领域的可能。他也在研究其他环境中的微生物组，例如废水处理厂、洪泛平原、墨西哥湾的油污染水域、大草原、新生儿特护病房，还有酿梅洛红酒的葡萄。他正在寻找可以预防头皮屑的微生物、造成对牛奶过敏的微生物，以及可能部分导致了自闭症的微生物。他在灰尘中寻找某种微生物，因为这可能可以解释，为什么两个不同的美国宗教教派阿米什人和哈特派之间哮喘和过敏患者的比例差得这么多。他正在研究肠道微生物一天中的变化，以及这是否会影响我们变胖的风险。他正在分析采集自几十只野生狒狒身上的样本，看看最擅长哺育幼仔的雌性是否具有特定的微生物特征。

另外最重要的是，他和奈特、简妮特·简森（Janet Jansson）一起组织了地球微生物组计划（Earth Microbiome Project）。这是一项雄心勃勃的计划，旨在充分利用地球上的微生物。[9] 该团队正在接触研究海洋、草原或洪泛区的科学家，试图说服他们共享样本和数据。他们的终极目标是通过给定温度、植被、风速或光照条件等基本变量，来预测生活在某个生态系统中的微生物种类。他们想预测这些物种将如何应对环境变化，比如洪水涨退、日夜交替等。这个目标看起来雄心勃勃得有些荒唐，有人会说根本不可能。但是吉尔伯特和他的同事们却十分坚定。他们最近甚至到白宫请愿，倡议发起一个“统一微生物组织”（Unified Microbiome Initiative），希望推动各方的协调，促成不同领域科学家间的合作，开发出能更好用于微生物组研究的工具。[10]

是时候思考更大的图景了。参与研究的家庭已经同意让研究人员擦拭他们的房子；水族馆的经理能够像关心他们的宝贝海豚一样关心水族箱中的隐形生命；医院也正在认真考虑往墙壁上添加，而不是消灭微生物；建筑师和官员可以在品尝高级料理的同时讨论粪便移植的话题。人们迎来了新时代的开端，大家终于准备好去拥抱这个充斥着微生物的世界。

在本书的开头，当我与罗布·奈特穿过圣迭戈动物园时，我惊讶地发现：如果用微生物的视角去看世界，一切都会显得如此不同。在我看来，每位访客、饲养员和每只动物都各自是一个长了腿的“世界”，一个能够与他人互动的移动生态系统。但是他们几乎都察觉不到体内包罗的万象。而当我和杰克·吉尔伯特开车穿过芝加哥时，我的视角同样经历了令我眩晕的转变。我透过城市的外表看到其下的微生物世界：无处不覆盖着充满生命气息的裂缝，这些生命随着风吹、水流和移动的肉体在城市间穿梭。我看到朋友之间握手互道“最近怎样”的同时，也在交换有机体；我看到，人们沿着街道走动，身后留下了自己的尾迹；我看到人们的选择如何无意间塑造了周围的微生物世界：用混凝土还是砖建造房子，是否打开窗户，以及管理员如何安排轮班拖地。我也看到坐在驾驶位上的吉尔伯特，这个注意到这些微观世界在如何流动的人，深深地为此着迷，而非拒斥那个世界。他知道，不应该害怕或毁灭大部分微生物，而应该珍惜、欣赏和研究它们。

这是本书所有故事的观点。从为期几十年试图从线虫中拼命驱逐沃尔巴克氏体的项目，到不断追问母乳如何滋养婴儿菌群的研究；从探入深海热液喷口的勇敢冒险，到揭示渺小蚜虫共生秘密的悄然尝试——所有的努力都出自好奇心，出于对生命的敬畏，以及探索的愉悦。这是一种不可遏制的强烈冲动，促使我们更多地了解自然与自己所处的环境。正是这份冲动驱使列文虎克透过他手作的精妙显微镜看向一摊水，开辟出一个此前无人知晓的世界。这种探索和发现精神，至今仍然蓬勃活跃。

撰写本章时，我参加了一个关于动物-微生物共生关系的会议，许多在本书中出现的人物也列席其间。一次午休期间，日本共生研究领域的领头者深津武马忽然消失在周围的森林中。他再次出现时，带回了几只金甲子。这些华丽的小家伙背着透出金属质感的金色外壳。当天晚些时候，狼蜂专家马丁·卡尔滕波特兴奋地告诉我，他亲历了深津的甲虫在他眼皮子底下从金色变成红色的全过程。谁知道它们携带了什么共生体，或者细菌和甲虫是怎么改变彼此的生活的？会议最后一天，大家都在等大巴，但是蚜虫专家李·亨利（Lee Henry）却远离人群。5分钟后，他带着一根爬满蚜虫的管子回来，他刚从会议中心旁边的灌木丛中拽来了这些蚜虫。他告诉我，他手里的这个物种已经完全驯化了汉氏菌，即一种偶尔保护蚜虫免受寄生蜂危害的共生伙伴。它们是怎样做到的？这种共生关系是什么时候发生的？为什么会形成这种关系？亨利兴奋得想要很快找到答案。

进入这个世界，就仿佛进入威廉·布莱克（William Blake）的一沙一世界。当我们开始了解我们的微生物群、我们的共生伙伴、我们内在的生态系统，以及我们包罗的惊人万象，每踏出一步都有机会创造新的发现。每一丛毫不起眼的灌木都在讲述令人难以置信的故事。世界上的每一个角落都存在数不尽的伙伴关系。这些合作伙伴从数亿年前就开始发挥作用，影响了我们已知的整个动植物世界。

我们可以看到微生物几乎无处不在，而且十分重要。我们目睹它们如何形塑我们的器官，保护我们免受毒素和疾病的侵扰，帮助我们分解食物，维护健康，校准免疫系统，引导行为，并把它们的基因融入我们的基因组。我们可以看到，动物必须保持体内所包罗的万象的微妙平衡，因为从免疫系统的生态管理者到使母乳含有喂给细菌食用的人乳低聚糖，它们都在其中担任了重要的角色。当微生物的制衡关系遭到破坏，我们可以看到可能的后果：珊瑚礁的褪色衰亡、肠道发炎、身体发胖。而与此同时，我们也见证了和谐共生关系所能给予的回报：为我们而开放的生态机遇，也让我们加快演化的步伐去把握这些机遇。我们可以看到，人类开始控制这些菌群为自己的利益服务，我们能够把整个菌群从一个人移到另一个人身上，依据自己的愿望制造或者打破共生，甚至炮制出新的微生物。我们也学到万物背后神秘、不可见的奇妙生物学：深海伊甸园中没有肠道的蠕虫如何生存？粉蚧科的昆虫如何依靠植物的汁液存活？还有构成巨大珊瑚礁的珊瑚、依附水草而居的渺小水螅、噬倒一整片森林的甲虫、在自己体内上演“灯光秀”的可爱乌贼、卷在动物园管理员腰上的穿山甲、飞向澳大利亚闪光黎明中消灭疾病的埃及伊蚊……

注　　释

序　　言

1. 作者在本书的原文中交替使用microbiota和microbiome两个概念，有些科学家认为microbiota指的是有机体自身，microbiome则代表它们共同的基因。但microbiome一词于1988年出现时，指的是一组微生物在一个特定的地方一起生存。这个定义也沿用至今，强调了“biome”的一面，即一个菌群（community），而不是“ome”所强调的基因。（译者在本书中把microbiome译作微生物组。）
2. 生态学家克莱尔·福尔松（Clair Folsome）于1985年第一次设想了这一场景（Folsome，1985）。
3. 关于海绵的研究：Thacker and Freeman，2012；关于扁盘动物：来自妮科尔·杜比利埃和玛格丽特·麦克福尔–恩盖的私人通信。
4. Costello et al.，2009。
5. 许多评论都关于微生物对于动物生命的重要性，《身处一个细菌世界的动物，生命科学的新重点》是其中最好的一篇评论（McFall-Ngai et al.，2013）。

1　生命的岛屿

1. 我小时候看戴维·阿滕伯勒爵士（Sir David Attenborough）的《地球上的生命》（*Life in Earth*）时，发现他在这部纪录片中使用了这一手法。那时我非常震惊，留下的深刻印象保存至今。

2. 另一半来自陆地植物，它们使用驯化了的细菌，即叶绿体进行光合作用。所以严格来说，你呼吸的氧气都来自细菌。
3. 据估计，每个人身上都有100万亿个微生物，其中大部分生活在肠道中。与之相比，银河系大约有1 000亿～ 4 000亿颗恒星。
4. McMaster，2004。
5. 线粒体确实由一个与宿主细胞相融合的古菌演变而来，但这一事件是否就是真核生物的起源，还是只是生命演化历程中的一块里程碑？科学界对此仍然存在争议。在我看来，前一个想法的支持者已经收集了大量的证据。我在《鹦鹉螺》（*Nautilus*）（一份线上杂志）中详细地写过这一争论（Yong，2014a），尼克·莱恩的《至关重要的问题》（*The Vital Question*）（Lane，2015a）一书给出了更详细的分析。
6. 体型大小不是含有微生物组的严格先决条件，一些单细胞真核生物的细胞内部和表面也携带细菌，当然它们携带的“菌群”规模比我们的小。
7. 朱达·罗斯纳（Judah Rosner）称这个10∶1的比率为“假事实”（fake fact），他把这一说法追溯到了一位名叫托马斯·勒基（Thomas Luckey）的生物学家（Rosner，2014）。1972年，勒基估计，1克肠内容物（液体或粪便）中有1 000 亿个微生物，平均一名成年人体内有1 000 克这样的内容物，所以人体内总共有100 万亿个微生物。但这种说法几乎没有证据支持。著名的微生物学家德韦恩·萨维奇之后也举出了这一比例，并将其与人体中的10万亿个人体细胞对比，而后者又是一个从教科书中抽出来的数字，没有引用证据。
8. McFall-Ngai，2007。
9. Li et al.，2014。
10. 关于戴胜：Soler et al.，2008；切叶蚁：Cafaro et al.，2011；马铃薯叶甲：Chau et al.，2011；河豚：Chung et al.，2013；天竺鲷：Dunlap and Nakamura，2011；蚁蛉：Yoshida et al.，2001；线虫：Herbert and Goodrich-Blair，2007。
11. 美国内战期间，同样的发光微生物进入过士兵的伤口，并帮助他们消毒；当时的军队把这种神秘的发光现象称为“天使之光”。
12. Gilbert and Neufeld，2014。

13. 华莱士的生平可参考：http://wallacefund.info/。
14.《渡渡鸟之歌》精彩地描写了达尔文和华莱士的历险（Quammen，1997）。
15. Wallace，1855。
16. O' Malley，2009。
17. 这一概念以及微生物群落的生态性质，在以下论文中得到了很好的解释：Dethlefsen et al.，2007；Ley et al.，2006；Relman，2012。
18. Huttenhower et al.，2012。
19. Fierer et al.，2008。
20. 几位研究人员观察了婴幼儿体内不断变化的微生物，研究对象包括他们自己的小孩；弗雷德里克·巴克哈德（Fredrik Bäckhed）最近（也最彻底地）分析了来自98名婴儿出生一年内的微生物样本（Bäckhed Notes 275 et al.，2015）。塔尼娅·雅兹能科（Tanya Yatsunenko）和杰夫·戈登也在三个不同的国家开展了一项极具开创性的研究，展示了一个孩子的微生物组在三岁以前是如何变化的（Yatsunenko et al.，2012）。
21. 杰里米亚·菲斯（Jeremiah Faith）和杰夫·戈登的研究显示，肠道里的大部分菌株都会停留数十年：它们的数量会上升、下降，但是一直存在（Faith et al.，2013）。其他团队也通过研究表明，在较短的时间跨度内，肠道内的微生物组非常多变。
22. Quammen，1997，p. 29。
23. 这项研究是彼得·多尔施坦因（Peter Dorrestein）一同参与完成的（Bouslimani et al.，2015）。
24. 弗雷德里克·德尔叙克（Frederic Delsuc）领导了这项研究（Delsuc et al.，2014）。
25. 发育生物学家斯科特·吉尔伯特已经和这个看起来微不足道的问题较了好几年劲（Gilbert et al.，2012）。
26. Relman，2008。

2 显微镜之眼

1. 列文虎克的生平详细资料可以在道格拉斯·安德森的网站“Lens on Leeuwenhoek”上找到：http://lensonleeuwenhoek.net/，另外还有两部人物传记 *Antony Van Leeuwenhoek and His ‘Little Animals’*（Dobell，1932），以及 *The Cleere Observer*（Payne，1970）。道格拉斯·安德森（Anderson，2014）和尼克·莱恩（Lane，2015b）也在论文中讨论过列文虎克，本书均有引用。列文虎克的名字没有标准拼法，本书选用的是 Dobell 版本的拼法。
2. Leeuwenhook，1674。
3. 他指的是干酪蛆（cheese mites），即当时已知的最小生物。
4. 关于这一点仍存争议。17 世纪 50 年代，也就是列文虎克用显微镜观察水的 20 年前，德国学者安特翰纳修斯·基歇尔（Anthanasius Kircher）研究过鼠疫病人的血液，他描述道：一种“有毒的小颗粒”纷纷变成了“小小的、可见的蠕虫”。他的描述很模糊，但是看起来更像是在描述红细胞或者死去的细胞组织，而不是引发鼠疫的鼠疫杆菌。
5. Leeuwenhoeck，1677。
6. Dobell，1932，p. 325。
7. 亚历山大·阿博特（Alexander Abbott）写道：“纵观列文虎克的全部工作，有一个显而易见的缺陷，那就是他没有推论，只是纯粹的客观描述。”（Abbott，1894，p. 15）。
8. 关于巴斯德、科赫以及他们同时代人的故事，在《微生物猎人》（*Microbe Hunters*）一书中有非常清楚的讲述（Kruif，2002）。
9. Dubos，1987，p. 64。
10. Chung and Ferris，1996。
11. Hiss and Zinsser，1910。
12. Sapp，1994，pp. 3–14。他的《联合演化》（*Evolution by Association*）是目前关于共生关系研究历史的最详尽记录，堪称一部历史经典。
13. Ibid.，pp. 6–9。阿尔伯特·弗兰克（Albert Frank）于 1877 年第一次提出它；安东·德巴里（Anton de Bary）可能是比较公认的最先提出它的人，但他其实比弗兰克晚了一年后才开始使用该词。

14. Buchner，1965，pp. 23–24。
15. Kendall，1923。
16. Zimmer于2012年引用过。
17. 他们的很多观察很准确，但也有一些并不那么准确，比如声称北极圈的哺乳动物是无菌的（Kendall，1923）。
18. Kendall，1909。
19. Kendall，1921。
20. 梅奇尼科夫在一次公开演讲中谈及了自己的想法（参见1901年的怀演讲）；形容他拥有陀思妥耶夫斯基般的天性（Kruif，2002）；他产生的影响：Dubos，1965，pp. 120–121。
21. Bulloch，1938。
22. 历史学家芬克·桑戈德伊把他的言论纳入了微生物生态学历史，因此很推荐阅读她的论文（Sangodeyi，2014）。
23. 罗伯特·亨盖特（Robert Hungate），第四代代尔夫特学派，为食草动物（例如白蚁和家畜）的肠道细菌所着迷。他发明出一种方法：在试管的内部覆上一层琼脂，用二氧化碳排出氧气。通过这种方法，细菌学家最终得以培养出主宰动物（包括人类肠道）的厌氧菌（Chung and Bryant，1997）。
24. 参照列文虎克的做法，美国牙医约瑟夫·阿普尔顿（Joseph Appleton）观察了自己嘴里的细菌。20 世纪 20 年代至50 年代，他和其他一些人观察了人们口腔中的细菌菌群在口腔疾病期间的变化过程，以及它们如何受到唾液、食物、年龄和季节因素等的影响。嘴里的微生物比肠道中的更经得起折腾：它们比较容易收集，可以忍受氧气的存在。阿普尔顿通过研究它们帮助当时还是边缘医学的牙医学建立起了真正的科学基础，而非止步于一个纯技术的职业（Sangodeyi，2014，pp. 88–103）。
25. Rosebury，1962。
26. 罗斯伯里写了第一本关于人类微生物的科普读物《人类身上的生命》（*Life on Man*），是出版于 1976 年的畅销书。

27. 德韦恩·萨维奇在之后的所有研究中都给出了非常精彩的解释（Savage，2001）。
28. 莫伯格撰写的勒内·杜博传记非常值得一读，里面记述了杜博丰富的生平细节（Moberg，2005）。
29. Dubos，1987，p. 62。
30. Dubos，1965，pp. 110 – 146。
31. 这段话摘自《纽约时报》的一次采访（Blakeslee，1996）。关于乌斯这次具有开创意义的研究的详细解释，请参见约翰·阿奇巴尔德（John Archibald）的《一加一等于》（*One Plus One Equals One*，Archibald，2014）以及简·萨普（Jan Sapp）的《演化的新基础》（*The New Foundations of Evolution*，Sapp，2009）。
32. 乌斯一开始并没有想到这个主意。DNA 双螺旋结构的发现人之一弗朗西斯·克里克（Francis Crick）曾于1958 年给出相同的提议，而莱纳斯·波林（Linus Pauling）和埃米尔·祖克坎德尔（Emil Zuckerkandl）于 1965 年提议将分子用于“记录演化历史”。
33. 博士后乔治·福克斯（George Fox）与乌斯合作，同时也是乌斯代表性论文的共同作者（Woese and Fox，1977）。
34. Morell，1997。
35. 这种探索生命之树分支的方法为分子种系发生学（molecular phylogenetics），曾经帮助研究者分离了许多基于同样表型特征而被误归到一起的物种，也把仅从外表看起来不相关的生命体归在一起。该方法也表明，虽然还存在一些疑问，但复杂细胞中豆子形状的产能细胞器线粒体，确实曾经是细菌。这些细胞器拥有自己的基因，与细菌的基因非常相似。把太阳光转化为生物能的叶绿体也是如此。
36. 黄石公园热泉的相关研究：Stahl et al.，1985。佩斯将同样的技术应用在深海蠕虫的细菌研究中；研究结果于2015年发布，但并没有发现任何新物种。
37. 佩斯的太平洋研究：Schmidt et al.，1991；对科罗拉多含水层的最新调查：Brown et al.，2015。
38. Pace et al.，1986。

39. Handelsman，2007；National Research Council (US) Committee on Metagenomics，2007。
40. Kroes et al.，1999。
41. Eckburg，2005。
42. 来自杰夫·戈登实验室的早期批判性研究：Bäckhed et al.，2004；Stappenbeck et al.，2002；Turnbaugh et al.，2006。
43. 2007年12月，美国国立卫生研究院发起了一项"人类微生物组计划"（Human Microbiome Project），为期五年，描述来自242名健康志愿者身上鼻子、嘴、皮肤和外阴等部位的微生物组。美国政府提供了1.15亿美元（7亿多人民币）的资金，集结了200多位科学家，编目了"最详尽的人类微生物组"。一年后，另一个类似的名为MetaHIT的计划也在欧洲启动。该计划专注于肠道内的微生物，项目资金高达2亿欧元（近16亿人民币）。其他研究计划也在中国、日本、澳大利亚和新加坡启动（Mullard，2008）。
44. 我为《纽约客》写过Micropia的游记（Yong，2015a）。

3　身体建筑师

1. 这个对话出现在我给《自然》杂志写的一篇有关麦克福尔-恩盖的简报中（Young，2015b）。
2. 麦克福尔-恩盖和夏威夷短尾乌贼有关的研究：McFall-Ngai，2014。关于纤毛在吸引费氏弧菌时的作用，在写作本书期间还没有正式发表。乌贼接触费氏弧菌后所发生的改造过程（terraforming），由博士后娜塔莎·克雷默（Natacha Kremer）于2013年发表（Kremer et al.，2013）。费氏弧菌抵达腺窝后发生的生理过程，由麦克福尔-恩盖和鲁比详细地发表在1991年的论文中（McFall-Ngai and Ruby，1991）。麦克福尔-恩盖于1994年首先指出费氏弧菌对乌贼发育过程的影响（Montgomery and McFall-Ngai，1994）。分子模式由谭雅·克罗帕特尼克（Tanya Koropatnick）等于2004年识别发布（Koropatnick et al.，2004）。

3. 卡伦·吉耶曼（Karen Guillemin）曾说明，斑马鱼的内脏仅当暴露在微生物和LPS分子中才会发育成熟（Bates et al.，2006）。杰拉德·埃贝尔（Gerard Eberl）发现，PGN也会以相似的方式影响老鼠的内脏发育（Bouskra et al.，2008）。关于微生物对动物发育的影响，可见讨论：Cheesman and Guillemin，2007；Fraune and Bosch，2010。
4. Coon et al.，2014。
5. Rosebury，1969，p. 66。
6. Fraune and Bosch，2010；Sommer and Bäckhed，2013；Stappenbeck et al.，2002。
7. Hooper，2001。
8. 胡珀的研究启发了约翰·罗尔斯在无菌斑马鱼中开展了同样的实验，他在实验中发现了与被微生物激活的基因相同的大量部位（Rawls et al.，2004）。
9. Gilbert et al.，2012。
10. 大部分细菌都是单细胞生物，但是生物学中总有例外。在一些条件下，上百万个黄色粘球菌(*Myxococcus xanthus*)会形成相互合作地进行捕食的整体，一起移动、发育、猎食。
11. Alegado and King，2014。
12. 伟大的德国生物学家恩斯特·海克尔（Ernst Haeckel）曾经想象过，最早的动物是一些由细胞组成的、以细菌为食的中空球体。他将这种想象出来的群体称为囊胚（*Blastaea*），并按他的习惯画了出来。他的草图看起来和金的儿子在笔记本上画的“玫瑰丛”惊人地相似。
13. 如Alegado et al.，2012中所描述，该词的意思是“来自马岛吃冷食的”。
14. 摘自 Hadfield，2011 的评论。
15. Leroi，2014，p. 227。
16. 哈德菲尔德花了几乎一年时间才明白，细菌是怎样触发幼虫的变化的。真实过程特别暴力。哈德菲尔德与加州理工学院的尼克·志久麻（Nick Shikuma）一起发现 P-luteo 产生了一种毒素：细菌素（bacteriocins），用于向其他微生物宣战（Shikuma et al.，2014）。每个细菌素都是微小的、上满弦的武器。它们在其他细胞上戳洞，造成致命的渗漏。100个细菌素会聚成一坨圆顶状的东西，把充满威胁的一头朝外，把 P-luteo 产生的化学物质像埋地雷一样布满表面。哈德菲尔德认为，幼虫触到其中一个“地雷”后，细胞表面会立即爆出破洞。这已经足够触发神经信号并通知幼虫：是时候“长大”了。

17. Hadfield，2011；Sneed et al.，2014；Wahl et al.，2012。
18. Gruber-Vodicka et al.，2011；再生的结果还没发表。
19. Sacks，2015。
20. 多项研究显示，微生物组会影响脂肪（Bäckhed et al.，2004）、血脑屏障（Braniste et al.，2014），以及骨骼（Sjögren et al.，2012）；关于其他相关研究的综述请见：Fraune and Bosch，2010。
21. Rosebury，1969，p. 67。
22. 不仅仅是老的微生物组。丹尼斯·卡斯帕（Dennis Kasper）的研究显示，一只无菌小鼠如果接受了正常小鼠的微生物，也会发育出一套健全有力的免疫系统，但是用人类或者大鼠身上的相似微生物却不行（Chung et al.，2012）。这表明一套特定的微生物组已经和宿主共同演化，通过建立健康的免疫系统提高了宿主的健康水平。病毒也发挥了作用。肯·卡德维尔（Ken Cadwell）用诺瓦克病毒（经常导致搭船的乘客恶心呕吐）感染无菌小鼠，他发现这些小鼠会产生更多白细胞，各种种类都有。在这里，病毒微生物组的行动非常相似（Kernbauer et al.，2014）。
23. 免疫系统和微生物组之间的联系在 Belkaid and Hand，2014 的综述给出了非常详尽的展示：Hooper et al.，2012；Lee and Mazmanian，2010；Selosse et al.，2014。关于生命早期微生物的重要性可查阅：Olszak et al.，2012。
24. 丹·李特曼（Dan Littman）和本田健也的研究表明，节丝状菌（segmented filamentous bacteria，SFB）能够激活炎性的免疫细胞（Ivanov et al.，2009）。本田的研究也表明，梭状芽孢杆菌能够激活抗炎的细胞（Atarashi et al.，2011）。
25. 要理解其中的重要性，看看艾滋病毒就知道了：人们如此惧怕这种病毒，就是因为它会毁灭 T 细胞，让人类的免疫系统无法抵御哪怕最微弱的病原体。

26. 马兹马尼亚关于 B-frag 和 PSA 的原始研究：Mazmanian et al.，2005；前实验室成员琼·朗德（June Round）参与了后来的关键工作：Mazmanian et al.，2008；Round and Mazmanian，2010。
27. 并不是所有的肠道中都含有B-frag。幸运的是，一些肠道微生物也有相同的特点。温迪·加勒特的研究显示，许多这些肠道微生物通过分泌同样的化学物质来发挥作用，比如短链脂肪酸能够激活免疫系统中抗炎的部分（Smith et al.，2013b）。
28. 理论上是这样。但现实中我们不知道大多数基因究竟发挥了什么作用，但这一部分知识空白终将被填满。
29. 关于微生物代谢物的重要性，请见综述：Dorrestein et al.，2014，Nicholson et al.，2012，以及Sharon et al.，2014。
30. 豹的尿闻起来也像爆米花。如果你开车穿过非洲的稀树草原时能闻到诱人的爆米花芳香，可千万要注意喔。
31. Theis et al.，2013。
32. 关于气味腺的研究：Archie and Theis，2011；Ezenwa and Williams，2014；同卵双胞胎的气味：Roberts et al.，2005；蝗虫、蟑螂和豆科植物虫子的研究：Becerra et al.，2015；Dillon et al.，2000；Wada-Katsumata et al.，2015。
33. Lee et al.，2015；Malkova et al.，2012。
34. 博士后伊莲娜·萧（Elaine Hsiao）领导了这项研究（Hsiao et al.，2013）。
35. Willingham，2012。
36. 马兹马尼亚在最近的一次学术会议上展示了这项由博士后吉尔·沙朗（Gil Sharon）完成的研究，在我写作本书时还没有正式发表。
37. 博蒙特后来用自己的话重述了这个故事（Beaumont，1838），之后的传记中也有所提及（Roberts，1990）。
38. 尽管受了伤，圣马丁还是比博蒙特多活了27年。博蒙特在冰上滑倒后死亡。
39. 有大量关于这个主题的评论和综述，比研究论文多，请见：Collins et al.，

2012；Cryan and Dinan，2012；Mayer et al.，2015；Stilling et al.，2015。其中一项有重大影响的研究于1998年完成，马克·莱特（Mark Lyte）用空肠弯曲菌感染了小鼠。这是一种造成食物中毒的细菌。他只用了非常小的剂量，小鼠的免疫系统甚至都不足以反应，更别说生病了。但是它们的焦虑程度确实上升了（Lyte et al.，1998）。2004年，另一个日本研究团队表示，面对较大的压力时，无菌小鼠的反应更加强烈（Sudo et al.，2004）。

40. 2011 年出现的一大批研究论文包括简·福斯特（Jane Forster）（Neufeld et al.，2011）；斯文·彼得森（Heijtz et al.，2011）；斯蒂芬·柯林斯（Stephen Collins）（Bercik et al.，2011）；还有约翰·克赖恩，特德·迪南，以及约翰·宾斯托克（John Bienenstock）（Bravo et al.，2011）。

41. Bravo et al.，2011。

42. 约翰·宾斯托克领导了这项研究。鼠李糖乳杆菌的 JB–1 菌株最初就来自他的实验室，也是他们命名的。他在加拿大重复了这个实验，用了不同组的小鼠和些许不同的技术，得到了同样的结果，也由此为他的爱尔兰同事带去信心。从那时起，该研究团队才开始觉得他们可能会取得一些真正的成果。“我们欢庆道：上帝，这太棒了，”他告诉我，“从一个实验室移到另一个实验室时，这些该死的研究结果大多非常不牢靠。”

43. 一些微生物可以制造神经传导物质，另一些则能“说服”肠道细胞来大量炮制这些物质。人们通常认为这些物质是人脑产生的化学物质，但是至少一半的多巴胺物质以及 90% 的血清素都存在于肠道内。

44. Tillisch et al.，2013。

45. 写作本书时该结果还未发表。

46. 一个美国的研究团队把高脂肪饮食小鼠的肠道微生物移植到了正常饮食的小鼠体内，发现接受者会变得更加焦虑、记忆力更差（Bruce-Keller et al.，2015）。

47. 乔·阿尔科克（Joe Alcock）提出了这个主意（Alcock et al.，2014）。

48. 我在我的TED演讲中提到过这种控制思维的寄生虫（Yong，2014b）。

49. 弓形虫可能也会影响人类的行为：一些科学家提出感染的人类会显示出个性

的不同，发生交通事故的风险更高，也更容易得精神分裂症。

4　条款与条件

1. 沃尔巴克氏体的历史与赫蒂希的工作在这里有详细提及：Kozek and Rao，2007。
2. 斯陶特海默的黄蜂：Schilthuizen and Stouthamer，1997；里戈的木虱：Rigaud and Juchault，1992；赫斯特的蝴蝶：Hornett et al.，2009；关于以上研究的综述请见：Werren et al.，2008，以及 LePage and Bordenstein，2013。
3. 一项较早期研究提供的数据是 66%（Hilgenboecker et al.，2008），但一项新近的研究提出的数据没有这么激进：40%（Zug and Hammerstein，2012）。
4. 有可能是更常见的海洋细菌。其中原绿球藻（*Prochlorococcus*）非常常见，从海洋表面汲取一毫升水，其中就可能含有十万个原绿球藻。这些原绿球藻贡献了空气中大约20%的氧气。每吸进五口气，就有一口氧气来自这些细菌。但要讲完它们的故事就得重写另一本书了。
5. 线虫：Taylor et al.，2013；苍蝇和蚊子：Moreira et al.，2009；床虱：Hosokawa et al.，2010；潜叶虫：Kaiser et al.，2010；黄蜂：Pannebakker et al.，2007。黄蜂对沃尔巴克氏体产生依赖的背后的原因是不合常理的。与所有的动物一样，黄蜂体内有自毁的程序，如果它们被损害或产生癌变，就会杀死自己的细胞。沃尔巴克氏体让这些程序不再灵敏，所以作为补偿，黄蜂变得异常敏感。现在，如果你企图从黄蜂体内清除沃尔巴克氏体，黄蜂就会错误地破坏自己的产卵组织。它一直在与微生物斗争，时间长到最后对微生物产生了依赖。沃尔巴克氏体并没有真正地为它提供任何好处，但二者却相互依存。
6. 相关综述请见：Dale and Moran，2006；Douglas，2008；Kiers and West，2015；McFall-Ngai，1998。
7. Blaser，2010。
8. Broderick et al.，2006。
9. 西奥多·罗斯伯里憎恨“机会主义”这个术语。“这个名词再次暗示了这种隐喻，即微生物也有人类的恶习，”他写道，“所有微生物、所有生物，都会以某种方式回应身边环境的变化。可能以各种形式出现的种种机会，都会把无害的微生物转化成有害的微生物。”他创造了另一个术语：双重性（*amphibiosis*），用于描述在某些情况下有所帮助，但在其他情况下却会加害对方的自然合作伙伴关系。这是一个拥有积极意义的术语，甚至是美丽的，但也许是不必要的，因为许多（如果不是绝大多数的话）合作伙伴关系都是如此。

10. Zhang et al.，2010。
11. 扁食蚜蝇：Leroy et al.，2011；蚊子：Verhulst et al.，2011。
12. 小儿麻痹症：Kuss et al.，2011。还有另一种名为MMTV的病毒，会导致小鼠患上乳腺癌；它们会把细菌分子当作假的身份证使用，“出示”给免疫器官，以此打通一条通向肠道的安全路径（Kane et al.，2011）。
13. Wells et al.，1930。
14. 牛椋鸟：Weeks，2000；清洁鱼：Bshary，2002；蚂蚁和金合欢：Heil et al.，2014。
15. 凯尔斯在一次会议上提及了此事，他的看法记录在此：West et al.，2015。
16. 麦克福尔-恩盖告诉我，这些乌贼非常擅长清除暗色的共生体，甚至能够以某种方式监测到共生体中一些不发光的突变，然后清除它们。
17. 相关综述请见：Bevins and Salzman，2011。
18. 胃酸：Beasley et al.，2015；蚂蚁和蚁酸：对海克·菲尔德哈（Heike Feldhaar）的采访。
19. 臭椿：Ohbayashi et al.，2015；类菌体：Stoll et al.，2010。
20. 这些过程发生在象鼻虫体内，它们会使用抗微生物的化学物质来阻止细胞中的细菌繁殖。如果你阻止它们制造这种化学物质，那么细菌会在昆虫的全身繁殖，不加控制地四处流窜（Login and Heddi，2013）。
21. 阿卜杜勒阿齐兹·赫迪（Abdelaziz Heddi）发现了象鼻虫的这种能力：详情请见：Vigneron et al.，2014。许多其他动物，包括某些昆虫、蛤蜊、蠕虫和食草的哺乳动物在内，可以通过消化它们的微生物而获得额外的营养。共生的这一方面遭到了极大的忽视。科学家经常认为，微生物能够从与动物的关系中获得一些东西，无论是养分、保护，还是稳定的环境，但这些好处很少被证实。贾斯丁·加西亚（Justine Garcia）和妮科尔·杰拉多（Nicole Gerardo）写道：“如果没有证据表明共生菌从中受益的话，共生体比起平等的伙伴，可能更类似于囚犯或者农作物之类的角色。”（Garcia and Gerardo，2014）。

22. 对罗威尔进行的采访。
23. Barr et al.，2013。
24. 我必须注明，这只是许多免疫起源论中的一种说法。
25. Vaishnava et al.，2008。
26. 其中最重要的是一种名为“免疫球蛋白A”（IgA）的抗体。肠道每天产生大约一茶匙量的免疫球蛋白A。这听起来是一个非常荒谬的数量，但是，这其中的IgA并不是人体批量生产的。相反，各个分子是“手工生产”出来的定制产物，具有各种各样不同的微妙形状，设计出的每个分子都用于识别、中和不同的微生物。通过对“非军事区”内的微生物进行取样，肠道内的免疫细胞可以广泛地“定制”IgA，以针对最常见的物种。然后，它们把这些抗体释放到黏液中，将其堆积到肠道内的微生物上，形成一个固定的外套。这个系统非常有效，大约一半的肠道细菌都被IgA的“外套”所束缚。随着微生物菌群的变化，肠道生产并送出的一系列IgA也会有所变化。这是一个非常灵敏的系统。
27. 相关综述请见：Belkaid and Hand，2014；Hooper et al.，2012；Maynard et al.，2012。
28. Hooper et al.，2003。
29. 麦克福尔-恩盖于2007年第一次提出这个假说。其中有一些漏洞：比如，如果脊椎动物的免疫系统在控制复杂微生物组的过程中发挥了如此重要的功用，那么类似于珊瑚和海绵这样只有简单免疫系统的生物，是如何与丰富的菌群共存的呢？
30. Elahi et al.，2013。

31. Rogier et al.，2014。

32. 相关综述请见：Bode，2012；Chichlowski et al.，2011；Sela and Mills，2014。

33. Kunz，2012。

34. 该团队包括杰曼本人，还有微生物学家大卫·米尔斯、化学家卡尔里托·勒布利拉（Carlito Lebrilla），以及食品科学家丹妮埃拉·巴丽勒。

35. 罗伯特·瓦尔德（Robert Ward）领导了这项研究（Ward et al.,2006）。大卫·西拉（David Sela）领导了基因测序的工作（Sela et al.，2008）。

36. 这可以产生非常显著的效果：在孟加拉的一例研究中，米尔斯的团队发现，被大量婴儿双歧杆菌定植的婴儿，注射小儿麻痹和破伤风疫苗后都有更好的效果。

37. 米尔斯告诉我，婴儿双歧杆菌这个名字并不总是指婴儿双歧杆菌本身。人们经常识别错误，并把该名称安在其他非常不同的微生物。其中一种可以在市面上的畅销酸奶中发现，但米尔斯在实验中把该菌株用于阴性对照，其行为与米尔斯研究的擅长消化牛奶的细菌非常不同。

38. 大卫·纽伯格领导了大部分工作（Newburg et al.，2005）；拉尔斯·博德领导了有关 HIV 的研究（Bode et al.，2012）。

39. 这可能也是母亲操纵婴儿的一种方式。婴儿为了得到好处，会尽可能地垄断母亲的注意力，从而演化出很多行为：哭泣，蹭鼻子，摆出可爱的样子。但是，一个母亲在许多孩子之间分配照看的精力时，也必须照顾到现在和未来的情况。如果她花了太多精力在一个孩子身上，可能就没有足够的精力分给其他小孩。因此，母亲也应该演化出相应的对策。演化生物学家凯蒂·辛德（Katie Hinde）怀疑母乳就是其中一项。它滋养特定的微生物，正如我们在上一章中看到的，一些微生物可能会影响其宿主的行为。通过改变其分泌母乳的 HMO 含量，一个母亲也许可以（在无意中）选择能够影响和操纵婴儿心理状况的微生物，然后使自己受益。例如，如果婴儿不那么焦虑，他/她也许就会早日独立，妈妈也能再分出精力专注于其他孩子。

40. 多糖的重要性：Marcobal et al.，2011；Martens et al.，2014；盐藻糖和生病的小鼠：Pickard et al.，2014。

41. 相关综述请见：Fischbach and Sonnenburg，2011；Koropatkin et al.，2012；Schluter and Foster，2012。
42. 相关综述请见：Kiers and West，2015；Wernegreen，2004。
43. 那些允许其所有者觉察且适应不断变化的环境的基因，很快就会消失。毕竟，这些微生物不再需要应对变幻莫测的天气、温度或食物供应。在昆虫细胞安全又舒适的空间内，它们的状态可以稳定数百万年。它们也倾向于丢失用于修复或重组 DNA 的基因，这阻止了它们修复剩余基因序列中的问题。
44. 相关综述请见：McCutcheon and Moran，2011；Russell et al.，2012；Bennett and Moran，2013。
45. 这些是否是独立的物种，目前尚存争议。它们的结构配置很难用传统的规则定义。
46. 马修·坎贝尔（Matthew Campbell）、詹姆斯·范鲁文（James van Leuven）和皮奥特·卢卡斯克（Piotr Lukasik）领导了这项研究（Campbell et al.，2015；Van Leuven et al.，2014）。智利的研究结果还未发表。
47. Bennett and Moran，2015。

5 疾病与健康

1. 罗威尔在《微生物之海》（*Microbial Seas*，Rohwer and Youle，2010）一书中描写了莱恩群岛的探险之旅，细节丰富，读起来风趣盎然。除了下面提到的实验，也可以在那本书关于珊瑚礁的段落中找到本章提到的其他细节。
2. 关于罗威尔珊瑚礁之死的模型，详情请见：Barott and Rohwer，2012；丽莎·丁斯代尔对珊瑚微生物的研究：Dinsdale et al.，2008；珍妮弗·史密斯的肉质藻实验细节：Smith et al.，2006；丽贝卡·维嘉·图博尔（Rebecca Vega Thurber）领导了珊瑚病毒的研究：Thurber et al.，2008，2009；琳达·凯利领导了黑珊瑚礁的研究：Kelly et al.，2012；特雷西·麦克道尔领导开发了珊瑚微生物化的分数系统：McDole et al.，2012。
3. 美国讽刺类脱口秀主持人史蒂芬·科尔伯特（Stephen Colbert）在他的节目上

报道了这个病毒实验。他问道："谁在强奸这些珊瑚？"

4. 部分珊瑚疾病是单个微生物造成的：比如白斑病是黏质沙雷氏菌（*Serratia marascens*）造成的（这种细菌在废水和土壤中均有发现）。但是这样的例子更多是例外，而不是规律。
5. 关于生态失调，请见综述：Bäckhed et al.，2012；Blumberg and Powrie，2012；Cho and Blaser，2012；Dethlefsen et al.，2007；Ley et al.，2006。人们经常错误地认为，这个词是那个奇怪的俄罗斯人埃黎耶·梅奇尼科夫所创造的，但是在他之前的好几十年就有人开始使用。
6. 杰夫·戈登的校友录里拥有一长串星光熠熠的名字，包括我们在书中其他地方遇到的许多人，包括贾斯廷·松嫩堡、露丝·莱、罗拉·胡珀和约翰·罗尔斯。罗布·奈特也长期与松嫩堡合作。萨尔奇斯·马兹马尼亚说，戈登是因为2001年在一篇文章中表达的观点——"在所有的微生物之前，是微生物组"——才进入了这个领域。
7. 这套设备由戴维·奥唐纳（David O'Donnell）和玛利亚·卡尔森（Maria Karlsson）管理运行，他们从1989年起开始与戈登共事，还有贾斯丁·塞鲁戈（Justin Serugo），他是来自民主刚果共和国的难民，在加入他们之前是大学的门卫。很感谢他们带我参观。
8. 20世纪40年代，微生物学家詹姆斯·雷尼耶（James Reyniers）和工程师菲利普·特拉克斯勒（Philip Trexler）开发了一种大规模培养无菌啮齿动物的方法（Kirk，2012）。他们从怀孕的雌性身上移出子宫，浸泡在消毒剂里，然后转移到隔离器中，剖出胎儿，人工养大。通过这种方式，他们培育出了无菌小鼠、大鼠和豚鼠，之后又把技术转移到猪、猫、狗甚至猴子身上。这种技术显然是成功的，但是早期隔离器冰冷的钢结构、笨拙的手套和小小的观察窗，都非常不方便且成本高昂。到了1957年，特拉克斯勒设计了一个塑胶版本的隔离器，用的橡胶手套类似于戈登实验室用的那种，操作方便，成本也降到了原来的1/10左右。
9. 弗雷德·贝克哈德主导了这项研究（Bäckhed et al.，2004）。
10. 关于微生物组与肥胖之间的联系，详见综述：Zhao，2013 and Harley and Karp，

2012。第一个显示肥胖的人和小鼠的肠道菌群不同于其他人和小鼠的研究是由露丝·莱领导的（Ley et al.，2005）；彼得·特恩博做了一个实验，他将肥胖患者的微生物移植到无菌小鼠身上（Turnbaugh et al.，2006）。

11. 帕特里斯·卡尼领导了嗜黏蛋白阿克曼氏菌的研究，团队里还有威廉·德沃斯（Willem de Vos），他发现了这种细菌（Everard et al.，2013）；李·卡普兰领导了旁路手术的研究（Liou et al.，2013）。
12. Ridaura et al.，2013。
13. 米歇尔·史密斯（Michelle Smith）和谭雅·雅兹能科领导了这项研究；马克·马纳瑞（Mark Manary）和因迪·特雷汉（Indi Trehan）也有参与（Smith et al.，2013a）。
14. 就像伟大的生态学家鲍勃·派恩（Bob Paine）曾经说过的："复杂的扰动会给生态带去惊喜。"他当时提到的是国家公园、岛屿、三角洲。这句话也可以套用在我们的身体上。（Paine et al.，1998）
15. 关于微生物组与免疫系统的互动，请见综述：Belkaid and Hand，2014；Honda and Littman，2012；Round and Mazmanian，2009。
16. 关于炎性肠症和微生物的论文成百上千，不过我首先推荐阅读这个领域的几篇综述：Dalal and Chang，2014；Huttenhower et al.，2014；Manichanh et al.，2012；Shanahan，2012；Wlodarska et al.，2015。同时也可以看看温迪·加勒特关于微生物如何影响免疫系统的研究（Garrett et al.，2007，2010），以及关于炎性肠症伴随微生物变化的论文（Morgan et al.，2012；Ott et al.，2004；Sokol et al.，2008）。
17. 德克·热韦尔（Dirk Gevers）领导了这项研究，是一项大规模关注微生物组和炎性肠症之间联系的研究（Gevers et al.，2014）。
18. Cadwell et al.，2010。
19. 相关综述请见：Berer et al.，2011；Blumberg and Powrie，2012；Fujimura and Lynch，2015；Kostic et al.，2015；Wu et al.，2015。
20. 杰勒德的论文：Gerrard et al.，1976；斯特拉坎的后续：Strachan，1989；斯特拉坎有时候被误认为卫生学说之父，尽管他自己坚决否认，说不是这个"不肖子”的父亲（Strachan，2015）；他引用了许多以前的思想家的话，并表示，他自己的遣词造句“更多是为了讽刺，而不是真的希望并要求建立一个新的科学范式”。

21. 相关综述请见：Arrieta et al.，2015；Brown et al.，2013；Stefka et al.，2014。
22. 格拉汉·鲁克（Graham Rook）是第一个使用“老朋友”一词的人（Rook et al.，2013）。
23. Fujimura et al.，2014；微生物的丰富程度不同，因为狗的体型比猫大，且有更多时间在户外。
24. 多明格斯－贝洛的研究：Dominguez-Bello et al.，2010；流行病学研究揭示了剖宫产和之后的疾病：Darmasseelane et al.，2014；Huang et al.，2015。
25. 尤金·张（Eugene Chang）的研究表明了饱和脂肪酸的影响（Devkota et al.，2012）；安德鲁·格威茨（Andrew Gewirtz）研究了两种添加剂（Chassaing et al.，2015）。
26. 关于伯基特的探索，请见这份报告：Altman，1993；他关于纤维的研究被松嫩堡引用：Sonnenburg and Sonnenburg，2015，p. 119。
27. 温迪·加勒特与另一些人表示，消化纤维的微生物会产生短链脂肪酸（Furusawa et al.，2013；Smith et al.，2013b）。马赫什·德赛（Mahesh Desai）表明，如果没有纤维，肠道细菌会吞噬黏液层；他在一个学术会议上展示了这一研究成果，但没有发表。
28. 贾斯廷和艾丽卡·松嫩堡的研究表明，缺少纤维会导致肠道微生物的“灭绝”（Sonnenburg et al.，2016)，并综述了纤维的好处（Sonnenburg and Sonnenburg，2014）。
29. 多项微生物组研究都着眼于农村人口，包括卡洛塔·德费利波（Carlotta de Filippo）的，以及谭雅·雅兹能科产生重大影响的一篇：De Filippo et al.，2010；Yatsunenko et al.，2012。
30. 美国化学学会（American Chemical Society），1999。
31. 关于抗生素对微生物组的影响，请见综述：Cox and Blaser，2014；其中还包括儿童摄取的抗生素的推测剂量；另外，关于抗生素对微生物组影响的研究：Dethlefsen and Relman，2011；Dethlefsen et al.，2008；Jakobsson et al.，2010；Jernberg et al.，2010；Schubert et al.，2015。

32. 发现于20世纪60年代。当时的科学家通过研究表明，小鼠的粪便可以组织沙门氏菌生长，但若它们一开始就受过抗生素的影响，那就无法阻止（Bohnhoff et al.，1964）。

33. 凯瑟琳·莱蒙使用了这一比喻：Lemon et al.，2012。

34. 布莱泽和同事赵日胜（Ilseung Cho）共同完成了第一个关于抗生素和肥胖的实验（Cho et al.，2012）；第二个实验由劳拉·考克斯领导（Cox et al.，2014）；关于流行病学的研究是由李奥纳多·特拉桑德（Leonardo Trasande）领导的（Trasande et al.，2013）。

35. 他发布在推特上。马绍尔亲自吃了细菌，以此确定了幽门螺杆菌会导致胃炎。

36. 玛丽恩·麦肯纳关于“后抗生素”的未来：McKenna，2013；以及她的著作《超级病菌》（*Superbug*，McKenna，2010）。如果你想了解这个主题，这些是必读读物。

37. Rosebury，1969，p. 11。

38. 布莱泽关于幽门螺杆菌的研究：Blaser，2005；他对这种细菌消失的担心：Blaser，2010，以及Blaser and Falkow，2009；幽门螺杆菌与人类的漫长故事：Linz et al.，2007；《柳叶刀》的评论文章：Graham，1997；幽门螺杆菌并不影响整体的死亡率：Chen et al.，2013。

39. 扎克·刘易斯主导了这项研究。

40. 关于农村和狩猎–采集人群的微生物组的研究：Clemente et al.，2015；Gomez et al.，2015；Martínez et al.，2015；Obregon-Tito et al.，2015；Schnorr et al.，2014；一项关于化石粪便的研究：Tito et al.，2012。

41. Le Chatelier et al.，2013。

42. 在喀麦隆，感染一种内阿米巴属的变形虫寄生虫的人，其肠道细菌的种类会变得更加丰富，特别是他们还携带寄生虫的幼虫的话。细菌可能会给寄生虫制造机会，或者寄生虫会以某种方式增加细菌的种类。这里有一个例子可以说明，可能是因为体内存在一些人们并不希望存在的东西，反而造就了村民的微生物“多样性”（Gomez et al.，2015）。

43. Moeller et al.，2014。
44. Blaser，2014，p. 6。
45. Eisen，2014。
46. Mukherjee，2011，pp. 349–356。
47. 有太多科学评论文章把肠道微生物群与各种各样的疾病联系起来。精力充沛伊丽莎白·比克（Elizabeth Bik）是一名记者，她关注新近的微生物组研究；她在推特上创立了一个具有欺骗性的标签，名为#gutmicrobiomeandrandomthing（肠道微生物和随便什么东西）。参与这个主题的包括“肠道微生物组织，总是站在收银台最慢的地方”，“肠道微生物群和摩托车维修艺术”（化用自一本有名的书，《禅与摩托车维修艺术》），“肠道微生物群和阿兹卡班囚徒”（化用自《哈利·波特》系列）。
48. The Allium，2014。
49. 对于“生态失调”一词，费尔古斯·沙纳汉（Fergus Shanahan）警告他的同行，应该秉承“乔治·奥威尔式”的克制，因为语言的懒散会使愚蠢的想法更容易实现。“当临床医生因命名错误和不精确的术语而陷入困境时，可能会出现不准确的想法。应谨慎使用新生术语；它们往往是不必要的或指向一个不存在的概念或认识。”（Shanahan and Quigley，2014）
50. 这个观点我曾在《纽约时报》的一篇文章中表达过，关于微生物组与周围环境的相关性（contextual）。
51. 露丝·莱和奥默里·科伦（Omry Koren）开展了这项研究（Koren et al.，2012）。
52. 针对阴道的研究由拉里·福尼（Larry Forney）和贾奎斯·拉维尔（Jacques Ravel）主导 ：（Gajer et al.，2012；Ma et al.，2012）；对身体其他部位的分析由帕特·施罗斯完成（Ding and Schloss，2014）。
53. 凯瑟琳·波拉德主导了其中一项研究，另一项由罗布·奈特负责（Finucane et al.，2014；Walters et al.，2014）。
54. 苏珊娜·萨特尔（Susannah Salter）和阿兰·沃克尔（Alan Walker）展示了提

取工具包：从棉签中抽出 DNA ，做成用于测序的样品。该工具总是会受到低程度的微生物 DNA 污染（Salter et al.，2014）。

55. 比如，帕特·施罗斯写了一个程序，能够观察一个特定的微生物组，预测它在C-diff 的定植面前有多脆弱（Schubert et al.，2015）。
56. 一些科学家已经尝试通过跟踪自己的微生物组来回答这些问题。麻省理工学院的埃里克·阿尔姆和劳伦斯·戴维（Lawrence David）每天都这样做，坚持了一年。戴维在曼谷旅行时患上腹泻，他可以看到自己的肠道菌群经历了一段动荡期，之后才恢复正常。 有一次，阿尔姆在餐厅吃饭后不幸感染了沙门氏菌，他看到这个细菌是如何在肠道中迅速占据主导地位的；还可以看到，当他恢复健康后，菌群又会如何转向不同的状态（David et al.，2014）。
57. 萨提什·苏布拉马尼亚（Sathish Subramanian）主导了这项研究（Subramanian et al.，2014）。
58. 安德鲁·高（Andrew Kau）与普拉纳一起负责这项研究（Kau et al.，2015）。
59. Redford et al.，2012。

6 漫长华尔兹

1. 弗里茨的故事：University of Utah，2012；亚当·克莱顿（Adam Clayton）主导了HS 的最初识别工作：Clayton et al.，2012；第二个案例尚未发表。
2. 不同于刺穿弗里茨的欧洲野苹果树所带来的菌株，戴尔计划去野外采集一些 HS 的菌株样本。他之后可以尝试一些“高风险，高回报”的实验：把HS 注入昆虫体内，看看能不能人为地创造出新的共生关系。
3. 戴尔可以分辨出来，因为这些 HS 的“版本”，比如分别存在于舌蝇和象鼻虫中的，都已经失去了全套基因中不同的部分。它们演化自早期的HS 物种，之后被独立驯化。
4. 蚜虫以及性传播：Moran and Dunbar，2006；同类相食的木虱：Le Clec’h et al.，2013；臭虫的消化道回流：Caspi-Fluger et al.，2012；人类的摄食：Lang et al.，

2014；黄蜂的“脏针头”：Gehrer and Vorburger，2012。

5. 约翰·哈尼科把吮吸某种果蝇血液的螨虫放在另一种果蝇上。果不其然，后者获得了只在前者身上发现过的微生物（Jaenike et al.，2007）。
6. 关于新共生体起源的讨论，详见：Sachs et al.，2011；Walter and Ley，2011。
7. Kaltenpoth et al.，2005。
8. 相关综述请见：Funkhouser and Bordenstein，2013；Zilber-Rosenberg and Rosenberg，2008。
9. 我曾经向深津询问，问他是如何选择研究对象的。他停下来，指了指并不存在的一些点，说道：“噢！这很有趣！”然后笑对着我，什么都没说。我向马丁·卡尔滕波特提出了同样的问题，他答道：“我发现了一种武马君没有在研究的新物种，然后告诉他我正在研究某某微生物呢。”他关于椿象的论文请见：Hosokawa et al.，2008，Kaiwa et al.，2014，以及Hosokawa et al.，2012。
10. Pais et al.，2008。
11. Osawa et al.，1993。
12. 至少可以这么说。我询问了不同领域的许多微生物学家，问他们最怀疑哪些发现，大多数人都指向了一些特定的结果。
13. 许多水下动物会释放共生体到周围的水中，使其幼虫或幼体拥有优质的微生物来源。短尾乌贼每天早上都这么做。医用水蛭每隔几天都会通过肠道排出富含微生物的黏液，也会被其他水蛭残留下的黏液所吸引（Ott et al.，2015）。一些线虫会把大量有毒细菌吐入昆虫的血液中，从而杀死后者；它们的幼虫也在这些昆虫尸体内部发育，吸吮这些血液供自己使用。
14. 同居之人的微生物会趋同：Lax et al.，2014；过“社交生活”的狒狒：Tung et al.，2015；轮滑对抗赛的队友：Meadow et al.，2013。
15. 隆巴尔多的想法（概览请见：Lombardo，2008）只是一个假设，但是做出了一个可供实验证实或证伪的预测。如果他的想法是对的，那些从环境中获取微生物的动物（如乌贼）或自动遗传自上一代的动物（如蚜虫）更有可能独居。那些从同类中获取微生物的动物，更有可能发展出更为复杂的社会制度，允许它们与同类发生频繁、密切的联系。为了证实或证伪这一点，科学家需要为社会性或独居的不同动物群体（如深津的椿象）绘制亲缘谱系，看看微生物共生关系的演变是否始终出现在发展出大型群体之前。据我所知，至今还没有人这么做过。

16. 弗劳恩的第一个实验：Fraune and Bosch，2007；后来的研究展示了水螅是如何选择正确的微生物的：Franzenburg et al.，2013；Fraune et al.，2009，2010；博施关于水螅研究的综述：Bosch，2012。
17. 相关综述请见：Bevins and Salzman，2011；Ley et al.，2006；Spor et al.，2011。
18. 鲸和海豚：对艾米·艾普瑞尔（Amy Apprill）的采访；狼蜂：Kaltenpoth et al.，2014.
19. 蜜蜂的共生体：Kwong and Moran，2015；罗伊氏乳杆菌：Frese et al.，2011；罗尔斯的交换实验：Rawls et al.，2006。
20. 例如，安德鲁·本森（Andrew Benson）识别了小鼠基因组里 18 个最常见的影响肠道微生物数量的基因区域。一些区域影响的是单个微生物物种，另一些则会控制整个物种群（Benson et al.，2010）。
21. 论文发表时，她用的是婚后的名字：林恩·萨甘（Lynn Sagan）（Sagan，1967）。
22. Margulis and Fester，1991。
23. 全基因组的概念最初由一位名叫理查德·杰弗逊（Richard Jefferson）的生物技术学家于20世纪80年代开始构思，尽管他从未正式发表（Jefferson，2010）。他在1994年的一次会议上提出了这一概念；罗森伯格在大约13年前独立地提出了同样的想法和名字。
24. Hird et al.，2014。
25. 例如，露丝·莱表明，基因并不能决定我们的微生物组成，只是强烈地影响了特定种群的存在。我们体内最容易遗传的细菌是最近发现的鲜为人知的物种，克里斯滕森菌（*Christensenella*，Goodrich et al，2014）。有些人有，有些人没有，大约40%的多样性都源自基因的多样性。这个神秘的物种在儿童期很常见，在体重健康的人中更普遍，并且经常与其他大量的微生物共存并形成网络。它可能是一个关键的物种：一个相对罕见，但能在生态系统中表现得十分强大的物种。

26. 罗森伯格提出了全基因组概念：Rosenberg et al.，2009；Zilber-Rosenberg and Rosenberg，2008；塞思·博登施坦因和凯文·泰斯在此基础上的延伸研究：Bordenstein and Theis，2015；南希·莫兰和大卫·斯隆（David Sloan）的反驳：Moran and Sloan，2015。
27. 黛安娜·多德的实验：Dodd，1989；罗森伯格的跟进，这项研究由吉尔·沙朗领导：Sharon et al.，2010。
28. 沃林的论文：Wallin，1927；马古利斯和萨根：Margulis and Sagan，2002。
29. 与魏伦的第一次实验：Bordenstein et al.，2001；第二次实验与罗伯特·布鲁克尔合作：Brucker and Bordenstein，2013。
30. Brucker and Bordenstein，2014；Chandler and Turelli，2014。

7　互助保成功

1. Sapp，2002。
2. 勒内·杜博，第二章中发现抗生菌的细菌学家，他让布赫纳的书引起了美国出版界的注意。这是昆虫共生体与人类微生物的研究交织在一起的历史性时刻。
3. 莫兰对布赫纳菌的第一项研究，与细菌学家保罗·鲍曼一同完成（Baumann et al.，1995）。两位都有以自己名字命名的共生体。鲍曼菌（*Baumannia*）发现自玻璃翅叶蝉体内，莫兰菌在更晚些时候发现自柑橘粉蚧体内。
4. Nováková et al.，2013。
5. 相关综述请见：Douglas，2006；Feldhaar，2011。
6. 例如，布赫纳氏菌可以执行制造氨基酸异亮氨酸或甲硫氨酸所需的每个化学反应——除了最后一环，而蚜虫正好可以完成这最后一环。安吉拉·道格拉斯（Angela Douglas）、南希·莫兰等人用精妙的细节勾勒出了这一整条路径（Russell et al.，2013a；Wilson et al.，2010）。

7. 有趣的是，不同系谱的半翅类昆虫各自独立演化出了吸吮韧皮部汁液的能力，但其他昆虫即使体内含有可以作为膳食补充剂的共生体，也没有发展出这种能力。那么，为什么是半翅目？或者说，为什么别的物种不行？ 这至今仍是个谜。
8. 相关综述请见：Wernegreen，2004。
9. 布洛赫曼氏菌与布赫纳菌密切相关，这可能不是巧合。许多木匠蚁会养蚜虫，就如农民放牧牲畜，而且会保护后者免受捕食者侵袭。作为回报，蚜虫会用含有一种被称为蜜露（honeydew）的含糖废液喂养蚂蚁，而蚜虫共生体也顺着蜜露进入木匠蚁体内。詹妮弗·维尔纳格林（Jennifer Wernegreen）认为，布洛赫曼氏菌是一种从蚜虫中“出走”的共生体后裔，最终落脚在一只“农民”木匠蚁身上，并留了下来（Wernegreen et al.，2009）。
10. 关于加拉帕戈斯裂谷的发现，详情请见史密森尼自然历史博物馆2010年给出的描述，另外可见罗伯特·孔齐希的《测绘深海》(Kunzig，2000)，其中也有详细的记录。该书同时展示了卡瓦诺和琼斯关于巨型管虫的研究细节。
11. 卡瓦诺于 1981 年发表了她的猜想（Cavanaugh et al.，1981），但花了许多年才最终确认，细菌的确如她推测地发挥作用。其他科学家也推测了化学合成细菌的存在，但是卡瓦诺是第一个证实它们存在，且证实它们与动物形成伙伴关系的科学工作者。当时她还是一名研究生，但却发现了全新的生命存在形式。令人惊讶的是，这一形式普遍存在。关于卡瓦诺对巨型管虫的研究，可见综述：Stewart and Cavanaugh，2006。
12. 相关综述请见：Dubilier et al.，2008。
13. 杜比利埃发现了阿氏厄尔巴线虫的共生体：Dubilier et al.，2001；之后又发现了另外三种：Blazejak et al.，2005。
14. Ley et al.，2008a。
15. 一个例外：伊比利亚猞猁是一种生活在灌木丛中的欧洲猫科动物，纯食肉，但其肠道内含有的植物消化基因多到令人意外。它的微生物组有可能不仅用于消化它们的猎物兔子，还适应了消化兔子肠道中的植物物质（Alcaide et al.，2012）。

16. 哺乳动物所摄入能量中的微生物部分：Bergman，1990；关于哺乳动物消化系统的综述：Karasov et al.，2011；Stevens and Hume，1998。
17. 鲸是一个有趣的例外。它们是肉食性的，靠吃小型甲壳类、鱼类甚至其他哺乳动物为生。然而，它们演化自像鹿一样的植食性动物，并且保留了祖先的肠道，体积庞大且有多个前肠室。现在的鲸会使用这种前肠发酵室来处理动物组织。正如琼·桑德斯（Jon Sanders）发现的那样，它们保留了一种肠道微生物，这种肠道微生物与陆地上任何动物体内的都不一样，无论是食肉动物还是食草动物。
18. 麝雉，一种和鸡一般大的南美鸟类，面部呈蓝色，眼睛呈栗色，身披褐色羽毛，头顶“朋克风”的尖冠，体内也有前肠发酵室。它主要以叶片为食，摄入后在嗉囊（食道中特化的有延展性的薄壁器官）中消化。玛丽亚·格洛丽亚·多明格斯–贝洛（Maria Gloria Dominguez-Bello）表明，嗉囊中的细菌更类似于牛胃中的细菌，而非鸟类自身的肠道（Godoy-Vitorino et al，2012）。因此，麝雉总散发着牛粪味也就不稀奇了。
19. Ley et al.，2008b。
20. 三趾树懒是这一规律的例外：它主要食用一种树的叶子，所以对于一种植食性动物来说，其肠道微生物种群的多样性非常有限。
21. Hongoh，2011。
22. 这种差异迷惑了一些早期的生物学家。阿尔弗雷德·E. 艾默生（Alfred E. Emerson）认为，演化最完全的白蚁缺乏低等白蚁体内十分丰富的原生生物，因此推断，共生微生物阻止了动物发展出“更高级的社会功能”。如果他知道这种细菌的存在，可能会改变想法。
23. 迈克尔·波尔森（Michael Poulsen）主导了这项研究（Poulsen et al.，2014）。
24. Amato et al.，2015。
25. David et al.，2013。
26. Chu et al.，2013。
27. W. J. 弗里兰（W. J. Freeland）和丹尼尔·简森（Daniel Janzen）说过：“据推测，供应少量有毒食物……可以选择能够生存下来和降解毒素的细菌物种或菌株。”详情请见：Freeland and Janzen，1974。

28. Kohl et al.，2014。
29. 这似乎是林鼠非常擅长的事情。带领科尔工作的是丹尼斯·迪尔林（Denise Dearing），他在生活在不同沙漠（下索诺兰沙漠）的另一种物种（白喉林鼠）中发现了类似的现象。在这一研究案例中，白喉林鼠针对的是不同的植物（仙人掌），并且能够容忍不同的毒素（草酸盐）。有解毒能力的微生物也是这个故事中的“英雄”，迪尔林把它们移植到不含该细菌的实验动物中，它们也变得可以吃仙人掌了（Miller et al.，2014）。
30. 驯鹿和地衣：Sundset et al.，2010；降解单宁：Osawa et al.，1993；让咖啡穿孔的咖啡果小蠹：Ceja-Navarro et al.，2015。
31. Six，2013。
32. Adams et al.，2013；Boone et al.，2013。
33. 与本章的例子不同，微生物也可以约束宿主。对于高温，昆虫共生体往往比宿主更敏感，所以在炎热的天气下，它们的数量会暴跌——布赫纳甚至亲眼见证了这一变化。这限制了宿主繁殖壮大的地点，并在面对一个不断变暖的世界时，有“共同崩溃”（mutualistic meltdown）的可能（Wernegreen，2012）。儿童水族馆中的丰年虾（俗称海猴）拥有一种帮助消化藻类的肠道细菌，但是由于这些特殊的微生物喜欢咸水环境，所以这种虾被迫生活在同样的水域中，比它们自身通常适应的水域盐度更高（Nougué et al.，2015）。微生物也可以限制宿主的饮食。试想象，昆虫开始食用一种能够提供足够必需营养物质的植物，它的共生体便不再需要提供营养，所以会快速失去相关基因。由于这种植物的存在，宿主不需要补偿这些损失。这一切看起来都棒极了。然而，当这种植物开始灭绝，昆虫只剩下两个选择：找到另一种合成同样营养物质的植物，或者，获取一种新的微生物作为营养补充。如果任一选择都无法实现，它们就会遇上大麻烦。
34. Wybouw et al.，2014。

8　E大调快板

1. Ochman et al.，2000。
2. 这个经典实验由英国细菌学家弗雷德里克·格里菲斯于1928年完成。
3. 这是现代遗传学中最重要的发现之一。与传统认识不同，艾弗里的发现表明，DNA是基因的承载物。当时的大多数科学家认为：基因由蛋白质组成的，形状无限多样；而DNA与构成它的四个重复的结构单元很无聊，不值得关注。艾弗里证明，与这些认识相反，DNA其实十分重要。从很多层面而言，他为后来更多的发现奠定了基础，这些发现巩固了DNA作为重要生命分子的地位（Cobb，2013）。
4. 这是一项十分有里程碑意义的发现。莱德伯格凭此获得了1958年的诺贝尔奖，当年他才33岁。
5. 相关综述请见：Boto，2014；Keeling and Palmer，2008。
6. Hehemann et al.，2010；*Zobellia*也顺理成章地以克劳德·E.佐贝尔这个海洋生物学家的名字命名。
7. 保罗·波蒂尔（Paul Portier）是20世纪初共生学说的倡导者，但他当时常常受到误解和污蔑。他认为，我们通过食物摄入新鲜的线粒体和其他共生体，再通过与它们融合，让体内衰老的细胞焕然一新。虽然他的认识并不完全正确，但已经非常接近真相！
8. 还未发表的数据。
9. Smillie et al.，2011。
10. 这里排除了线粒体，它们在动物开始演化的数十亿年前就已不是自由存在的细菌。
11. 人类基因组计划的计划书：Lander et al.，2001；反驳此项计划的研究由乔纳森·艾森和史蒂文·萨尔茨堡（Steven Salzberg）领导：Salzberg，2001。
12. 果蝇中的沃尔巴克氏体基因：Salzberg et al.，2005；其他动物体内的沃尔巴克氏体：Hotopp et al.，2007；嗜凤梨果蝇中沃尔巴克氏体的完整基因组：Hotopp et al.，2007。
13. 然而这件事还是没人听进去。科学家测序动物基因组时，会故意清除所有的细菌部分，把这些序列假定为污染物。豌豆蚜的基因组中包含了水平转移的布赫纳氏菌基因，但这些基因的记录已从上传到在线数据库的版本中删除。嗜凤梨果蝇中有沃尔巴克氏体完整的基因组，但在公开的基因组数据中根本找不到——也已经删除。这种毫不留情的做法是有道理的，因为基因组污染是一个严肃的问题。但它也产生了一个有害的观点，即细菌的基因序列必然是外来的、必须被丢弃，以免污染动物基因组的纯度。霍托普写道："由于动物不会通过 HGT 的方式从细菌那里获取基因，因此基因组测序项目会删除所有细菌的基因组序列；另外，针对同一类基因组的检查，又加固了HGT不会从细菌转移到动物身上的说法，这是循环论证。"（Dunning-Hotopp et al.，2011）。

14. 人类肠道中的细菌可能会把基因转移到肠细胞中，但是一旦细胞死亡，细菌DNA 便会随之流失。该基因可能会成为**一个人**的基因组的一部分，但从来不会进入**人类**基因组。2013年，霍托普通过研究表明，这种短命的关系常见得令人惊讶（Riley et al.，2013）。她分析了数以百计从人体细胞中提取的人体基因组，有的是肾脏的，有的是皮肤或肝脏的，但却没有一个传递给后代。她在1/3左右的细胞中发现过细菌 DNA 的痕迹，在癌细胞中尤为常见。这是一个有意思的结果，但尚不清楚究竟意味着什么。可能是因为基因侵袭特别容易发生在肿瘤上，或者细菌基因能帮助健康的细胞转化为癌细胞。
15. 埃蒂安·丹沁（Etienne Danchin）开展过许多这样的研究（Danchin and Rosso，2012；Danchin et al.，2010)。
16. Acuna et al.，2012。
17. 不少科学家都为此项研究做出了贡献，包括让–米克尔·德雷岑（Jean-Michel Drezen），迈克尔·斯特兰德（Michael Strand）以及盖伦·布尔克（Gaelen Burke）：Bezier et al.，2009；Herniou et al.，2013；Strand and Burke，2012。
18. 实际上发生了两次。另一个系谱上的黄蜂（姬蜂）独立驯化了另一个系谱上的病毒，通过类似于利用茧蜂病毒的方式利用了它（Strand and Burke，2012）。

19. 同理于tae 基因的例子（Chou et al.，2014），塞思·博登施坦因揭示了另一个相似的故事，其中涉及另一个普遍存在于动物王国之中的抗生基因（Metcalf et al.，2014）。
20. 关于这样的设定，还有另一个例子：一个细菌费尽千辛万苦进入并留在蜱的线粒体内。这种纤原体属细菌（*Midichloria*）的名字来源于《星球大战》，即那种把主人与“原力”联系起来的可怕的细胞内共生生命。
21. 麦卡琴称这些“退化”的微生物为“生物分类的难题”（McCutcheon，2013）。它们显然是细菌，仍然拥有自己独特的基因组。但是它们不能单独生存，其中一些（如莫兰氏菌）甚至不能界定自己的边界。它们几乎和线粒体或叶绿体一样。这些结构被称为细胞器，但是对于麦卡琴来说，细胞器只是一种以极端形式生存于世的共生体，是长期遗传信息损失和迁移的结果，不可逆转地将动物和细菌结合在一起。
22. 研究生菲利普·哈斯尼克（Filip Husnik）领导了这项研究（Husnik et al.，2013）。
23. 你可能还记得肽聚糖（peptidoglycan）是控制玛格丽特·麦克福尔-恩盖发光乌贼发育的分子模式之一。
24. 它变得更奇怪了！在其他粉蚧中，莫兰氏菌已经被其他共生体替代。所有类似莫兰氏菌的细菌都与HS相关，例如侵入托马斯·弗里茨和科林·戴尔手部的细菌。
25. 他们也与寄生专家莫利·亨特（Molly Hunter）共事。
26. 汉氏抗菌以比尔·汉密尔顿命名。他是一名传奇的演化生物学家，也是莫兰的导师。
27. 汉氏抗菌的发现：Oliver et al.，2005；汉氏抗菌噬菌体的发现：Moran et al.，2005；蚜虫-汉氏抗菌共生关系灵活的本性：Oliver et al.，2008。
28. Moran and Dunbar，2006。
29. 相关综述请见：Jiggins and Hurst，2011。
30. 关于日本金龟子，共生体研究领域的先行者深津武马主导了一项研究：Kikuchi et al.，2012；关于蚜虫的许多次级共生体：Russell et al.，2013b；关于次级共生体和蚜虫的成功演化：Henry et al.，2013。

31. 哈尼克指出，螺原体是果蝇成功的秘诀：Jaenike et al.，2010；共生体的快速传播：Cockburn et al.，2013。
32. 莫利·亨特发现了这一波肆虐的灾情：Himler et al.，2011。
33. 他们甚至可以预测未来共生伙伴关系的形成。几年前，哈尼克通过研究显示，螺原体可以保护其他果蝇，覆盖范围超出他所研究的那种果蝇。这其中有一种果蝇还不具备任何细菌防御者，但也还是令它们绝育的线虫的目标。哈尼克通过实验室人工手段把这种果蝇和螺原体结合在一起，结果它们又可以繁殖了（Haselkorn et al.，2013）。出于某些原因，这一结合在野外还没有发生，但无论如何，它肯定有益于果蝇。一旦发生，这种结合肯定会迅速推广。

9 微生物菜单

1. 丝虫病以及携带沃尔巴克氏体的丝虫，相关综述请见：Taylor et al.，2010 and Slatko et al.，2010。
2. 致病丝虫中细菌状的结构：Kozek，1977；Mclaren et al.，1975；该细菌被鉴定为沃尔巴克氏体：Taylor and Hoerauf，1999。
3. 泰勒的同事阿希姆·霍劳夫（Achim Hoerauf）共同领导了这些试验（Hoerauf et al.，2000，2001；Taylor et al.，2005）。
4. 多西环素也有其他好处。在中非的部分地区，河盲症患者难以被治愈还因为他们携带了另一种丝虫线虫，名为“Loa loa”（所谓的“眼虫”）。如果杀死引起河盲症的丝虫，眼虫也会死亡，它们的幼虫也会死亡。它们的幼虫十分巨大，能堵塞血管并造成脑损伤。但由于眼虫没有沃尔巴克氏体，多西环素不会伤害它。这种药物可以攻击引起河盲症的寄生虫，而不会造成严重的连带损伤。
5. 反沃尔巴克氏体联盟的策略：Johnston et al.，2014；Taylor et al.，2014；关于米诺环素的研究结果还没有发表。

6. Voronin et al.，2012。
7. Rosebury，1962，p. 352。
8. 两栖类的减少：Hof et al.，2011；关于Bd：Kilpatrick et al.，2010；Amphibian Ark，2012。
9. Eskew and Todd，2013；Martel et al.，2013。
10. Harris et al.，2006。
11. 康纳斯的青蛙数量：Woodhams et al.，2007；蓝紫菌在实验室里抵抗蛙壶菌：Harris et al.，2009。写作本书期间，蓝紫菌的实地试验结果还未发表。
12. 贝克尔关于巴拿马金蛙的研究：Becker et al.，2015；青蛙皮肤上细菌的多样性：Walke et al.，2014；马达加斯加项目是莫利·布雷茨（Molly Bletz）一同参与完成的：Bletz et al.，2013；变态是如何改变微生物组的，该研究由瓦拉莉·麦肯锡（Valerie McKenzie）主导：Kueneman et al.，2014。
13. 瓦拉莉·麦肯锡和罗布·奈特设计了一个方法，依据免疫系统、皮肤黏液层和微生物组来预测青蛙对蛙壶菌的抗力（Woodhams et al.，2014）。
14. Kendall，1923，p. 167。
15. 益生菌的研究历史：Anukam and Reid，2007。
16. 摄入体内的微生物的命运：Derrien and van Hylckama Vlieg，2015；杰夫·戈登关于达能碧悠酸奶的研究，由纳森·麦克纳提（Nathan McNulty）主导：McNulty et al.，2011；温迪·加勒特的实验：Ballal et al.，2015。
17. 益生菌的定义：Hill et al.，2014；关于益生菌研究的综述：Slashinski et al.，2012，以及 McFarland，2014；科克伦的综述：AlFaleh and Anabrees，2014；Allen et al.，2010；Goldenberg et al.，2013。
18. Katan，2012；*Nature*，2013；Reid，2011。
19. 相关综述请见：Ciorba，2012；Gareau et al.，2010；Gerritsen et al.，2011；Petschow et al.，2013；Shanahan，2010。
20. 大多数益生菌研究集中在肠道上，但该术语也可以指包含有益微生物的任何产品，包括护肤霜、洗发水或漱口水。很多机构或个人都在积极地研发这些产品。

21. 安全，但不是完全没有瑕疵。如乳杆菌和双歧杆菌这样的良性细菌，也曾引起罕见的血液中毒病例。在荷兰一例臭名昭著的临床试验中，使用益生菌的急性胰腺炎患者，其死亡概率要大于使用安慰剂的患者（Gareau et al.，2010）。宽泛地说，这些产品是安全的，但是若要开给患有危重疾病或有免疫缺陷的人，医生可能会三思。
22. 雷蒙德·琼斯和互养菌的故事：Aung，2007；CSIROpedia；*New York Times*，1985；琼斯实施了第一例瘤胃移植实验：Jones and Megarrity，1986；穷氏互养菌的描述和命名：Allison et al.，1992。
23. Ellis et al.，2015。
24. 来自对丹尼斯·德尔林的采访；她实验用的白喉林鼠，同样在使用草酸杆菌的细菌来解毒它们吃下的仙人掌中的草酸。
25. 相关综述请见：Bindels et al.，2015；Delzenne et al.，2013。
26. Underwood et al.，2009。
27. 本田贤也的研究：Atarashi et al.，2013；通向临床：Schmidt，2013。
28. 粪便移植的研究综述：Aroniadis and Brandt，2014；Khoruts，2013；Petrof and Khoruts，2014；大众媒体的报道：include Nelson，2014。
29. 波得罗夫的团队现在用的是一种完全一次性的系统，包括一个连在马桶座上的“便便帽”（即一个特百惠式的密封罐子），以及一些咖啡滤纸。
30. Koch and Schmid-Hempel，2011。
31. Hamilton et al.，2013。
32. Zhang et al.，2012。
33. Van Nood et al.，2013。
34. 粪便移植和炎性肠症：Anderson et al.，2012；粪便移植和肥胖的实验：Vrieze et al.，2012。
35. 这个结果是可预测的。还记得瓦妮莎·里道拉和杰夫·戈登的实验吧，瘦小鼠的肠道微生物移植到胖小鼠身上，接受者必须同时吃健康的饮食才会减肥。
36. Petrof and Khoruts，2014。

37. 冰冻粪便样本和新鲜的一样好用：Youngster et al.，2014；关于OpenBiome的工作，请见：Eakin，2014。
38. 微生物学家斯坦利·法科夫（Stanley Falkow）于1957年第一次通过胶囊提供粪便移植。当时，他的医院受到一种凶猛的葡萄球菌菌株的侵袭，所有患者在手术前必须服用预防性抗生素。不幸的是，这些药物也消灭了肠道细菌，导致患者腹泻、消化不良。意识到发生了什么后，法科夫要求患者携带粪便样本。然后他把粪便样本裹入胶囊，并要求病人术后服用。法科夫后来写道："医院主任发现了我在做的事。他对我大吼道：'法科夫，你是不是给病人吃了屎！'我回答道：'是的，我参与了一项临床研究，是关于患者摄入自己的粪便的。'"他被解雇了，但是两天后被重新雇用。
39. Smith et al.，2014。
40. 一个团队最近报告了一个在粪便移植后增加体重的案例，但是并不清楚是否是这个程序直接导致了增重（Alang and Kelly，2015）。
41. "便便的力量"网站（thepowerofpoop.com）收集了DIY粪便移植者的故事，要求医生严肃对待粪便移植一事。
42. 我写作本章时，一个陌生人给我发了封电子邮件，替她自己咨询是否需要粪便移植，因为她一直在喝无糖汽水。顺便回答一下，答案是"不"。
43. 本书也提到了不少签署者，比如杰夫·戈登、罗布·奈特和马丁·布莱泽：Hecht et al.，2014。
44. 关于RePOOPulate：Petrof et al.，2013；其他一些界定了微生物鸡尾酒疗法定义的研究：Buffie et al.，2014；Lawley et al.，2012。
45. 寇拉茨不太同意这一点。"收集自捐赠者的全部微生物都是自然存在的，并且可以证明，在原来的宿主中是安全的，"他说道，"任何人工合成物都很难提高到这一基准。"如果他自己需要移植，他会沿袭旧的方式。
46. Haiser et al.，2013。
47. 相关综述请见：Carmody and Turnbaugh，2014；Clayton et al.，2009；Vétizou et al.，2015。
48. Dobson et al.，2015；Smith et al.，2015。

49. 相关综述请见：Haiser and Turnbaugh，2012；Holmes et al.，2012；Lemon et al.，2012；Sonnenburg and Fischbach，2011。
50. 哈森关于 TMAO 研究的综述：Tang and Hazen，2014；该团队找到了一种化学物质，能够阻止细菌生产 TMAO：Wang et al.，2015。
51. 2015 年，我为《新科学家》写过一篇关于“智能益生菌”的文章（Yong，2015c）。
52. Kotula et al.，2014。
53. 张关于大肠杆菌的研究：Saeidi et al.，2011。另外，吉姆·柯林斯是一家名为“共生逻辑”（Synlogic）的创业公司的共同创始人，致力于把这些微生物带入市场，且只需要几年时间就可以进行临床试验。
54. Rutherford，2013。
55. 相关综述请见：Claesen and Fischbach，2015；Sonnenburg and Fischbach，2011。
56. 蒂莫西·鲁（Timothy Lu）发表了第一篇关于编制 B-theta 的文章（Mimee et al.，2015）；松嫩堡的团队也紧跟其后。
57. Olle，2013。
58. 相关综述请见：Iturbe-Ormaetxe et al.，2011 and LePage and Bordenstein，2013。
59. 他最初是想在沃尔巴克氏体上开展“遗传工程”，为其装备能产生登革热抗体的基因。如果该方法管用，那么细菌就会如往常一样，在人群中迅速蔓延，并且携带组织登革热的抗体。但在沃尔巴克氏体上进行遗传工程十分不易，奥尼尔努力六年后放弃了，至今还无人成功。
60. 第一次提到爆米花菌株：Min and Benzer。麦克马尼曼让卵稳定地感染沃尔巴克氏体：McMeniman et al.，2009。
61. 实验模拟由加利福尼亚大学戴维斯分校的迈克尔·图勒里（Michael Turelli）完成（Bull and Turelli，2013），该结果后来在实地试验中得到了证实。实验小组在越南的一个小岛上放生带有爆米花菌株的蚊子，蚊子与它们的共生体都无法立足。
62. 卡琳·约翰森（Karyn Johnson）和路易斯·特谢拉（Luis Teixeira）发现，沃尔巴克氏体能让苍蝇对病毒产生抗性：Hedges et al.，2008；Teixeira et al.，

2008；奥尼尔的团队，包括卢西亚诺·莫雷拉（Luciano Moreira）在内的研究人员都认为，这对蚊子来说也一样：Moreira et al.，2009。

63. 汤姆·沃克尔（Tom Walker）用 wMel 感染伊蚊的卵；阿里·霍夫曼（Ary Hoffmann）和斯科特·里奇（Scott Ritchie）与奥尼尔一起主导了笼子实验（Walker et al.，2011）。

64. 奥尼尔知道，科学家忽视当地社区会造成什么后果。1969 年，世界卫生组织的科学家前往印度，尝试各种灭蚊的新技术，包括遗传修饰、射线照射和植入沃尔巴克氏体，以控制蚊子的种群数量（*Nature*，1975）。这个项目是秘密进行的，人们对此逐渐开始产生怀疑。报纸开始指责那些科学家，因为其中一些是美国人，他们认为这些科学家以印度为实验对象，因为这些技术对美国本土而言太过危险，甚至还有人推测他们在研发生化武器。研究团队最终选择完全不回应。"这是一场公关噩梦，"奥尼尔说道，"他们被印度踢了出去，而这些争议使得转基因蚊子变成了长达20年的禁忌话题。"奥尼尔想避免犯下同样的错误。

65. Hoffmann et al.，2011。

66. "消灭登革热"的网站：www.eliminatedengue. com；奥尼尔和凯特·雷茨基（Kate Retzki）与我一起讨论过汤斯维尔的项目；贝克提·安达利（Bekti Andari）和安娜·克里斯汀娜·帕提诺·塔波尔达（Ana Cristina Patino Taborda）与我一起探讨过印度尼西亚和哥伦比亚的项目。

67. Chrostek et al.，2013；McGraw and O'Neill，2013。

68. 给疟蚊装上沃尔巴克氏体：Bian et al.，2013；用沃尔巴克氏体来控制其他害虫：Doudoumis et al.，2013；蚊子内部特定的肠道细菌也能阻止疟原虫，可以把它们当作抗疟疾的益生菌喂给蚊子：Hughes et al.，2014。

10　明日的世界

1. 我们的"微生物云"：Meadow et al.，2015；估计周围雾化的细菌：Qian et al.，2012。

2. Lax et al.，2014。

3. 明确而言，其对应的英文是 axilla。

4. Van Bonn et al.，2015。

5. 医院微生物普查项目：Westwood et al.，2014；医院微生物和感染问题：Lax and Gilbert，2015。

6. Gibbons et al.，2015。

7. 格林关于医院窗户的研究：Kembel et al.，2012；弗洛伦斯·南丁格尔的记录：Nightingale，1859。

8. 室内环境中的微生物：Adams et al.，2015；杰西卡·格林关于利利斯会堂的研究：Kembel et al.，2014；格林关于将微生物纳入设计的综述以及 TED 演讲：Green，2011，2014。

9. Gilbert et al.，2010；Jansson and Prosser，2013；Svoboda，2015。

10. Alivisatos et al.，2015。

致　　谢

这一部分不是用来感谢我的微生物的。让我们暂时把目光从这些小东西上移开一会儿，关注一下微生物的宿主。

每本书的诞生都不止关乎一个人的脑力贡献，一本关于共生与合作关系的书更是如此。首先要感谢鲍利海出版公司（Bodley Head）的斯图亚特·威廉姆斯（Stuart Williams），以及以前在艾克出版社（Ecco）的希拉里·雷德蒙（Hilary Redmon）。虽然他们都是编辑，但实质上更像是我的同谋。我还在写这本书时，他俩就立即揽了过去：这是一个跨越整个动物界微生物群的故事，不止狭隘地关注人类、健康或饮食。他们丰富了这一构思，常常比我理解得更深入。他们不懈地支持，提供了深刻和富有洞见的无价的编辑工作，与他们共事永远能获得纯粹的愉悦。还要感谢P. J. 马克（P. J. Mark）把本书带入美国，丹尼斯·奥斯瓦尔德（Denise Oswald）从艾克出版社的希拉里那里接过编辑指挥棒。

大卫·奎曼是第一个我与之谈及构思写作本书的人，他从一开始就全力支持我实现这一想法。他的代表作《渡渡鸟之歌》（*Song of the Dodo*）曾帮助我打开早期科普写作的瓶颈。另外，海伦·麦克唐纳（Helen Macdonald）的《海伦的苍鹰》（*H is for Hawk*）、大卫·乔治·哈斯克（David George Haskell）的《看不见的森林》（*The Forest Unseen*），还有凯瑟琳·舒尔茨（Kathryn Schulz）的《我们为什么会犯错？》（*Being Wrong*），都同样启发了我。他们的作品一直摆放在我的书架上，时刻鞭策我：应该追求写出这样质量的书。

还有很多人为我创造了能够安心写作本书的环境。爱丽丝·特朗赛（Alice Trouncer）赋予了我十几年的爱与冒险，一直支持我以作家为职业的生涯能够继续。她是妻子、朋友、灵魂伴侣、舞伴，无所不能，我永远都感激她。我的母亲爱丽丝·塞（Alice See）从来没有一丝一毫地动摇过对我的信念和支持，如磐石般坚强。卡尔·齐默尔（Carl Zimmer）一直是我的朋友、导师和灵感源泉，他作为一名作家的技能之高，只有他为人的慷慨大方能与之相提并论。弗吉尼亚·休斯（Virginia Hughes）阅读了第一章，反馈了宝贵的意见。米汉·克里斯特（Meehan Crist）、大卫·多布斯（David Dobbs）、纳迪娅·德雷克（Nadia Drake）、罗斯·埃弗利思（Rose Eveleth），尼基·格林伍德（Nikki Greenwood）、萨拉·修姆（Sara Hiom）、阿洛科·杰哈（Alok Jha）、玛利亚·科尼科娃（Maria Konnikova）、本·利利（Ben Lillie）、金·麦克唐纳（Kim Macdonald）、玛丽恩·麦克纳（Maryn McKenna）、黑兹尔·纳恩（Hazel Nunn）、海伦·皮尔森（Helen Pearson）、亚当·卢瑟福（Adam Rutherford）、凯瑟琳·舒尔茨（Kathryn Schulz）和贝克·史密斯（Beck Smith），他们都帮我度过了动荡的一年。而利兹·尼利（Liz Neeley）总是像一阵旋风一样，给我带来不可思议的愉悦、机智和乐观，用令我惊叹的方式改变和丰富我的生活；她还是出现在本书前几章中的神秘配角。

写作本书，以及报道微生物相关内容的十年间，我访问了数百名研究人员。他们从来都毫不吝啬地与我共享他们的时间和知识。这是我在科学家之间经常发现的品质，特别是那些研究共生、合作和伙伴关系的学者。真的是你研究什么，就会变成什么样。想感谢的人太多，无法在这里一一列出，但我尤其要感谢乔纳森·艾森、杰克·吉尔伯特、罗布·奈特、约翰·麦卡琴和玛格丽特·麦克福尔-恩盖对于这个项目的支持。他们还作为智囊给我的初稿提了不少建议。特别是艾森，他一直主张以定量和批判性的考量来开展微生物研究，这种态度多年来一直影响着我的写作。我希望本书不要给人留下“过度吹捧微生物”的印象。我也要感谢奈特带我游历了开篇提到的动物园，感谢吉尔伯特带着我在芝加哥疯狂历险。

还要感谢马丁·布莱泽、塞思·博登施坦因，托马斯·博施、约翰·克赖恩、安吉拉·道格拉斯、杰夫·戈登、格雷格·赫斯特、妮科尔·金、尼克·莱恩、露丝·莱、福雷斯特·米尔斯、南希·莫兰、福瑞斯特·罗威尔、马克·泰勒和马克·安德伍德带我参观实验室，还与我进行了细致和富有启发的讨论；内尔·贝基阿勒斯（Nell Bekiares）向我介绍了好几种乌贼；戴维·奥康纳、玛利亚·卡尔松（Maria Karlsson）和贾斯廷·塞鲁戈让我摸过无菌小鼠；比尔·范·波恩向我展示了谢德水族馆；伊丽莎白·比克的微生物摘要通讯，是我跟上不断更新的研究进展的唯一最佳方式；历史学家简·萨普和弗恩克·桑格达伊（Funke Sangodeyi），他们的书籍和论文都为这一领域的丰富历史提供了重要的见解；社交网站推特聚集了热闹讨论的遗传学家和微生物学家，他们的批判性眼光和公开讨论让我了解了许多观点，并保持真诚；妮科尔·杜比利埃和内德·鲁比让一名记者（嘘……）闯入了激动人心的"戈登动物—微生物共生研讨会"（Gordon Research Conference on Animal-Microbe Symbiosis），在那火花碰撞、充满活力的一周，我们谈论科学、远足，呃……还讨论了肛门。

令人沮丧的是，许多与我交谈过的人，他们的研究或名字没能在本书中呈现。这个领域太过庞大，一本小书真的无法面面俱到。我还留意到，许多学生、博士后和研究合作者都为书中提到的研究做出了贡献，但是不得已地只提及了一两个关键人名。我试图在尾注中加以补充说明，但难免遗漏。所以无论如何，我衷心感谢，也在这里遗憾地做出说明，而且，这远不是我最后一次撰写这些话题。

最后，我想把最衷心的感谢送给我的出版代理人，威尔·弗朗西斯（Will Francis）。早些时候我的一个朋友告诉我，一个好的代理人可以帮助你塑造你的想法、卖力地帮你卖书，或者帮助推广和宣传，但是没有人能占全三项。但威尔恰恰是三项全能。他这些年来一直催我写书，直接忽略了我 2014 年 1月在电子邮件中写到的：没有写书计划，请别再烦扰我；之后又慷慨地接受了我三个星期后发送的要收回早些时候的电子邮件。他帮助我把模糊的想法塑造成一个坚实的提案。他是我的好友——是一个共生体也说不一定——这本书忠实地反映了他带来的影响。

图片来源

穿山甲巴巴（埃德·扬）

夏威夷短尾乌贼（经玛格丽特·麦克福尔-恩盖允许而使用）

安东尼·列文虎克的显微镜（Getty images）

“玫瑰丛”（经凯莉·哈克允许而使用）

黄腿山蛙 https://www.flickr.com/photos/usfws_pacificsw/23612024656/（图片来源：Isaac Chellman/NPS；Image ID：Recovered Mountain yellow-legged frog 4；此图片根据CC协定使用：https://creativecommons.org/licenses/by/2.0/）

蝉 https://www.flickr.com/photos/patchattack/5768897575/（图片来源：patchattack；Image ID：cicada；此图片根据CC协定使用：https://creative-commons.org/licenses/by-sa/2.0/)

华美盘管虫（经夏威夷大学的布莱恩·内德维德允许而使用）

无菌小鼠（埃德·扬）

林鼠 https://en.wikipedia.org/wiki/File:Desert_Packrat_(Neotoma_lepida)_eating_a_peanu_01.JPG ;〔图片来源：荒漠林鼠（*Neotoma lepida*）在美国加州的短叶丝兰林中吃花生，摄于2015年4月，拍摄者：朱尔斯·贾；图片来源：Desert Packrat (Neotoma lepida) eating a peanu 01.JPG；此图片根据CC协定使用：https://creative-commons.org/licenses/by-sa/4.0/deed.en〕

狼蜂 https://www.flickr.com/photos/usgsbiml/7690497994/in/photostream/（图片来源：狼蜂，雌性，马里兰州安妮·阿伦德尔县，帕塔克森特野生动物研究救助中心，摄于2012年7月，Determination by 马提亚·布克；Image ID：Philanthus gibbosus, female,-face_2012-07-31-20.20.35-ZSPMax；此图片根据CC协定使用：https://creativecommons.org/publicdomain/mark/1.0/）

鲨鱼穿过珊瑚礁（经布莱恩·兹格列琴斯基允许而使用）

巨型管虫https: //www. flickr.com/photos/noaaphotolib/9660806745/in/photolist-fH-Gagx-fHYPh7（图片来源：美国国家海洋和大气局俄刻阿洛斯探险者项目，加拉帕戈斯裂谷探险；Image ID：expl6589，Voyage To Inner Space-Exploring the Seas With NOAA Collect；此图片根据CC协定使用：http://creativecommons.org/licenses/by/4.0/）

紫菜https: //commons.wikimedia.org/wiki/Category:Porphyra_umbilicalis#/media/File:Porphyra_umbilicalis_Helgoland.JPG〔图片来源：Porphyra umbilicalis (L.) J.Ag., herbarium sheet；采集时间：1989年8月8日，赫里戈兰（德国），沿岸带上部；拍摄者：加布里埃尔·科特-海因里希；Image ID：Porphyra umbilicalis Helgoland.JPG；此图片根据CC协定使用：http://creativecommons.org/licenses/by-sa/3.0/〕

埃德·扬和博迪格利队长（经杰克·吉尔伯特允许而使用）

柑橘粉蚧（Alex Wild）

感染甲虫的森林https://www.flickr.com/photos/sfupamr/8621706469（图片来源：Simon Fraser University, 拍摄者：德泽恩·胡贝尔；Image ID：Pine beetle infest-ed forest；此图片根据CC协定使用：http://creativecommons.org/licenses/by/4.0/）

斯科特·奥尼尔和蚊子（经"消除登革热"允许而使用）

茧蜂（Alex Wild）

参考文献

Abbott, A.C. (1894) *The Principles of Bacteriology* (Philadelphia: Lea Bros & Co.).

Acuna, R., Padilla, B.E., Florez-Ramos, C.P., Rubio, J.D., Herrera, J.C., Benavides, P., Lee, S-J., Yeats, T.H., Egan, A.N., Doyle, J.J., et al. (2012) 'Adaptive horizontal transfer of a bacterial gene to an invasive insect pest of coffee', *Proc. Natl. Acad. Sci.* 109, 4197–4202.

Adams, A.S., Aylward, F.O., Adams, S.M., Erbilgin, N., Aukema, B.H., Currie, C.R., Suen, G., and Raffa, K.F. (2013) 'Mountain pine beetles colonizing historical and naive host trees are associated with a bacterial community highly enriched in genes contributing to terpene metabolism', *Appl. Environ. Microbiol.* 79, 3468–3475.

Adams, R.I., Bateman, A.C., Bik, H.M., and Meadow, J.F. (2015) 'Microbiota of the indoor environment: a meta-analysis', *Microbiome* 3. doi: 10.1186/s40168-015-0108-3.

Alang, N. and Kelly, C.R. (2015) 'Weight gain after fecal microbiota transplantation', *Open Forum Infect. Dis.* 2, ofv004–ofv004.

Alcaide, M., Messina, E., Richter, M., Bargiela, R., Peplies, J., Huws, S.A., Newbold, C.J., Golyshin, P.N., Simón, M.A., López, G., et al. (2012) 'Gene sets for utilization of primary and secondary nutrition supplies in the distal gut of endangered Iberian lynx', *PLoS ONE* 7, e51521.

Alcock, J., Maley, C.C., and Aktipis, C.A. (2014) 'Is eating behavior manipulated by the gastrointestinal microbiota? Evolutionary pressures and potential mechanisms',

BioEssays 36, 940–949.

Alegado, R.A. and King, N. (2014) 'Bacterial influences on animal origins', *Cold Spring Harb. Perspect. Biol.* 6, a016162–a016162.

Alegado, R.A., Brown, L.W., Cao, S., Dermenjian, R.K., Zuzow, R., Fairclough, S.R., Clardy, J., and King, N. (2012) 'A bacterial sulfonolipid triggers multicellular development in the closest living relatives of animals', *Elife* 1, e00013.

AlFaleh, K. and Anabrees, J. (2014) 'Probiotics for prevention of necrotizing enterocolitis in preterm infants', in *Cochrane Database of Systematic Reviews*, The Cochrane Collaboration (Chichester, UK: John Wiley & Sons).

Alivisatos, A.P., Blaser, M.J., Brodie, E.L., Chun, M., Dangl, J.L., Donohue, T.J., Dorrestein, P.C., Gilbert, J.A., Green, J.L., Jansson, J.K., et al. (2015) 'A unified initiative to harness Earth's microbiomes', *Science* 350, 507–508.

Allen, S.J., Martinez, E.G., Gregorio, G.V., and Dans, L.F. (2010) 'Probiotics for treating acute infectious diarrhoea', in *Cochrane Database of Systematic Reviews*, The Cochrane Collaboration (Chichester, UK: John Wiley & Sons).

Allison, M.J., Mayberry, W.R., Mcsweeney, C.S., and Stahl, D.A. (1992) 'Synergistes jonesii, gen. nov., sp.nov.: a rumen bacterium that degrades toxic pyridinediols', *Syst. Appl. Microbiol.* 15, 522–529.

The Allium (2014) 'New Salmonella diet achieves 'amazing' weight-loss for microbiologist'.

Altman, L.K. (April 1993) 'Dr. Denis Burkitt is dead at 82; thesis changed diets of millions', *New York Times.*

Amato, K.R., Leigh, S.R., Kent, A., Mackie, R.I., Yeoman, C.J., Stumpf, R.M., Wilson, B.A., Nelson, K.E., White, B.A., and Garber, P.A. (2015) 'The gut microbiota appears to compensate for seasonal diet variation in the wild black howler monkey (*Alouatta pigra*)', *Microb. Ecol.* 69, 434–443.

American Chemical Society (1999) Alexander Fleming Discovery and Development of Penicillin. http://www.acs.org/content/acs/en/education/whatischemistry/

landmarks/flemingpenicillin.html#alexander-fleming-penicillin.

Amphibian Ark (2012) Chytrid fungus – causing global amphibian mass extinction. http:\\www.amphibianark.org/the-crisis/chytrid-fungus/.

Anderson, D. (2014) 'Still going strong: Leeuwenhoek at eighty', *Antonie Van Leeuwenhoek* 106, 3–26.

Anderson, J.L., Edney, R.J., and Whelan, K. (2012) 'Systematic review: faecal microbiota transplantation in the management of inflammatory bowel disease', *Aliment. Pharmacol. Ther.* 36, 503–516.

Anukam, K.C. and Reid, G. (2007) 'Probiotics: 100 years (1907–2007) after Elie Metchnikoff's observation', in *Communicating Current Research and Educational Topics and Trends in Applied Microbiology* (FORMATEX).

Archibald. J. (2014) *One Plus One Equals One: Symbiosis and the Evolution of Complex Life* (Oxford: Oxford University Press).

Archie, E.A. and Theis, K.R. (2011) 'Animal behaviour meets microbial ecology', *Anim. Behav.* 82, 425–436.

Aroniadis, O.C. and Brandt, L.J. (2014) 'Intestinal microbiota and the efficacy of fecal microbiota transplantation in gastrointestinal disease', *Gastroenterol. Hepatol.* 10, 230–237.

Arrieta, M-C., Stiemsma, L.T., Dimitriu, P.A., Thorson, L., Russell, S., YuristDoutsch, S., Kuzeljevic, B., Gold, M.J., Britton, H.M., Lefebvre, D.L., et al. (2015) 'Early infancy microbial and metabolic alterations affect risk of childhood asthma', *Sci. Transl. Med.* 7, 307ra152.

Asano, Y., Hiramoto, T., Nishino, R., Aiba, Y., Kimura, T., Yoshihara, K., Koga, Y., and Sudo, N. (2012) 'Critical role of gut microbiota in the production of biologically active, free catecholamines in the gut lumen of mice', *AJP Gastrointest. Liver Physiol.* 303, G1288–G1295.

Atarashi, K., Tanoue, T., Shima, T., Imaoka, A., Kuwahara, T., Momose, Y., Cheng, G., Yamasaki, S., Saito, T., Ohba, Y., et al. (2011) 'Induction of colonic regulatory T cells by indigenous *Clostridium species*', *Science* 331, 337–341.

Atarashi, K., Tanoue, T., Oshima, K., Suda, W., Nagano, Y., Nishikawa, H., Fukuda, S., Saito, T., Narushima, S., Hase, K., et al. (2013) 'Treg induction by a rationally selected mixture of Clostridia strains from the human microbiota', Nature 500, 232–236.

Aung, A. (2007) *Feeding of Leucaena Mimosine on Small Ruminants: Investigation on the Control of its Toxicity in Small Ruminants* (Göttingen: Cuvillier Verlag).

Bäckhed, F., Ding, H., Wang, T., Hooper, L.V., Koh, G.Y., Nagy, A., Semenkovich, C.F., and Gordon, J.I. (2004) 'The gut microbiota as an environmental factor that regulates fat storage', Proc. Natl. Acad. Sci. U. S. A. 101, 15718–15723.

Bäckhed, F., Fraser, C.M., Ringel, Y., Sanders, M.E., Sartor, R.B., Sherman, P.M., Versalovic, J., Young, V., and Finlay, B.B. (2012) 'Defining a healthy human gut microbiome: current concepts, future directions, and clinical applications', *Cell Host Microbe* 12, 611–622.

Bäckhed, F., Roswall, J., Peng, Y., Feng, Q., Jia, H., Kovatcheva-Datchary, P., Li, Y., Xia, Y., Xie, H., Zhong, H., et al. (2015) 'Dynamics and stabilization of the human gut microbiome during the first year of life', *Cell Host Microbe* 17, 690–703.

Ballal, S.A., Veiga, P., Fenn, K., Michaud, M., Kim, J.H., Gallini, C.A., Glickman, J.N., Quéré, G., Garault, P., Béal, C., et al. (2015) 'Host lysozyme-mediated lysis of Lactococcus lactis facilitates delivery of colitis-attenuating superoxide dismutase to inflamed colons', *Proc. Natl. Acad. Sci.* 112, 7803–7808.

Barott, K.L., and Rohwer, F.L. (2012) 'Unseen players shape benthic competition on coral reefs', *Trends Microbiol.* 20, 621–628.

Barr, J.J., Auro, R., Furlan, M., Whiteson, K.L., Erb, M.L., Pogliano, J., Stotland, A., Wolkowicz, R., Cutting, A.S., and Doran, K.S. (2013) 'Bacteriophage adhering to mucus provide a non–host-derived immunity', *Proc. Natl. Acad. Sci.* 110, 10771–10776.

Bates, J.M., Mittge, E., Kuhlman, J., Baden, K.N., Cheesman, S.E., and Guillemin, K.

(2006) 'Distinct signals from the microbiota promote different aspects of zebrafish gut differentiation', *Dev. Biol.* 297, 374–386.

Baumann, P., Lai, C., Baumann, L., Rouhbakhsh, D., Moran, N.A., and Clark, M.A. (1995) 'Mutualistic associations of aphids and prokaryotes: biology of the genus Buchnera', *Appl. Environ. Microbiol.* 61, 1–7.

BBC (23 January 2015) *The 25 biggest turning points in Earth's history.*

Beasley, D.E., Koltz, A.M., Lambert, J.E., Fierer, N., and Dunn, R.R. (2015) 'The evolution of stomach acidity and its relevance to the human microbiome', *PloS One* 10, e0134116.

Beaumont, W. (1838) *Experiments and Observations on the Gastric Juice, and the Physiology of Digestion* (Edinburgh: Maclachlan & Stewart).

Becerra, J.X., Venable, G.X., and Saeidi, V. (2015) '*Wolbachia*-free heteropterans do not produce defensive chemicals or alarm pheromones', J. *Chem. Ecol.* 41, 593–601.

Becker, M.H., Walke, J.B., Cikanek, S., Savage, A.E., Mattheus, N., Santiago, C.N., Minbiole, K.P.C., Harris, R.N., Belden, L.K. and Gratwicke, B. (2015) 'Composition of symbiotic bacteria predicts survival in Panamanian golden frogs infected with a lethal fungus', *Proc. R. Soc.* B Biol. Sci. 282, doi: 10.1098/rspb.2014.2881.

Belkaid, Y. and Hand, T.W. (2014) 'Role of the microbiota in immunity and inflammation; Cell 157, 121–141.

Bennett, G.M. and Moran, N.A. (2013) 'Small, smaller, smallest: the origins and evolution of ancient dual symbioses in a phloem-feeding insect', Genome *Biol. Evol.* 5, 1675–1688.

Bennett, G.M. and Moran, N.A. (2015) 'Heritable symbiosis: the advantages and perils of an evolutionary rabbit hole', *Proc. Natl. Acad. Sci.* 112, 10169–10176.

Benson, A.K., Kelly, S.A., Legge, R., Ma, F., Low, S.J., Kim, J., Zhang, M., Oh, P.L., Nehrenberg, D., Hua, K., et al. (2010) 'Individuality in gut microbiota composition is a complex polygenic trait shaped by multiple environmental and host genetic factors', *Proc. Natl. Acad. Sci.* 107, 18933–18938.

Bercik, P., Denou, E., Collins, J., Jackson, W., Lu, J., Jury, J., Deng, Y., Blennerhassett, P., Macri, J., McCoy, K.D., et al. (2011) 'The intestinal microbiota affect central levels of brain-derived neurotropic factor and behavior in mice', *Gastroenterology* 141, 599–609.e3.

Berer, K., Mues, M., Koutrolos, M., Rasbi, Z.A., Boziki, M., Johner, C., Wekerle, H., and Krishnamoorthy, G. (2011) 'Commensal microbiota and myelin autoantigen cooperate to trigger autoimmune demyelination', *Nature* 479, 538–541.

Bergman, E.N. (1990) 'Energy contributions of volatile fatty acids from the gastrointestinal tract in various species', *Physiol. Rev.* 70, 567–590.

Bevins, C.L. and Salzman, N.H. (2011) 'The potter's wheel: the host's role in sculpting its microbiota', *Cell. Mol. Life Sci.* 68, 3675–3685.

Bezier, A., Annaheim, M., Herbiniere, J., Wetterwald, C., Gyapay, G., BernardSamain, S., Wincker, P., Roditi, I., Heller, M., Belghazi, M., et al. (2009) 'Polydnaviruses of braconid wasps derive from an ancestral nudivirus', *Science* 323, 926–930.

Bian, G., Joshi, D., Dong, Y., Lu, P., Zhou, G., Pan, X., Xu, Y., Dimopoulos, G., and Xi, Z. (2013). '*Wolbachia* invades Anopheles stephensi populations and induces refractoriness to Plasmodium infection', *Science* 340, 748–751.

Bindels, L.B., Delzenne, N.M., Cani, P.D., and Walter, J. (2015) 'Towards a more comprehensive concept for prebiotics', *Nat. Rev. Gastroenterol. Hepatol.* 12, 303–310.

Blakeslee, S. (15 October 1996) 'Microbial life's steadfast champion', *New York Times*.

Blaser, M. (1 February 2005) 'An endangered species in the stomach; *Sci. Am.*

Blaser, M. (2010) 'Helicobacter pylori and esophageal disease: wake-up call?', *Gastroenterology* 139, 1819–1822.

Blaser, M. (2014) *Missing Microbes: How the Overuse of Antibiotics Is Fueling Our Modern Plagues* (New York: Henry Holt & Co.).

Blaser, M. and Falkow, S. (2009) 'What are the consequences of the disappearing human microbiota?' *Nat. Rev. Microbiol.* 7, 887–894.

Blazejak, A., Erseus, C., Amann, R., and Dubilier, N. (2005) 'Coexistence of bacterial sulfide oxidizers, sulfate reducers, and spirochetes in a gutless worm (Oligochaeta) from the Peru Margin', *Appl. Environ. Microbiol.* 71, 1553–1561.

Bletz, M.C., Loudon, A.H., Becker, M.H., Bell, S.C., Woodhams, D.C., Minbiole, K.P.C., and Harris, R.N. (2013) 'Mitigating amphibian chytridiomycosis with bioaugmentation: characteristics of effective probiotics and strategies for their selection and use', *Ecol. Lett.* 16, 807–820.

Blumberg, R. and Powrie, F. (2012) 'Microbiota, disease, and back to health: a metastable journey', *Sci. Transl. Med.* 4, 137rv7–rv137rv7.

Bode, L. (2012) 'Human milk oligosaccharides: every baby needs a sugar mama', *Glycobiology* 22, 1147–1162.

Bode, L., Kuhn, L., Kim, H-Y., Hsiao, L., Nissan, C., Sinkala, M., Kankasa, C., Mwiya, M., Thea, D.M., and Aldrovandi, G.M. (2012) 'Human milk oligosaccharide concentration and risk of postnatal transmission of HIV through breastfeeding', *Am. J. Clin. Nutr.* 96, 831–839.

Bohnhoff, M., Miller, C.P., and Martin, W.R. (1964) 'Resistance of the mouse's intestinal tract to experimental Salmonella infection', *J. Exp. Med.* 120, 817–828.

Boone, C.K., Keefover-Ring, K., Mapes, A.C., Adams, A.S., Bohlmann, J., and Raffa, K.F. (2013) 'Bacteria associated with a tree-killing insect reduce concentrations of plant defense compounds', *J. Chem. Ecol.* 39, 1003–1006.

Bordenstein, S.R. and Theis, K.R. (2015) 'Host biology in light of the microbiome: ten principles of holobionts and hologenomes', *PLoS Biol.* 13, e1002226.

Bordenstein, S.R., O'Hara, F.P., and Werren, J.H. (2001) '*Wolbachia*-induced incompatibility precedes other hybrid incompatibilities in Nasonia', *Nature* 409, 707–710.

Bosch, T.C. (2012) 'What Hydra has to say about the role and origin of symbiotic interactions', *Biol. Bull.* 223, 78–84.

Boto, L. (2014) 'Horizontal gene transfer in the acquisition of novel traits by metazoans', *Proc. R. Soc. B Biol. Sci.* 281, doi: 10.1098/rspb.2013.2450.

Bouskra, D., Brézillon, C., Bérard, M., Werts, C., Varona, R., Boneca, I.G., and Eberl, G. (2008) 'Lymphoid tissue genesis induced by commensals through NOD1 regulates intestinal homeostasis', *Nature* 456, 507–510.

Bouslimani, A., Porto, C., Rath, C.M., Wang, M., Guo, Y., Gonzalez, A., Berg-Lyon, D., Ackermann, G., Moeller Christensen, G.J., Nakatsuji, T. et al. (2015) 'Molecular cartography of the human skin surface in 3D', *Proc. Natl. Acad. Sci.* U. S. A. 112, E2120–E2129.

Braniste, V., Al-Asmakh, M., Kowal, C., Anuar, F., Abbaspour, A., Tóth, M., Korecka, A., Bakocevic, N., Ng, L.G., Kundu, P. et al. (2014) 'The gut microbiota influences blood-brain barrier permeability in mice', *Sci. Transl. Med.* 6, 263ra158.

Bravo, J.A., Forsythe, P., Chew, M.V., Escaravage, E., Savignac, H.M., Dinan, T.G., Bienenstock, J., and Cryan, J.F. (2011) 'Ingestion of Lactobacillus strain regulates emotional behavior and central GABA receptor expression in a mouse via the vagus nerve', *Proc. Natl. Acad. Sci.* 108, 16050–16055.

Broderick, N.A., Raffa, K.F., and Handelsman, J. (2006) 'Midgut bacteria required for Bacillus thuringiensis insecticidal activity', *Proc. Natl. Acad. Sci.* 103, 15196–15199.

Brown, C.T., Hug, L.A., Thomas, B.C., Sharon, I., Castelle, C.J., Singh, A., Wilkins, M.J., Wrighton, K.C., Williams, K.H., and Banfield, J.F. (2015) 'Unusual biology across a group comprising more than 15% of domain bacteria', *Nature* 523, 208–211.

Brown, E.M., Arrieta, M-C., and Finlay, B.B. (2013) 'A fresh look at the hygiene hypothesis: how intestinal microbial exposure drives immune effector responses in atopic disease', *Semin. Immunol.* 25, 378–387.

Bruce-Keller, A.J., Salbaum, J.M., Luo, M., Blanchard, E., Taylor, C.M., Welsh, D.A., and Berthoud, H-R. (2015) 'Obese-type gut microbiota induce neurobehavioral changes in the absence of obesity', *Biol. Psychiatry* 77, 607–615.

Brucker, R.M. and Bordenstein, S.R. (2013) 'The hologenomic basis of speciation: gut bacteria cause hybrid lethality in the genus Nasonia', *Science* 341, 667–669.

Brucker, R.M., and Bordenstein, S.R. (2014) Response to Comment on 'The hologenomic basis of speciation: gut bacteria cause hybrid lethality in the genus Nasonia', *Science* 345, 1011–1011.

Bshary, R. (2002) 'Biting cleaner fish use altruism to deceive image-scoring client reef fish', *Proc. Biol. Sci.* 269, 2087–2093.

Buchner, P. (1965) *Endosymbiosis of Animals with Plant Microorganisms* (New York: Interscience Publishers / John Wiley).

Buffie, C.G., Bucci, V., Stein, R.R., McKenney, P.T., Ling, L., Gobourne, A., No, D., Liu, H., Kinnebrew, M., Viale, A., et al. (2014) 'Precision microbiome reconstitution restores bile acid mediated resistance to *Clostridium difficile*', *Nature* 517, 205–208.

Bull, J.J. and Turelli, M. (2013) '*Wolbachia* versus dengue: evolutionary forecasts', *Evol. Med. Public Health* 2013, 197–201.

Bulloch, W. (1938) *The History of Bacteriology* (Oxford: Oxford University Press).

Cadwell, K., Patel, K.K., Maloney, N.S., Liu, T-C., Ng, A.C.Y., Storer, C.E., Head, R.D., Xavier, R., Stappenbeck, T.S., and Virgin, H.W. (2010) 'Virus-plussusceptibility gene interaction determines Crohn's Disease gene Atg16L1 phenotypes in intestine', *Cell* 141, 1135–1145.

Cafaro, M.J., Poulsen, M., Little, A.E.F., Price, S.L., Gerardo, N.M., Wong, B., Stuart, A.E., Larget, B., Abbot, P., and Currie, C.R. (2011) 'Specificity in the symbiotic association between fungus-growing ants and protective Pseudonocardia bacteria', *Proc. R. Soc. B Biol. Sci.* 278, 1814–1822.

Campbell, M.A., Leuven, J.T.V., Meister, R.C., Carey, K.M., Simon, C., and McCutcheon, J.P. (2015), 'Genome expansion via lineage splitting and genome reduction in the cicada endosymbiont Hodgkinia', *Proc. Natl. Acad. Sci.* 112, 10192–10199.

Caporaso, J.G., Lauber, C.L., Costello, E.K., Berg-Lyons, D., Gonzalez, A., Stombaugh, J., Knights, D., Gajer, P., Ravel, J., and Fierer, N. (2011) 'Moving pictures of the human microbiome', *Genome Biol.* 12, R50.

Carmody, R.N. and Turnbaugh, P.J. (2014) 'Host–microbial interactions in the metabolism of therapeutic and diet-derived xenobiotics', *J. Clin. Invest.* 124, 4173–4181.

Caspi-Fluger, A., Inbar, M., Mozes-Daube, N., Katzir, N., Portnoy, V., Belausov, E., Hunter, M.S., and Zchori-Fein, E. (2012) 'Horizontal transmission of the insect symbiont Rickettsia is plant-mediated', *Proc. R. Soc. B Biol. Sci.* 279, 1791–1796.

Cavanaugh, C.M., Gardiner, S.L., Jones, M.L., Jannasch, H.W., and Waterbury, J.B. (1981) 'Prokaryotic cells in the hydrothermal vent tube worm Riftia pachyptila Jones: possible chemoautotrophic symbionts', *Science* 213, 340–342.

Ceja-Navarro, J.A., Vega, F.E., Karaoz, U., Hao, Z., Jenkins, S., Lim, H.C., Kosina, P., Infante, F., Northen, T.R., and Brodie, E.L. (2015) 'Gut microbiota mediate caffeine detoxification in the primary insect pest of coffee', *Nat. Commun.* 6, 7618.

Chandler, J.A. and Turelli, M. (2014) Comment on 'The hologenomic basis of speciation: gut bacteria cause hybrid lethality in the genus Nasonia', *Science* 345, 1011–1011.

Chassaing, B., Koren, O., Goodrich, J.K., Poole, A.C., Srinivasan, S., Ley, R.E., and Gewirtz, A.T. (2015) 'Dietary emulsifiers impact the mouse gut microbiota promoting colitis and metabolic syndrome', *Nature* 519, 92–96.

Chau, R., Kalaitzis, J.A., and Neilan, B.A. (2011) 'On the origins and biosynthesis of tetrodotoxin', *Aquat. Toxicol. Amst. Neth.* 104, 61–72.

Cheesman, S.E. and Guillemin, K. (2007) 'We know you are in there: conversing with the indigenous gut microbiota', *Res. Microbiol.* 158, 2–9.

Chen, Y., Segers, S., and Blaser, M.J. (2013) 'Association between Helicobacter pylori and mortality in the NHANES III study', *Gut* 62, 1262–1269.

Chichlowski, M., German, J.B., Lebrilla, C.B., and Mills, D.A. (2011) 'The influence of milk oligosaccharides on microbiota of infants: opportunities for formulas', *Annu. Rev. Food Sci. Technol.* 2, 331–351.

Cho, I. and Blaser, M.J. (2012) 'The human microbiome: at the interface of health and disease', *Nat. Rev. Genet.* 13, 260–270.

Cho, I., Yamanishi, S., Cox, L., Methé, B.A., Zavadil, J., Li, K., Gao, Z., Mahana, D., Raju, K., Teitler, I., et al. (2012) 'Antibiotics in early life alter the murine colonic microbiome and adiposity', *Nature* 488, 621–626.

Chou, S., Daugherty, M.D., Peterson, S.B., Biboy, J., Yang, Y., Jutras, B.L., FritzLaylin, L.K., Ferrin, M.A., Harding, B.N., Jacobs-Wagner, C., et al. (2014) 'Transferred interbacterial antagonism genes augment eukaryotic innate immune function', *Nature* 518, 98–101.

Chrostek, E., Marialva, M.S.P., Esteves, S.S., Weinert, L.A., Martinez, J., Jiggins, F.M., and Teixeira, L. (2013) '*Wolbachia* variants induce differential protection to viruses in Drosophila melanogaster: a phenotypic and phylogenomic analysis', *PLoS Genet.* 9, e1003896.

Chu, C-C., Spencer, J.L., Curzi, M.J., Zavala, J.A., and Seufferheld, M.J. (2013) 'Gut bacteria facilitate adaptation to crop rotation in the western corn rootworm', *Proc. Natl. Acad. Sci.* 110, 11917–11922.

Chung, K-T. and Bryant, M.P. (1997) 'Robert E. Hungate: pioneer of anaerobic microbial ecology', *Anaerobe* 3, 213–217.

Chung, K-T. and Ferris, D.H. (1996) 'Martinus Willem Beijerinck', *ASM News* 62, 539–543.

Chung, H., Pamp, S.J., Hill, J.A., Surana, N.K., Edelman, S.M., Troy, E.B., Reading , N.C., Villablanca, E.J., Wang, S., Mora, J.R., et al. (2012) 'Gut immune maturation depends on colonization with a host-specific microbiota', *Cell* 149, 1578–1593.

Chung, S.H., Rosa, C., Scully, E.D., Peiffer, M., Tooker, J.F., Hoover, K., Luthe, D.S., and Felton, G.W. (2013) 'Herbivore exploits orally secreted bacteria to suppress plant defenses', *Proc. Natl. Acad. Sci.* U. S. A. 110, 15728–15733.

Ciorba, M.A. (2012) 'A gastroenterologist's guide to probiotics', Clin. Gastroenterol. *Hepatol.* 10, 960–968.

Claesen, J. and Fischbach, M.A. (2015) 'Synthetic microbes as drug delivery systems', *ACS Synth. Biol.* 4, 358–364.

Clayton, A.L., Oakeson, K.F., Gutin, M., Pontes, A., Dunn, D.M., von Niederhausern, A.C., Weiss, R.B., Fisher, M., and Dale, C. (2012) 'A novel human-infectionderived bacterium provides insights into the evolutionary origins of mutualistic insect–bacterial symbioses', *PLoS Genet.* 8, e1002990.

Clayton, T.A., Baker, D., Lindon, J.C., Everett, J.R., and Nicholson, J.K. (2009) 'Pharmacometabonomic identification of a significant host–microbiome metabolic interaction affecting human drug metabolism', *Proc. Natl. Acad. Sci.* U. S. A. 106, 14728–14733.

Clemente, J.C., Pehrsson, E.C., Blaser, M.J., Sandhu, K., Gao, Z., Wang, B., Magris, M., Hidalgo, G., Contreras, M., Noya-Alarcon, O., et al. (2015) 'The microbiome of uncontacted Amerindians', *Sci. Adv.* 1, e1500183.

Cobb, M. (3 June 2013) 'Oswald T. Avery, the unsung hero of genetic science', *The Guardian*.

Cockburn, S.N., Haselkorn, T.S., Hamilton, P.T., Landzberg, E., Jaenike, J., and Perlman, S.J. (2013) 'Dynamics of the continent-wide spread of a Drosophila defensive symbiont', *Ecol. Lett.* 16, 609–616.

Collins, S.M., Surette, M., and Bercik, P. (2012) 'The interplay between the intestinal microbiota and the brain', *Nat. Rev. Microbiol.* 10, 735–742.

Coon, K.L., Vogel, K.J., Brown, M.R., and Strand, M.R. (2014) 'Mosquitoes rely on their gut microbiota for development', *Mol. Ecol.* 23, 2727–2739.

Costello, E.K., Lauber, C.L., Hamady, M., Fierer, N., Gordon, J.I., and Knight, R. (2009) 'Bacterial community variation in human body habitats across space and time', *Science* 326, 1694–1697.

Cox, L.M. and Blaser, M.J. (2014) 'Antibiotics in early life and obesity', *Nat. Rev. Endocrinol.* 11, 182–190.

Cox, L.M., Yamanishi, S., Sohn, J., Alekseyenko, A.V., Leung, J.M., Cho, I., Kim, S.G., Li, H., Gao, Z., Mahana, D., et al. (2014) 'Altering the intestinal microbiota during a critical developmental window has lasting metabolic consequences', *Cell* 158, 705–721.

Cryan, J.F. and Dinan, T.G. (2012) 'Mind-altering microorganisms: the impact of the gut microbiota on brain and behaviour', *Nat. Rev. Neurosci.* 13, 701–712.

CSIROpedia Leucaena toxicity solution.

Dalal, S.R., and Chang, E.B. (2014) 'The microbial basis of inflammatory bowel diseases', *J. Clin. Invest.* 124, 4190–4196.

Dale, C. and Moran, N.A. (2006) 'Molecular interactions between bacterial symbionts and their hosts', *Cell* 126, 453–465.

Danchin, E.G.J. and Rosso, M-N. (2012) 'Lateral gene transfers have polished animal genomes: lessons from nematodes', *Front. Cell. Infect. Microbiol.* 2. doi: 10.3389/fcimb.2012.00027.

Danchin, E.G.J., Rosso, M-N., Vieira, P., de Almeida-Engler, J., Coutinho, P.M., Henrissat, B., and Abad, P. (2010) 'Multiple lateral gene transfers and duplications have promoted plant parasitism ability in nematodes', *Proc. Natl. Acad. Sci.* 107, 17651–17656.

Darmasseelane, K., Hyde, M.J., Santhakumaran, S., Gale, C., and Modi, N. (2014) 'Mode of delivery and offspring body mass index, overweight and obesity in adult life: a systematic review and meta-analysis', *PloS One* 9, e87896.

David, L.A., Maurice, C.F., Carmody, R.N., Gootenberg, D.B., Button, J.E., Wolfe, B.E., Ling, A.V., Devlin, A.S., Varma, Y., Fischbach, M.A., et al. (2013) 'Diet rapidly and reproducibly alters the human gut microbiome', *Nature* 505, 559–563.

David, L.A., Materna, A.C., Friedman, J., Campos-Baptista, M.I., Blackburn, M.C.,

Perrotta, A., Erdman, S.E., and Alm, E.J. (2014) 'Host lifestyle affects human microbiota on daily timescales', *Genome Biol.* 15, R89.

Dawkins, Richard (1982) *The Extended Phenotype* (Oxford: Oxford University Press).

De Filippo, C., Cavalieri, D., Di Paola, M., Ramazzotti, M., Poullet, J.B., Massart, S., Collini, S., Pieraccini, G., and Lionetti, P. (2010) 'Impact of diet in shaping gut microbiota revealed by a comparative study in children from Europe and rural Africa', *Proc. Natl. Acad. Sci.* 107, 14691–14696.

Delsuc, F., Metcalf, J.L., Wegener Parfrey, L., Song, S.J., González, A., and Knight, R. (2014) 'Convergence of gut microbiomes in myrmecophagous mammals', *Mol. Ecol.* 23, 1301–1317.

Delzenne, N.M., Neyrinck, A.M., and Cani, P.D. (2013) 'Gut microbiota and metabolic disorders: how prebiotic can work?' *Br. J. Nutr.* 109, S81–S85.

Derrien, M., and van Hylckama Vlieg, J.E.T. (2015) 'Fate, activity, and impact of ingested bacteria within the human gut microbiota', *Trends Microbiol.* 23, 354–366.

Dethlefsen, L. and Relman, D.A. (2011) 'Incomplete recovery and individualized responses of the human distal gut microbiota to repeated antibiotic perturbation', *Proc. Natl. Acad. Sci.* 108, 4554–4561.

Dethlefsen, L., McFall-Ngai, M., and Relman, D.A. (2007) 'An ecological and evolutionary perspective on human–microbe mutualism and disease', *Nature* 449, 811–818.

Dethlefsen, L., Huse, S., Sogin, M.L., and Relman, D.A. (2008) 'The pervasive effects of an antibiotic on the human gut microbiota, as revealed by deep 16S rRNA sequencing', *PLoS Biol.* 6, e280.

Devkota, S., Wang, Y., Musch, M.W., Leone, V., Fehlner-Peach, H., Nadimpalli, A., Antonopoulos, D.A., Jabri, B., and Chang, E.B. (2012) 'Dietary-fat-induced taurocholic acid promotes pathobiont expansion and colitis in Il10−/− mice', *Nature* 487, 104–108.

Dill-McFarland, K.A., Weimer, P.J., Pauli, J.N., Peery, M.Z., and Suen, G. (2015)

'Diet specialization selects for an unusual and simplified gut microbiota in two- and three-toed sloths', *Environ. Microbiol.* 509, 357–360.

Dillon, R.J., Vennard, C.T., and Charnley, A.K. (2000) 'Pheromones: exploitation of gut bacteria in the locust', *Nature* 403, 851.

Ding, T. and Schloss, P.D. (2014) 'Dynamics and associations of microbial community types across the human body', *Nature* 509, 357–360.

Dinsdale, E.A., Pantos, O., Smriga, S., Edwards, R.A., Angly, F., Wegley, L., Hatay, M., Hall, D., Brown, E., Haynes, M., et al. (2008) 'Microbial ecology of four coral atolls in the Northern Line Islands', *PLoS ONE* 3, e1584.

Dobell, C. (1932) *Antony Van Leeuwenhoek and His 'Little Animals'* (New York: Dover Publications).

Dobson, A.J., Chaston, J.M., Newell, P.D., Donahue, L., Hermann, S.L., Sannino, D.R., Westmiller, S., Wong, A.C-N., Clark, A.G., Lazzaro, B.P., et al. (2015) 'Host genetic determinants of microbiota-dependent nutrition revealed by genome-wide analysis of Drosophila melanogaster', *Nat. Commun.* 6, 6312.

Dodd, D.M.B. (1989) 'Reproductive isolation as a consequence of adaptive divergence in Drosophila pseudoobscura', *Evolution* 43, 1308–1311.

Dominguez-Bello, M.G., Costello, E.K., Contreras, M., Magris, M., Hidalgo, G., Fierer, N., and Knight, R. (2010) 'Delivery mode shapes the acquisition and structure of the initial microbiota across multiple body habitats in newborns', *Proc. Natl. Acad. Sci.* 107, 11971–11975.

Dorrestein, P.C., Mazmanian, S.K., and Knight, R. (2014) 'Finding the missing links among metabolites, microbes, and the host', *Immunity* 40, 824–832.

Doudoumis, V., Alam, U., Aksoy, E., Abd-Alla, A.M.M., Tsiamis, G., Brelsfoard, C., Aksoy, S., and Bourtzis, K. (2013) 'Tsetse–*Wolbachia* symbiosis: comes of age and has great potential for pest and disease control', *J. Invertebr. Pathol.* 112, S94–S103.

Douglas, A.E. (2006) 'Phloem-sap feeding by animals: problems and solutions', *J.*

Exp. Bot. 57, 747–754.

Douglas, A.E. (2008) 'Conflict, cheats and the persistence of symbioses', *New Phytol.* 177, 849–858.

Dubilier, N., Mülders, C., Ferdelman, T., de Beer, D., Pernthaler, A., Klein, M., Wagner, M., Erséus, C., Thiermann, F., Krieger, J., et al. (2001) 'Endosymbiotic sulphate-reducing and sulphide-oxidizing bacteria in an oligochaete worm', *Nature* 411, 298–302.

Dubilier, N., Bergin, C., and Lott, C. (2008) 'Symbiotic diversity in marine animals: the art of harnessing chemosynthesis', *Nat. Rev. Microbiol.* 6, 725–740.

Dubos, R.J. (1965) *Man Adapting* (New Haven and London: Yale University Press).

Dubos, R.J. (1987) *Mirage of Health: Utopias, Progress, and Biological Change* (New Brunswick, NJ: Rutgers University Press).

Dunlap, P.V. and Nakamura, M. (2011) 'Functional morphology of the luminescence system of Siphamia versicolor (Perciformes: Apogonidae), a bacterially luminous coral reef fish', *J. Morphol.* 272, 897–909.

Dunning-Hotopp, J.C. (2011) 'Horizontal gene transfer between bacteria and animals', *Trends Genet.* 27, 157–163.

Eakin, E. (1 December 2014) 'The excrement experiment', *New Yorker*.

Eckburg, P.B. (2005) 'Diversity of the human intestinal microbial flora', *Science* 308, 1635–1638.

Eisen, J. (2014) Overselling the microbiome award: Time Magazine & Martin Blaser for 'antibiotics are extinguishing our microbiome'. http://phylogenomics.blogspot.co.uk/2014/05/overselling-microbiome-awardtime.html.

Elahi, S., Ertelt, J.M., Kinder, J.M., Jiang, T.T., Zhang, X., Xin, L., Chaturvedi, V., Strong, B.S., Qualls, J.E., Steinbrecher, K.A., et al. (2013) 'Immunosuppressive CD71+ erythroid cells compromise neonatal host defence against infection', *Nature* 504, 158–162.

Ellis, M.L., Shaw, K.J., Jackson, S.B., Daniel, S.L., and Knight, J. (2015) 'Analysis of commercial kidney stone probiotic supplements', *Urology* 85, 517–521.

Eskew, E.A. and Todd, B.D. (2013) 'Parallels in amphibian and bat declines from pathogenic fungi', *Emerg. Infect. Dis.* 19, 379–385.

Everard, A., Belzer, C., Geurts, L., Ouwerkerk, J.P., Druart, C., Bindels, L.B., Guiot, Y., Derrien, M., Muccioli, G.G., Delzenne, N.M., et al. (2013) 'Cross-talk between Akkermansia muciniphila and intestinal epithelium controls dietinduced obesity', *Proc. Natl. Acad. Sci,* 110, 9066–9071.

Ezenwa, V.O. and Williams, A.E. (2014) 'Microbes and animal olfactory communication: where do we go from here?', *BioEssays* 36, 847–854.

Faith, J.J., Guruge, J.L., Charbonneau, M., Subramanian, S., Seedorf, H., Goodman, A.L., Clemente, J.C., Knight, R., Heath, A.C., and Leibel, R.L. (2013) 'The long-term stability of the human gut microbiota', *Science* 341. doi: 10.1126/science.1237439.

Falkow, S. (2013) Fecal Transplants in the 'Good Old Days'. http://schaechter.asmblog.org/schaechter/2013/05/fecal-transplants-in-the-good-old-days.html.

Feldhaar, H. (2011) 'Bacterial symbionts as mediators of ecologically important traits of insect hosts', *Ecol. Entomol.* 36, 533–543.

Fierer, N., Hamady, M., Lauber, C.L., and Knight, R. (2008) 'The influence of sex, handedness, and washing on the diversity of hand surface bacteria', *Proc. Natl. Acad. Sci.* U. S. A. 105, 17994–17999.

Finucane, M.M., Sharpton, T.J., Laurent, T.J., and Pollard, K.S. (2014) 'A taxonomic signature of obesity in the microbiome? Getting to the guts of the matter', *PLoS ONE* 9, e84689.

Fischbach, M.A. and Sonnenburg, J.L. (2011) 'Eating for two: how metabolism establishes interspecies interactions in the gut', *Cell Host Microbe* 10, 336–347.

Folsome, C. (1985) *Microbes, in The Biosphere Catalogue* (Fort Worth, Texas: Synergistic Press).

Franzenburg, S., Walter, J., Kunzel, S., Wang, J., Baines, J.F., Bosch, T.C.G., and

Fraune, S. (2013) 'Distinct antimicrobial peptide expression determines host speciesspecific bacterial associations', *Proc. Natl. Acad. Sci.* 110, E3730–E3738.

Fraune, S. and Bosch, T.C. (2007) 'Long-term maintenance of species-specific bacterial microbiota in the basal metazoan Hydra', *Proc. Natl. Acad. Sci.* 104, 13146–13151.

Fraune, S. and Bosch, T.C.G. (2010) 'Why bacteria matter in animal development and evolution', *BioEssays* 32, 571–580.

Fraune, S., Abe, Y., and Bosch, T.C.G. (2009) 'Disturbing epithelial homeostasis in the metazoan Hydra leads to drastic changes in associated microbiota', *Environ. Microbiol.* 11, 2361–2369.

Fraune, S., Augustin, R., Anton-Erxleben, F., Wittlieb, J., Gelhaus, C., Klimovich, V.B., Samoilovich, M.P., and Bosch, T.C.G. (2010) 'In an early branching metazoan, bacterial colonization of the embryo is controlled by maternal antimicrobial peptides', *Proc. Natl. Acad. Sci.* 107, 18067–18072.

Freeland, W.J. and Janzen, D.H. (1974) 'Strategies in herbivory by mammals: the role of plant secondary compounds', *Am. Nat.* 108, 269–289.

Frese, S.A., Benson, A.K., Tannock, G.W., Loach, D.M., Kim, J., Zhang, M., Oh, P.L., Heng, N.C.K., Patil, P.B., Juge, N., et al. (2011) 'The evolution of host specialization in the vertebrate gut symbiont Lactobacillus reuteri', *PLoS Genet.* 7, e1001314.

Fujimura, K.E. and Lynch, S.V. (2015) 'Microbiota in allergy and asthma and the emerging relationship with the gut microbiome', *Cell Host Microbe* 17, 592–602.

Fujimura, K.E., Demoor, T., Rauch, M., Faruqi, A.A., Jang, S., Johnson, C.C., Boushey, H.A., Zoratti, E., Ownby, D., Lukacs, N.W., et al. (2014) 'House dust exposure mediates gut microbiome Lactobacillus enrichment and airway immune defense against allergens and virus infection', *Proc. Natl. Acad. Sci.* 111, 805–810.

Funkhouser, L.J. and Bordenstein, S.R. (2013) 'Mom knows best: the universality of maternal microbial transmission', *PLoS Biol.* 11, e1001631.

Furusawa, Y., Obata, Y., Fukuda, S., Endo, T.A., Nakato, G., Takahashi, D., Nakanishi, Y., Uetake, C., Kato, K., Kato, T., et al. (2013) 'Commensal microbe-derived butyrate induces the differentiation of colonic regulatory T cells', *Nature* 504, 446–450.

Gajer, P., Brotman, R.M., Bai, G., Sakamoto, J., Schutte, U.M.E., Zhong, X., Koenig, S.S.K., Fu, L., Ma, Z., Zhou, X., et al. (2012) 'Temporal dynamics of the human vaginal microbiota', *Sci. Transl. Med.* 4, 132ra52–ra132ra52.

Garcia, J.R. and Gerardo, N.M. (2014) 'The symbiont side of symbiosis: do microbes really benefit?' *Front. Microbiol.* 5. doi: 10.3389/fmicb.2014.00510.

Gareau, M.G., Sherman, P.M., and Walker, W.A. (2010) 'Probiotics and the gut microbiota in intestinal health and disease', *Nat. Rev. Gastroenterol. Hepatol.* 7, 503–514.

Garrett, W.S., Lord, G.M., Punit, S., Lugo-Villarino, G., Mazmanian, S.K., Ito, S., Glickman, J.N., and Glimcher, L.H. (2007) 'Communicable ulcerative colitis induced by T-bet deficiency in the innate immune system', *Cell* 131, 33–45.

Garrett, W.S., Gallini, C.A., Yatsunenko, T., Michaud, M., DuBois, A., Delaney, M.L., Punit, S., Karlsson, M., Bry, L., Glickman, J.N., et al. (2010) 'Enterobacteriaceae act in concert with the gut microbiota to induce spontaneous and maternally transmitted colitis', *Cell Host Microbe* 8, 292–300.

Gehrer, L. and Vorburger, C. (2012) 'Parasitoids as vectors of facultative bacterial endosymbionts in aphids', *Biol. Lett.* 8, 613–615.

Gerrard, J.W., Geddes, C.A., Reggin, P.L., Gerrard, C.D., and Horne, S. (1976) 'Serum IgE levels in white and Metis communities in Saskatchewan', *Ann. Allergy* 37, 91–100.

Gerritsen, J., Smidt, H., Rijkers, G.T., and Vos, W.M. (2011) 'Intestinal microbiota in human health and disease: the impact of probiotics', *Genes Nutr.* 6, 209–240.

Gevers, D., Kugathasan, S., Denson, L.A., Vázquez-Baeza, Y., Van Treuren, W., Ren, B., Schwager, E., Knights, D., Song, S.J., Yassour, M., et al. (2014) 'The treatment-naive microbiome in new-onset Crohn's Disease', *Cell Host Microbe* 15, 382–392.

Gibbons, S.M., Schwartz, T., Fouquier, J., Mitchell, M., Sangwan, N., Gilbert, J.A., and Kelley, S.T. (2015) 'Ecological succession and viability of humanassociated microbiota on restroom surfaces', *Appl. Environ. Microbiol.* 81, 765–773.

Gilbert, J.A. and Neufeld, J.D. (2014) 'Life in a world without microbes', *PLoS Biol.* 12, e1002020.

Gilbert, J.A., Meyer, F., Antonopoulos, D., Balaji, P., Brown, C.T., Desai, N., Eisen, J.A., Evers, D., Field, D., et al. (2010) 'Meeting Report: The Terabase Metagenomics Workshop and the Vision of an Earth Microbiome Project', Stand. *Genomic Sci.* 3, 243–248.

Gilbert, S.F., Sapp, J., and Tauber, A.I. (2012) 'A symbiotic view of life: we have never been individuals', *Q. Rev. Biol.* 87, 325–341.

Godoy-Vitorino, F., Goldfarb, K.C., Karaoz, U., Leal, S., Garcia-Amado, M.A., Hugenholtz, P., Tringe, S.G., Brodie, E.L., and Dominguez-Bello, M.G. (2012) 'Comparative analyses of foregut and hindgut bacterial communities in hoatzins and cows', *ISME J.* 6, 531–541.

Goldenberg, J.Z., Ma, S.S., Saxton, J.D., Martzen, M.R., Vandvik, P.O., Thorlund, K., Guyatt, G.H., and Johnston, B.C. (2013) 'Probiotics for the prevention of *Clostridium difficile*-associated diarrhea in adults and children', in *Cochrane Database of Systematic Reviews, The Cochrane Collaboration*, ed. (Chichester, UK: John Wiley & Sons).

Gomez, A., Petrzelkova, K., Yeoman, C.J., Burns, M.B., Amato, K.R., Vlckova, K., Modry, D., Todd, A., Robbinson, C.A.J., Remis, M., et al. (2015) 'Ecological and evolutionary adaptations shape the gut microbiome of BaAka African rainforest hunter-gatherers', bioRxiv 019232.

Goodrich, J.K., Waters, J.L., Poole, A.C., Sutter, J.L., Koren, O., Blekhman, R., Beaumont, M., Van Treuren, W., Knight, R., Bell, J.T., et al. (2014) 'Human genetics shape the gut microbiome', *Cell* 159, 789–799.

Graham, D.Y. (1997) 'The only good Helicobacter pylori is a dead *Helicobacter pylori*', *Lancet* 350, 70–71; author reply 72.

Green, J. (2011). Are we filtering the wrong microbes? TED https://www.ted.com/talks/jessica_green_are_we_filtering_the_wrong_microbes.

Green, J.L. (2014) 'Can bioinformed design promote healthy indoor ecosystems?' *Indoor Air* 24, 113–115.

Gruber-Vodicka, H.R., Dirks, U., Leisch, N., Baranyi, C., Stoecker, K., Bulgheresi, S., Heindl, N.R., Horn, M., Lott, C., Loy, A., et al. (2011) 'Paracatenula, an ancient symbiosis between thiotrophic Alphaproteobacteria and catenulid flatworms', *Proc. Natl. Acad. Sci.* 108, 12078–12083.

Hadfield, M.G. (2011) 'Biofilms and marine invertebrate larvae: what bacteria produce that larvae use to choose settlement sites', *Annu. Rev. Mar. Sci.* 3, 453–470.

Haiser, H.J. and Turnbaugh, P.J. (2012) 'Is it time for a metagenomic basis of therapeutics?' *Science* 336, 1253–1255.

Haiser, H.J., Gootenberg, D.B., Chatman, K., Sirasani, G., Balskus, E.P., and Turnbaugh, P.J. (2013) 'Predicting and manipulating cardiac drug inactivation by the human gut bacterium Eggerthella lenta', *Science* 341, 295–298.

Hamilton, M.J., Weingarden, A.R., Unno, T., Khoruts, A., and Sadowsky, M.J. (2013) 'High-throughput DNA sequence analysis reveals stable engraftment of gut microbiota following transplantation of previously frozen fecal bacteria', *Gut Microbes* 4, 125–135.

Handelsman, J. (2007) 'Metagenomics and microbial communities', in *Encyclopedia of Life Sciences* (Chichester, UK: John Wiley & Sons).

Harley, I.T.W. and Karp, C.L. (2012) 'Obesity and the gut microbiome: striving for causality', *Mol. Metab.* 1, 21–31.

Harris, R.N., James, T.Y., Lauer, A., Simon, M.A., and Patel, A. (2006) 'Amphibian pathogen Batrachochytrium dendrobatidis is inhibited by the cutaneous bacteria of amphibian species', *EcoHealth* 3, 53–56.

Harris, R.N., Brucker, R.M., Walke, J.B., Becker, M.H., Schwantes, C.R., Flaherty, D.C., Lam, B.A., Woodhams, D.C., Briggs, C.J., Vredenburg, V.T., et al. (2009) 'Skin microbes on frogs prevent morbidity and mortality caused by a lethal skin fungus', *ISME J.* 3, 818–824.

Haselkorn, T.S., Cockburn, S.N., Hamilton, P.T., Perlman, S.J., and Jaenike, J. (2013) 'Infectious adaptation: potential host range of a defensive endosymbiont in Drosophila: host range of Spiroplasma in Drosophila', *Evolution* 67, 934–945.

Hecht, G.A., Blaser, M.J., Gordon, J., Kaplan, L.M., Knight, R., Laine, L., Peek, R., Sanders, M.E., Sartor, B., Wu, G.D., et al. (2014) 'What is the value of a food and drug administration investigational new drug application for fecal microbiota transplantation to treat *Clostridium difficile* infection?' *Clin. Gastroenterol. Hepatol. Off. Clin. Pract. J. Am.* Gastroenterol. Assoc. 12, 289–291.

Hedges, L.M., Brownlie, J.C., O'Neill, S.L., and Johnson, K.N. (2008) '*Wolbachia* and virus protection in insects', *Science* 322, 702.

Hehemann, J-H., Correc, G., Barbeyron, T., Helbert, W., Czjzek, M., and Michel, G. (2010) 'Transfer of carbohydrate-active enzymes from marine bacteria to Japanese gut microbiota', *Nature* 464, 908–912.

Heijtz, R.D., Wang, S., Anuar, F., Qian, Y., Bjorkholm, B., Samuelsson, A., Hibberd, M.L., Forssberg, H., and Pettersson, S. (2011) 'Normal gut microbiota modulates brain development and behavior', *Proc. Natl. Acad. Sci.* 108, 3047–3052.

Heil, M., Barajas-Barron, A., Orona-Tamayo, D., Wielsch, N., and Svatos, A. (2014) 'Partner manipulation stabilises a horizontally transmitted mutualism', *Ecol. Lett.* 17, 185–192.

Henry, L.M., Peccoud, J., Simon, J-C., Hadfield, J.D., Maiden, M.J.C., Ferrari, J., and Godfray, H.C.J. (2013) 'Horizontally transmitted symbionts and host colonization of ecological niches', *Curr. Biol.* 23, 1713–1717.

Herbert, E.E. and Goodrich-Blair, H. (2007) 'Friend and foe: the two faces of Xenorhabdus nematophila', *Nat. Rev. Microbiol.* 5, 634–646.

Herniou, E.A., Huguet, E., Thézé, J., Bézier, A., Periquet, G., and Drezen, J-M. (2013) 'When parasitic wasps hijacked viruses: genomic and functional evolution of polydnaviruses', *Philos. Trans. R. Soc. Lond. B Biol. Sci.* 368, 20130051.

Hilgenboecker, K., Hammerstein, P., Schlattmann, P., Telschow, A., and Werren, J.H. (2008) 'How many species are infected with *Wolbachia*? – a statistical analysis of current data: *Wolbachia* infection rates', *FEMS Microbiol. Lett.* 281, 215–220.

Hill, C., Guarner, F., Reid, G., Gibson, G.R., Merenstein, D.J., Pot, B., Morelli, L., Canani, R.B., Flint, H.J., Salminen, S., et al. (2014) 'Expert consensus document: The International Scientific Association for Probiotics and Prebiotics consensus statement on the scope and appropriate use of the term probiotic', *Nat. Rev. Gastroenterol. Hepatol.* 11, 506–514.

Himler, A.G., Adachi-Hagimori, T., Bergen, J.E., Kozuch, A., Kelly, S.E., Tabashnik, B.E., Chiel, E., Duckworth, V.E., Dennehy, T.J., Zchori-Fein, E., et al. (2011) 'Rapid spread of a bacterial symbiont in an invasive whitefly is driven by fitness benefits and female bias', *Science* 332, 254–256.

Hird, S.M., Carstens, B.C., Cardiff, S.W., Dittmann, D.L., and Brumfield, R.T. (2014) 'Sampling locality is more detectable than taxonomy or ecology in the gut microbiota of the brood-parasitic Brown-headed Cowbird (Molothrus ater)', *PeerJ 2*, e321.

Hiss, P.H. and Zinsser, H. (1910) A Text-book of Bacteriology: a Practical Treatise for Students and Practitioners of Medicine (New York and London: D. Appleton & Co.).

Hoerauf, A., Volkmann, L., Hamelmann, C., Adjei, O., Autenrieth, I.B., Fleischer, B., and Büttner, D.W. (2000) 'Endosymbiotic bacteria in worms as targets for a novel chemotherapy in filariasis', *Lancet* 355, 1242–1243.

Hoerauf, A., Mand, S., Adjei, O., Fleischer, B., and Büttner, D.W. (2001) 'Depletion of *Wolbachia* endobacteria in Onchocerca volvulus by doxycycline and microfilaridermia after ivermectin treatment', *Lancet* 357, 1415–1416.

Hof, C., Araújo, M.B., Jetz, W., and Rahbek, C. (2011) 'Additive threats from pathogens, climate and land-use change for global amphibian diversity', *Nature* 480, 516–519.

Hoffmann, A.A., Montgomery, B.L., Popovici, J., Iturbe-Ormaetxe, I., Johnson, P.H., Muzzi, F., Greenfield, M., Durkan, M., Leong, Y.S., Dong, Y., et al. (2011) 'Successful establishment of *Wolbachia* in Aedes populations to suppress dengue transmission', *Nature* 476, 454–457.

Holmes, E., Kinross, J., Gibson, G., Burcelin, R., Jia, W., Pettersson, S., and Nicholson, J. (2012) 'Therapeutic modulation of microbiota–host metabolic interactions', *Sci. Transl. Med.* 4, 137rv6.

Honda, K., and Littman, D.R. (2012). 'The Microbiome in Infectious Disease and Inflammation', *Annu. Rev. Immunol.* 30, 759–795.

Hongoh, Y. (2011) 'Toward the functional analysis of uncultivable, symbiotic microorganisms in the termite gut', *Cell. Mol. Life Sci.* 68, 1311–1325.

Hooper, L.V. (2001) 'Molecular analysis of commensal host-microbial relationships in the intestine', *Science* 291, 881–884.

Hooper, L.V., Stappenbeck, T.S., Hong, C.V., and Gordon, J.I. (2003) 'Angiogenins: a new class of microbicidal proteins involved in innate immunity', *Nat. Immunol.* 4, 269–273.

Hooper, L.V., Littman, D.R., and Macpherson, A.J. (2012) 'Interactions between the microbiota and the immune system', *Science* 336, 1268–1273.

Hornett, E.A., Charlat, S., Wedell, N., Jiggins, C.D., and Hurst, G.D.D. (2009) 'Rapidly shifting sex ratio across a species range', *Curr. Biol.* 19, 1628–1631.

Hosokawa, T., Kikuchi, Y., Shimada, M., and Fukatsu, T. (2008) 'Symbiont acquisition alters behaviour of stinkbug nymphs', Biol. Lett. 4, 45–48.

Hosokawa, T., Koga, R., Kikuchi, Y., Meng, X.-Y., and Fukatsu, T. (2010). '*Wolbachia* as a bacteriocyte-associated nutritional mutualist', Proc. Natl. Acad. Sci. 107, 769–774.

Hosokawa, T., Hironaka, M., Mukai, H., Inadomi, K., Suzuki, N., and Fukatsu, T. (2012) 'Mothers never miss the moment: a fine-tuned mechanism for vertical symbiont transmission in a subsocial insect', *Anim. Behav.* 83, 293–300.

Hotopp, J.C.D., Clark, M.E., Oliveira, D.C.S.G., Foster, J.M., Fischer, P., Torres, M.C.M., Giebel, J.D., Kumar, N., Ishmael, N., Wang, S., et al. (2007) 'Widespread lateral gene transfer from intracellular bacteria to multicellular eukaryotes', *Science* 317, 1753–1756.

Hsiao, E.Y., McBride, S.W., Hsien, S., Sharon, G., Hyde, E.R., McCue, T., Codelli, J.A., Chow, J., Reisman, S.E., Petrosino, J.F., et al. (2013) 'Microbiota modulate behavioral and physiological abnormalities associated with neurodevelopmental disorders', *Cell* 155, 1451–1463.

Huang, L., Chen, Q., Zhao, Y., Wang, W., Fang, F., and Bao, Y. (2015) 'Is elective Cesarean section associated with a higher risk of asthma? A meta-analysis', *J. Asthma Off. J. Assoc. Care Asthma* 52, 16–25.

Hughes, G.L., Dodson, B.L., Johnson, R.M., Murdock, C.C., Tsujimoto, H., Suzuki, Y., Patt, A.A., Cui, L., Nossa, C.W., Barry, R.M., et al. (2014) 'Native microbiome impedes vertical transmission of *Wolbachia* in Anopheles mosquitoes', *Proc. Natl. Acad. Sci.* 111, 12498–12503.

Husnik, F., Nikoh, N., Koga, R., Ross, L., Duncan, R.P., Fujie, M., Tanaka, M., Satoh, N., Bachtrog, D., Wilson, A.C.C., et al. (2013) 'Horizontal gene transfer from diverse bacteria to an insect genome enables a tripartite nested mealybug symbiosis', *Cell* 153, 1567–1578.

Huttenhower, C., Gevers, D., Knight, R., Abubucker, S., Badger, J.H., Chinwalla, A.T., Creasy, H.H., Earl, A.M., FitzGerald, M.G., Fulton, R.S., et al. (2012) 'Structure, function and diversity of the healthy human microbiome', *Nature* 486, 207–214.

Huttenhower, C., Kostic, A.D., and Xavier, R.J. (2014) 'Inflammatory bowel disease as a model for translating the microbiome', *Immunity* 40, 843–854.

Iturbe-Ormaetxe, I., Walker, T., and O' Neill, S.L. (2011) '*Wolbachia* and the biological control of mosquito-borne disease', *EMBO Rep.* 12, 508–518.

Ivanov, I.I., Atarashi, K., Manel, N., Brodie, E.L., Shima, T., Karaoz, U., Wei, D., Goldfarb, K.C., Santee, C.A., Lynch, S.V., et al. (2009) 'Induction of intestinal Th17 cells by segmented filamentous bacteria', *Cell* 139, 485–498.

Jaenike, J., Polak, M., Fiskin, A., Helou, M., and Minhas, M. (2007) 'Interspecific transmission of endosymbiotic Spiroplasma by mites', *Biol. Lett.* 3, 23–25.

Jaenike, J., Unckless, R., Cockburn, S.N., Boelio, L.M., and Perlman, S.J. (2010) 'Adaptation via symbiosis: recent spread of a Drosophila defensive symbiont', *Science* 329, 212–215.

Jakobsson, H.E., Jernberg, C., Andersson, A.F., Sjölund-Karlsson, M., Jansson, J.K., and Engstrand, L. (2010) 'Short-term antibiotic treatment has differing long-term impacts on the human throat and gut microbiome', *PLoS ONE* 5, e9836.

Jansson, J.K. and Prosser, J.I. (2013) 'Microbiology: the life beneath our feet', *Nature* 494, 40–41.

Jefferson, R. (2010). The hologenome theory of evolution – Science as Social Enterprise. http://blogs.cambia.org/ raj/ 2010/11/16/the-hologenome-theoryof-evolution/.

Jernberg, C., Lofmark, S., Edlund, C., and Jansson, J.K. (2010) 'Long-term impacts of antibiotic exposure on the human intestinal microbiota', *Microbiology* 156, 3216–3223.

Jiggins, F.M. and Hurst, G.D.D. (2011) 'Rapid insect evolution by symbiont transfer', *Science* 332, 185–186.

Johnston, K.L., Ford, L., and Taylor, M.J. (2014) 'Overcoming the challenges of drug discovery for neglected tropical diseases: the A·WoL experience', *J. Biomol. Screen.* 19, 335–343.

Jones, R.J. and Megarrity, R.G. (1986) 'Successful transfer of DHP-degrading bacteria from Hawaiian goats to Australian ruminants to overcome the toxicity of Leucaena', *Aust. Vet. J.* 63, 259–262.

Kaiser, W., Huguet, E., Casas, J., Commin, C., and Giron, D. (2010) 'Plant greenisland phenotype induced by leaf-miners is mediated by bacterial symbionts', *Proc. R. Soc. B Biol.* Sci. 277, 2311–2319.

Kaiwa, N., Hosokawa, T., Nikoh, N., Tanahashi, M., Moriyama, M., Meng, X-Y., Maeda, T., Yamaguchi, K., Shigenobu, S., Ito, M., et al. (2014) 'Symbiontsupplemented maternal investment underpinning host's ecological adaptation', *Curr. Biol.* 24, 2465–2470.

Kaltenpoth, M., Göttler, W., Herzner, G., and Strohm, E. (2005) 'Symbiotic bacteria protect wasp larvae from fungal infestation', *Curr. Biol.* 15, 475–479.

Kaltenpoth, M., Roeser-Mueller, K., Koehler, S., Peterson, A., Nechitaylo, T.Y., Stubblefield, J.W., Herzner, G., Seger, J., and Strohm, E. (2014) 'Partner choice and fidelity stabilize coevolution in a Cretaceous-age defensive symbiosis', *Proc. Natl. Acad. Sci.* 111, 6359–6364.

Kane, M., Case, L.K., Kopaskie, K., Kozlova, A., MacDearmid, C., Chervonsky, A.V., and Golovkina, T.V. (2011) 'Successful transmission of a retrovirus depends on the commensal microbiota', *Science* 334, 245–249.

Karasov, W.H., Martínez del Rio, C., and Caviedes-Vidal, E. (2011) 'Ecological physiology of diet and digestive systems', *Annu. Rev. Physiol.* 73, 69–93.

Katan, M.B. (2012) 'Why the European Food Safety Authority was right to reject health claims for probiotics', *Benef. Microbes* 3, 85–89.

Kau, A.L., Planer, J.D., Liu, J., Rao, S., Yatsunenko, T., Trehan, I., Manary, M.J., Liu, T-C., Stappenbeck, T.S., Maleta, K.M., et al. (2015) 'Functional characterization of IgA-targeted bacterial taxa from undernourished Malawian children that produce diet-dependent enteropathy', *Sci. Transl. Med.* 7, 276ra24–ra276ra24.

Keeling, P.J. and Palmer, J.D. (2008) 'Horizontal gene transfer in eukaryotic evolution', *Nat. Rev. Genet.* 9, 605–618.

Kelly, L.W., Barott, K.L., Dinsdale, E., Friedlander, A.M., Nosrat, B., Obura, D., Sala, E., Sandin, S.A., Smith, J.E., and Vermeij, M.J. (2012) 'Black reefs: iron-induced phase shifts on coral reefs', *ISME J.* 6, 638–649.

Kembel, S.W., Jones, E., Kline, J., Northcutt, D., Stenson, J., Womack, A.M., Bohannan, B.J., Brown, G.Z., and Green, J.L. (2012) 'Architectural design influences the diversity and structure of the built environment microbiome', *ISME J.* 6, 1469–1479.

Kembel, S.W., Meadow, J.F., O'Connor, T.K., Mhuireach, G., Northcutt, D., Kline, J., Moriyama, M., Brown, G.Z., Bohannan, B.J.M., and Green, J.L. (2014) 'Architectural design drives the biogeography of indoor bacterial communities', *PLoS ONE* 9, e87093.

Kendall, A.I. (1909) 'Some observations on the study of the intestinal bacteria', *J. Biol. Chem.* 6, 499–507.

Kendall, A.I. (1921) *Bacteriology, General, Pathological and Intestinal* (Philadelphia and New York: Lea & Febiger).

Kendall, A.I. (1923) *Civilization and the Microbe* (Boston: Houghton Mifflin).

Kernbauer, E., Ding, Y., and Cadwell, K. (2014) 'An enteric virus can replace the beneficial function of commensal bacteria', *Nature* 516, 94–98.

Khoruts, A. (2013) 'Faecal microbiota transplantation in 2013: developing human gut microbiota as a class of therapeutics', *Nat. Rev. Gastroenterol. Hepatol.* 11, 79–80.

Kiers, E.T. and West, S.A. (2015) 'Evolving new organisms via symbiosis', *Science* 348, 392–394.

Kikuchi, Y., Hayatsu, M., Hosokawa, T., Nagayama, A., Tago, K., and Fukatsu, T. (2012) 'Symbiont-mediated insecticide resistance', *Proc. Natl. Acad. Sci.* 109, 8618–8622.

Kilpatrick, A.M., Briggs, C.J., and Daszak, P. (2010) 'The ecology and impact of chytridiomycosis: an emerging disease of amphibians', *Trends Ecol. Evol.* 25, 109–118.

Kirk, R.G. (2012) '"Life in a germ-free world": isolating life from the laboratory animal to the bubble boy', *Bull. Hist. Med.* 86, 237–275.

Koch, H. and Schmid-Hempel, P. (2011) 'Socially transmitted gut microbiota protect bumble bees against an intestinal parasite', *Proc. Natl. Acad. Sci.* 108, 19288–19292.

Kohl, K.D., Weiss, R.B., Cox, J., Dale, C., and Denise Dearing, M. (2014) 'Gut microbes of mammalian herbivores facilitate intake of plant toxins', Ecol. Lett. 17, 1238–1246.

Koren, O., Goodrich, J.K., Cullender, T.C., Spor, A., Laitinen, K., Kling Bäckhed, H., Gonzalez, A., Werner, J.J., Angenent, L.T., Knight, R., et al. (2012) 'Host remodeling of the gut microbiome and metabolic changes during pregnancy', *Cell* 150, 470–480.

Koropatkin, N.M., Cameron, E.A., and Martens, E.C. (2012) 'How glycan metabolism shapes the human gut microbiota', *Nat. Rev. Microbiol.* 10, 323–335.

Koropatnick, T.A., Engle, J.T., Apicella, M.A., Stabb, E.V., Goldman, W.E., and McFall-Ngai, M.J. (2004) 'Microbial factor-mediated development in a host–bacterial mutualism', *Science* 306, 1186–1188.

Kostic, A.D., Gevers, D., Siljander, H., Vatanen, T., Hyötyläinen, T., Hämäläinen, A-M., Peet, A., Tillmann, V., Pöhö, P., Mattila, I., et al. (2015) 'The dynamics of the human infant gut microbiome in development and in progression toward Type 1 Diabetes', *Cell Host Microbe* 17, 260–273.

Kotula, J.W., Kerns, S.J., Shaket, L.A., Siraj, L., Collins, J.J., Way, J.C., and Silver, P.A. (2014) 'Programmable bacteria detect and record an environmental signal in the mammalian gut', *Proc. Natl. Acad. Sci.* 111, 4838–4843.

Kozek, W.J. (1977) 'Transovarially-transmitted intracellular microorganisms in adult and larval stages of Brugia malayi', *J. Parasitol.* 63, 992–1000.

Kozek, W.J., and Rao, R.U. (2007) 'The Discovery of *Wolbachia* in arthropods and nematodes – a historical perspective', in *Wolbachia: A Bug's Life in another Bug*, A. Hoerauf and R.U. Rao, eds., pp. 1–14 (Basel: Karger).

Kremer, N., Philipp, E.E.R., Carpentier, M-C., Brennan, C.A., Kraemer, L., Altura,

M.A., Augustin, R., Häsler, R., Heath-Heckman, E.A.C., Peyer, S.M., et al. (2013) 'Initial symbiont contact orchestrates host–organ-wide transcriptional changes that prime tissue colonization', *Cell Host Microbe* 14, 183–194.

Kroes, I., Lepp, P.W., and Relman, D.A. (1999) 'Bacterial diversity within the human subgingival crevice', *Proc. Natl. Acad. Sci.* 96, 14547–14552.

Kruif, P.D. (2002) *Microbe Hunters* (Boston: Houghton Mifflin Harcourt).

Kueneman, J.G., Parfrey, L.W., Woodhams, D.C., Archer, H.M., Knight, R., and McKenzie, V.J. (2014) 'The amphibian skin-associated microbiome across species, space and life history stages', *Mol. Ecol.* 23, 1238–1250.

Kunz, C. (2012) 'Historical aspects of human milk oligosaccharides', *Adv. Nutr. Int. Rev. J.* 3, 430S – 439S.

Kunzig, R. (2000) *Mapping the Deep: The Extraordinary Story of Ocean Science* (New York: W. W. Norton & Co.).

Kuss, S.K., Best, G.T., Etheredge, C.A., Pruijssers, A.J., Frierson, J.M., Hooper, L.V., Dermody, T.S., and Pfeiffer, J.K. (2011) 'Intestinal microbiota promote enteric virus replication and systemic pathogenesis', *Science* 334, 249–252.

Kwong, W.K. and Moran, N.A. (2015) 'Evolution of host specialization in gut microbes: the bee gut as a model', *Gut Microbes* 6, 214–220.

Lander, E.S., Linton, L.M., Birren, B., Nusbaum, C., Zody, M.C., Baldwin, J., Devon, K., Dewar, K., Doyle, M., FitzHugh, W., et al. (2001) 'Initial sequencing and analysis of the human genome', *Nature* 409, 860–921.

Lane, N. (2015a) *The Vital Question: Why Is Life the Way It Is?* (London: Profile Books).

Lane, N. (2015b) 'The unseen world: reflections on Leeuwenhoek (1677) "Concerning little animals"' *Philos. Trans. R. Soc. B Biol. Sci.* 370, doi: 10.1098/rstb. 2014. 0344.

Lang, J.M., Eisen, J.A., and Zivkovic, A.M. (2014) 'The microbes we eat: abundance and taxonomy of microbes consumed in a day's worth of meals for three diet types', *PeerJ 2*, e659.

Lawley, T.D., Clare, S., Walker, A.W., Stares, M.D., Connor, T.R., Raisen, C., Goulding, D., Rad, R., Schreiber, F., Brandt, C., et al. (2012) 'Targeted restoration of the intestinal microbiota with a simple, defined bacteriotherapy resolves relapsing Clostridium difficile disease in mice', *PLoS Pathog.* 8, e1002995.

Lax, S. and Gilbert, J.A. (2015) 'Hospital-associated microbiota and implications for nosocomial infections', *Trends Mol. Med.* 21, 427–432.

Lax, S., Smith, D.P., Hampton-Marcell, J., Owens, S.M., Handley, K.M., Scott, N.M., Gibbons, S.M., Larsen, P., Shogan, B.D., Weiss, S., et al. (2014) 'Longitudinal analysis of microbial interaction between humans and the indoor environment', *Science* 345, 1048–1052.

Le Chatelier, E., Nielsen, T., Qin, J., Prifti, E., Hildebrand, F., Falony, G., Almeida, M., Arumugam, M., Batto, J-M., Kennedy, S., et al. (2013) 'Richness of human gut microbiome correlates with metabolic markers', *Nature* 500, 541–546.

Le Clec'h, W., Chevalier, F.D., Genty, L., Bertaux, J., Bouchon, D., and Sicard, M. (2013) 'Cannibalism and predation as paths for horizontal passage of *Wolbachia* between terrestrial isopods', *PLoS ONE* 8, e60232.

Lee, Y.K. and Mazmanian, S.K. (2010) 'Has the microbiota played a critical role in the evolution of the adaptive immune system?', *Science* 330, 1768–1773.

Lee, B.K., Magnusson, C., Gardner, R.M., Blomström, Å., Newschaffer, C.J., Burstyn, I., Karlsson, H., and Dalman, C. (2015) 'Maternal hospitalization with infection during pregnancy and risk of autism spectrum disorders', *Brain. Behav. Immun.* 44, 100–105.

Leewenhoeck, A. van (1677) 'Observation, communicated to the publisher by Mr. Antony van Leewenhoeck, in a Dutch letter of the 9 Octob. 1676 here English'd: concerning little animals by him observed in rain-well-sea and snow water; as also in water wherein pepper had lain infused', *Phil. Trans.* 12, 821–831.

Leewenhook, A. van (1674), More Observations from Mr. Leewenhook, in a Letter of

Sept. 7, 1674. sent to the Publisher', Phil Trans 12, 178–182.

Lemon, K.P., Armitage, G.C., Relman, D.A., and Fischbach, M.A. (2012) 'Microbiotatargeted therapies: an ecological perspective', *Sci. Transl. Med.* 4, 137rv5–rv137rv5.

LePage, D., and Bordenstein, S.R. (2013) '*Wolbachia*: can we save lives with a great pandemic?', *Trends Parasitol.* 29, 385–393.

Leroi, A.M. (2014) *The Lagoon: How Aristotle Invented Science* (New York: Viking Books).

Leroy, P.D., Sabri, A., Heuskin, S., Thonart, P., Lognay, G., Verheggen, F.J., Francis, F., Brostaux, Y., Felton, G.W., and Haubruge, E. (2011) 'Microorganisms from aphid honeydew attract and enhance the efficacy of natural enemies', *Nat. Commun.* 2, 348.

Ley, R.E., Bäckhed, F., Turnbaugh, P., Lozupone, C.A., Knight, R.D., and Gordon, J.I. (2005) 'Obesity alters gut microbial ecology', *Proc. Natl. Acad. Sci.* U. S. A. 102, 11070–11075.

Ley, R.E., Peterson, D.A., and Gordon, J.I. (2006) 'Ecological and evolutionary forces shaping microbial diversity in the human intestine', *Cell* 124, 837–848.

Ley, R.E., Hamady, M., Lozupone, C., Turnbaugh, P.J., Ramey, R.R., Bircher, J.S., Schlegel, M.L., Tucker, T.A., Schrenzel, M.D., Knight, R., et al. (2008a) 'Evolution of mammals and their gut microbes', *Science* 320, 1647–1651.

Ley, R.E., Lozupone, C.A., Hamady, M., Knight, R., and Gordon, J.I. (2008b) 'Worlds within worlds: evolution of the vertebrate gut microbiota', *Nat. Rev. Microbiol.* 6, 776–788.

Li, J., Jia, H., Cai, X., Zhong, H., Feng, Q., Sunagawa, S., Arumugam, M., Kultima, J.R., Prifti, E., Nielsen, T., et al. (2014) 'An integrated catalog of reference genes in the human gut microbiome', *Nat. Biotechnol.* 32, 834–841.

Linz, B., Balloux, F., Moodley, Y., Manica, A., Liu, H., Roumagnac, P., Falush, D., Stamer, C., Prugnolle, F., van der Merwe, S.W., et al. (2007) 'An African origin for the intimate association between humans and Helicobacter pylori', *Nature* 445, 915–918.

Liou, A.P., Paziuk, M., Luevano, J.-M., Machineni, S., Turnbaugh, P.J., and Kaplan, L.M. (2013) 'Conserved shifts in the gut microbiota due to gastric bypass reduce host weight and adiposity', *Sci. Transl. Med.* 5, 178ra41.

Login, F.H. and Heddi, A. (2013) 'Insect immune system maintains long-term resident bacteria through a local response', *J. Insect Physiol.* 59, 232–239.

Lombardo, M.P. (2008) 'Access to mutualistic endosymbiotic microbes: an underappreciated benefit of group living', *Behav. Ecol. Sociobiol.* 62, 479–497.

Lyte, M., Varcoe, J.J., and Bailey, M.T. (1998) 'Anxiogenic effect of subclinical bacterial infection in mice in the absence of overt immune activation', *Physiol. Behav.* 65, 63–68.

Ma, B., Forney, L.J., and Ravel, J. (2012) 'Vaginal microbiome: rethinking health and disease,' *Annu. Rev. Microbiol.* 66, 371–389.

Malkova, N.V., Yu, C.Z., Hsiao, E.Y., Moore, M.J., and Patterson, P.H. (2012) 'Maternal immune activation yields offspring displaying mouse versions of the three core symptoms of autism', *Brain. Behav. Immun.* 26, 607–616.

Manichanh, C., Borruel, N., Casellas, F., and Guarner, F. (2012) 'The gut microbiota in IBD', Nat. Rev. Gastroenterol. Hepatol. 9, 599–608.

Marcobal, A., Barboza, M., Sonnenburg, E.D., Pudlo, N., Martens, E.C., Desai, P., Lebrilla, C.B., Weimer, B.C., Mills, D.A., German, J.B., et al. (2011) 'Bacteroides in the infant gut consume milk oligosaccharides via mucusutilization pathways', *Cell Host Microbe* 10, 507–514.

Margulis, L., and Fester, R. (1991) *Symbiosis as a Source of Evolutionary Innovation: Speciation and Morphogenesis* (Cambridge, Mass: The MIT Press).

Margulis, L. and Sagan, D. (2002) *Acquiring Genomes: A Theory of the Origin of Species* (New York: Perseus Books Group).

Martel, A., Sluijs, A.S. der, Blooi, M., Bert, W., Ducatelle, R., Fisher, M.C.,

Woeltjes, A., Bosman, W., Chiers, K., Bossuyt, F., et al. (2013) 'Batrachochytrium salamandrivorans sp. nov. causes lethal chytridiomycosis in amphibians', *Proc. Natl. Acad. Sci.* 110, 15325–15329.

Martens, E.C., Kelly, A.G., Tauzin, A.S., and Brumer, H. (2014) 'The devil lies in the details: how variations in polysaccharide fine-structure impact the physiology and evolution of gut microbes', *J. Mol. Biol.* 426, 3851–3865.

Martínez, I., Stegen, J.C., Maldonado-Gómez, M.X., Eren, A.M., Siba, P.M., Greenhill, A.R., and Walter, J. (2015) 'The gut microbiota of rural Papua New Guineans: composition, diversity patterns, and ecological processes', *Cell* Rep. 11, 527–538.

Mayer, E.A., Tillisch, K., and Gupta, A. (2015) 'Gut/brain axis and the microbiota', *J. Clin. Invest.* 125, 926–938.

Maynard, C.L., Elson, C.O., Hatton, R.D., and Weaver, C.T. (2012) 'Reciprocal interactions of the intestinal microbiota and immune system', *Nature* 489, 231–241.

Mazmanian, S.K., Liu, C.H., Tzianabos, A.O., and Kasper, D.L. (2005) 'An immunomodulatory molecule of symbiotic bacteria directs maturation of the host immune system', *Cell* 122, 107–118.

Mazmanian, S.K., Round, J.L., and Kasper, D.L. (2008) 'A microbial symbiosis factor prevents intestinal inflammatory disease', *Nature* 453, 620–625.

McCutcheon, J.P. (2013) 'Genome evolution: a bacterium with a Napoleon Complex', *Curr. Biol.* 23, R657–R659.

McCutcheon, J.P. and Moran, N.A. (2011) 'Extreme genome reduction in symbiotic bacteria', *Nat. Rev. Microbiol.* 10, 13–26.

McDole, T., Nulton, J., Barott, K.L., Felts, B., Hand, C., Hatay, M., Lee, H., Nadon, M.O., Nosrat, B., Salamon, P., et al. (2012) 'Assessing coral reefs on a Pacificwide scale using the microbialization score', *PLoS ONE* 7, e43233.

McFall-Ngai, M.J. (1998) 'The development of cooperative associations between animals and bacteria: establishing detente among domains', *Integr. Comp. Biol.* 38,

593–608.

McFall-Ngai, M. (2007) 'Adaptive immunity: care for the community', *Nature* 445, 153.

McFall-Ngai, M. (2014) 'Divining the essence of symbiosis: insights from the Squid-Vibrio Model', *PLoS Biol.* 12, e1001783.

McFall-Ngai, M.J. and Ruby, E.G. (1991) 'Symbiont recognition and subsequent morphogenesis as early events in an animal–bacterial mutualism', *Science* 254, 1491–1494.

McFall-Ngai, M., Hadfield, M.G., Bosch, T.C., Carey, H.V., Domazet-Lošo, T., Douglas, A.E., Dubilier, N., Eberl, G., Fukami, T., and Gilbert, S.F. (2013) 'Animals in a bacterial world, a new imperative for the life sciences', *Proc. Natl. Acad. Sci.* 110, 3229–3236.

McFarland, L.V. (2014) 'Use of probiotics to correct dysbiosis of normal microbiota following disease or disruptive events: a systematic review', *BMJ Open* 4, e005047.

McGraw, E.A. and O'Neill, S.L. (2013) 'Beyond insecticides: new thinking on an ancient problem', *Nat. Rev. Microbiol.* 11, 181–193.

McKenna, M. (2010) *Superbug: The Fatal Menace of MRSA* (New York: Free Press).

McKenna, M. (2013) Imagining the Post-Antibiotics Future. https://medium.com/@fernnews/imagining-the-post-antibiotics-future-892b57499e77.

Mclaren, D.J., Worms, M.J., Laurence, B.R., and Simpson, M.G. (1975) 'Micro-organisms in filarial larvae (Nematoda)', Trans. R. Soc. Trop. Med. Hyg. 69, 509–514.

McMaster, J. (2004). How Did Life Begin? http:www.pbs.org/wgbn/nova/evolution/how-did-life-begin.html.

McMeniman, C.J., Lane, R.V., Cass, B.N., Fong, A.W.C., Sidhu, M., Wang, Y-F., and O'Neill, S.L. (2009) 'Stable introduction of a life-shortening *Wolbachia* infection into the mosquito Aedes aegypti', *Science* 323, 141–144.

McNulty, N.P., Yatsunenko, T., Hsiao, A., Faith, J.J., Muegge, B.D., Goodman, A.L.,

Henrissat, B., Oozeer, R., Cools-Portier, S., Gobert, G., et al. (2011) 'The impact of a consortium of fermented milk strains on the gut microbiome of gnotobiotic mice and monozygotic twins', *Sci. Transl. Med.* 3, 106ra106.

Meadow, J.F., Bateman, A.C., Herkert, K.M., O'Connor, T.K., and Green, J.L. (2013) 'Significant changes in the skin microbiome mediated by the sport of roller derby', *PeerJ* 1, e53.

Meadow, J.F., Altrichter, A.E., Bateman, A.C., Stenson, J., Brown, G.Z., Green, J.L., and Bohannan, B.J.M. (2015) 'Humans differ in their personal microbial cloud', *PeerJ* 3, e1258.

Metcalf, J.A., Funkhouser-Jones, L.J., Brileya, K., Reysenbach, A-L., and Bordenstein, S.R. (2014) 'Antibacterial gene transfer across the tree of life', *eLife* 3.

Miller, A.W., Kohl, K.D., and Dearing, M.D. (2014) 'The gastrointestinal tract of the white-throated woodrat (Neotoma albigula) harbors distinct consortia of oxalate-degrading bacteria', *Appl. Environ. Microbiol.* 80, 1595–1601.

Mimee, M., Tucker, A.C., Voigt, C.A., and Lu, T.K. (2015) 'Programming a human commensal bacterium, Bacteroides thetaiotaomicron, to sense and respond to stimuli in the murine gut microbiota', *Cell Syst.* 1, 62–71.

Min, K.-T., and Benzer, S. (1997) '*Wolbachia*, normally a symbiont of Drosophila, can be virulent, causing degeneration and early death', *Proc. Natl. Acad. Sci.* U. S. A. 94, 10792–10796.

Moberg, S. (2005) *René Dubos, Friend of the Good Earth: Microbiologist, Medical Scientist, Environmentalist* (Washington, DC: ASM Press).

Moeller, A.H., Li, Y., Mpoudi Ngole, E., Ahuka-Mundeke, S., Lonsdorf, E.V., Pusey, A.E., Peeters, M., Hahn, B.H., and Ochman, H. (2014) 'Rapid changes in the gut microbiome during human evolution', *Proc. Natl. Acad. Sci. U. S. A.* 111, 16431–16435.

Montgomery, M.K. and McFall-Ngai, M. (1994) 'Bacterial symbionts induce host organ morphogenesis during early postembryonic development of the squid

Euprymna scolopes', *Dev. Camb. Engl.* 120, 1719–1729.

Moran, N.A. and Dunbar, H.E. (2006) 'Sexual acquisition of beneficial symbionts in aphids', Proc. *Natl. Acad. Sci.* 103, 12803–12806.

Moran, N.A. and Sloan, D.B. (2015) 'The Hologenome Concept: helpful or hollow?' *PLoS Biol.* 13, e1002311.

Moran, N.A., Degnan, P.H., Santos, S.R., Dunbar, H.E., and Ochman, H. (2005) 'The players in a mutualistic symbiosis: insects, bacteria, viruses, and virulence genes', *Proc. Natl. Acad. Sci. U. S. A.* 102, 16919–16926.

Moreira, L.A., Iturbe-Ormaetxe, I., Jeffery, J.A., Lu, G., Pyke, A.T., Hedges, L.M., Rocha, B.C., Hall-Mendelin, S., Day, A., Riegler, M., et al. (2009) 'A *Wolbachia* symbiont in Aedes aegypti limits infection with dengue, chikungunya, and plasmodium', *Cell* 139, 1268–1278.

Morell, V. (1997) 'Microbial biology: microbiology's scarred revolutionary', *Science* 276, 699–702.

Morgan, X.C., Tickle, T.L., Sokol, H., Gevers, D., Devaney, K.L., Ward, D.V., Reyes, J.A., Shah, S.A., LeLeiko, N., Snapper, S.B., et al. (2012) 'Dysfunction of the intestinal microbiome in inflammatory bowel disease and treatment', *Genome Biol.* 13, R79.

Mukherjee, S. (2011) *The Emperor of All Maladies* (London:Fourth Estate).

Mullard, A. (2008) 'Microbiology: the inside story', *Nature* 453, 578–580.

National Research Council (US) Committee on Metagenomics (2007) The New Science of Metagenomics: Revealing the Secrets of Our Microbial Planet (Washington, DC: National Academies Press (US)).

Nature (1975) 'Oh, New Delhi; oh, Geneva', *Nature* 256, 355–357.

Nature (2013) 'Culture shock', *Nature* 493, 133–134.

Nelson, B. (2014). Medicine's dirty secret. http://mosaicscience.com/story/medicine%E2%80%99s-dirty-secret.

Neufeld, K.M., Kang, N., Bienenstock, J., and Foster, J.A. (2011) 'Reduced anxietylike behavior and central neurochemical change in germ-free mice: behavior in germ-free mice', *Neurogastroenterol. Motil.* 23, 255–e119.

Newburg, D.S., Ruiz-Palacios, G.M., and Morrow, A.L. (2005) 'Human milk glycans protect infants against enteric pathogens', *Annu. Rev. Nutr.* 25, 37–58.

New York Times (12 February 1985) 'Science watch: miracle plant tested as cattle fodder'.

Nicholson, J.K., Holmes, E., Kinross, J., Burcelin, R., Gibson, G., Jia, W., and Pettersson, S. (2012) 'Host–Gut Microbiota Metabolic Interactions', *Science* 336, 1262–1267.

Nightingale, F. (1859) *Notes on Nursing: What It Is, and What It Is Not* (New York: D. Appleton & Co.).

Nougué, O., Gallet, R., Chevin, L-M., and Lenormand, T. (2015) 'Niche limits of symbiotic gut microbiota constrain the salinity tolerance of brine shrimp', *Am. Nat.* 186, 390–403.

Nováková, E., Hypša, V., Klein, J., Foottit, R.G., von Dohlen, C.D., and Moran, N.A. (2013) 'Reconstructing the phylogeny of aphids (Hemiptera: Aphididae) using DNA of the obligate symbiont Buchnera aphidicola', *Mol. Phylogenet. Evol.* 68, 42–54.

Obregon-Tito, A.J., Tito, R.Y., Metcalf, J., Sankaranarayanan, K., Clemente, J.C., Ursell, L.K., Zech Xu, Z., Van Treuren, W., Knight, R., Gaffney, P.M., et al. (2015) 'Subsistence strategies in traditional societies distinguish gut microbiomes', *Nat. Commun.* 6, 6505.

Ochman, H., Lawrence, J.G., and Groisman, E.A. (2000) 'Lateral gene transfer and the nature of bacterial innovation', Nature 405, 299–304.

Ohbayashi, T., Takeshita, K., Kitagawa, W., Nikoh, N., Koga, R., Meng, X-Y., Tago, K., Hori, T., Hayatsu, M., Asano, K., et al. (2015) 'Insect's intestinal organ for symbiont sorting', *Proc. Natl. Acad. Sci.* 112, E5179–E5188.

Oliver, K.M., Moran, N.A., and Hunter, M.S. (2005) 'Variation in resistance to parasitism in aphids is due to symbionts not host genotype', *Proc. Natl. Acad. Sci. U. S. A.* 102, 12795–12800.

Oliver, K.M., Campos, J., Moran, N.A., and Hunter, M.S. (2008) 'Population dynamics of defensive symbionts in aphids', *Proc. R. Soc. B Biol. Sci.* 275, 293–299.

Olle, B. (2013) 'Medicines from microbiota', *Nat. Biotechnol.* 31, 309–315.

Olszak, T., An, D., Zeissig, S., Vera, M.P., Richter, J., Franke, A., Glickman, J.N., Siebert, R., Baron, R.M., Kasper, D.L., et al. (2012) 'Microbial exposure during early life has persistent effects on natural killer T cell function', *Science* 336, 489–493.

O'Malley, M.A. (2009) 'What did Darwin say about microbes, and how did microbiology respond?', *Trends Microbiol.* 17, 341–347.

Osawa, R., Blanshard, W., and Ocallaghan, P. (1993) 'Microbiological studies of the intestinal microflora of the Koala, Phascolarctos-Cinereus .2. Pap, a special maternal feces consumed by juvenile koalas', *Aust. J. Zool.* 41, 611–620.

Ott, S.J., Musfeldt, M., Wenderoth, D.F., Hampe, J., Brant, O., Fölsch, U.R., Timmis, K.N., and Schreiber, S. (2004) 'Reduction in diversity of the colonic mucosa associated bacterial microflora in patients with active inflammatory bowel disease', *Gut* 53, 685–693.

Ott, B.M., Rickards, A., Gehrke, L., and Rio, R.V.M. (2015) 'Characterization of shed medicinal leech mucus reveals a diverse microbiota', *Front. Microbiol.* 5. doi: 10.3389/fmicb.2014.00757.

Pace, N.R., Stahl, D.A., Lane, D.J., and Olsen, G.J. (1986) 'The analysis of natural microbial populations by ribosomal RNA Sequences', in *Advances in Microbial Ecology*, K.C. Marshall, ed. (New York: Springer US), pp. 1–55.

Paine, R.T., Tegner, M.J., and Johnson, E.A. (1998) 'Compounded perturbations yield ecological surprises', *Ecosystems* 1, 535–545.

Pais, R., Lohs, C., Wu, Y., Wang, J., and Aksoy, S. (2008) 'The obligate mutualist

Wigglesworthia glossinidia influences reproduction, digestion, and immunity processes of its host, the tsetse fly', *Appl. Environ. Microbiol.* 74, 5965–5974.

Pannebakker, B.A., Loppin, B., Elemans, C.P., Humblot, L., and Vavre, F. (2007) 'Parasitic inhibition of cell death facilitates symbiosis', *Proc. Natl. Acad. Sci.* 104, 213–215.

Payne, A.S. (1970) The Cleere Observer. A Biography of Antoni Van Leeuwenhoek (London: Macmillan).

Petrof, E.O. and Khoruts, A. (2014) 'From stool transplants to next-generation microbiota therapeutics', *Gastroenterology* 146, 1573–1582.

Petrof, E., Gloor, G., Vanner, S., Weese, S., Carter, D., Daigneault, M., Brown, E., Schroeter, K., and Allen-Vercoe, E. (2013) 'Stool substitute transplant therapy for the eradication of Clostridium difficile infection: 'RePOOPulating' the gut', *Microbiome* 2013, 3.

Petschow, B., Doré, J., Hibberd, P., Dinan, T., Reid, G., Blaser, M., Cani, P.D., Degnan, F.H., Foster, J., Gibson, G., et al. (2013) 'Probiotics, prebiotics, and the host microbiome: the science of translation', *Ann. N. Y. Acad. Sci.* 1306, 1–17.

Pickard, J.M., Maurice, C.F., Kinnebrew, M.A., Abt, M.C., Schenten, D., Golovkina, T.V., Bogatyrev, S.R., Ismagilov, R.F., Pamer, E.G., Turnbaugh, P.J., et al. (2014) 'Rapid fucosylation of intestinal epithelium sustains host–commensal symbiosis in sickness', *Nature* 514, 638–641.

Poulsen, M., Hu, H., Li, C., Chen, Z., Xu, L., Otani, S., Nygaard, S., Nobre, T., Klaubauf, S., Schindler, P.M., et al. (2014) 'Complementary symbiont contributions to plant decomposition in a fungus-farming termite', *Proc. Natl. Acad. Sci.* 111, 14500–14505.

Qian, J., Hospodsky, D., Yamamoto, N., Nazaroff, W.W., and Peccia, J. (2012). 'Sizeresolved emission rates of airborne bacteria and fungi in an occupied classroom: size-resolved bioaerosol emission rates', *Indoor Air* 22, 339–351.

Quammen, D. (1997) The Song of the Dodo: Island Biogeography in an Age of

Extinction (New York: Scribner).

Rawls, J.F., Samuel, B.S., and Gordon, J.I. (2004) 'Gnotobiotic zebrafish reveal evolutionarily conserved responses to the gut microbiota', *Proc. Natl. Acad. Sci. U. S. A.* 101, 4596–4601.

Rawls, J.F., Mahowald, M.A., Ley, R.E., and Gordon, J.I. (2006) 'Reciprocal gut microbiota transplants from zebrafish and mice to germ-free recipients reveal host habitat selection', *Cell* 127, 423–433.

Redford, K.H., Segre, J.A., Salafsky, N., del Rio, C.M., and McAloose, D. (2012) 'Conservation and the Microbiome: Editorial. *Conserv. Biol.* 26, 195–197.

Reid, G. (2011) 'Opinion paper: Quo vadis – EFSA?', *Benef. Microbes* 2, 177–181.

Relman, D.A. (2008), ' "Til death do us part": coming to terms with symbiotic relationships', Foreword. *Nat. Rev. Microbiol.* 6, 721–724.

Relman, D.A. (2012) 'The human microbiome: ecosystem resilience and health', *Nutr. Rev.* 70, S2–S9.

Ridaura, V.K., Faith, J.J., Rey, F.E., Cheng, J., Duncan, A.E., Kau, A.L., Griffin, N.W., Lombard, V., Henrissat, B., Bain, J.R., et al. (2013). 'Gut microbiota from twins discordant for obesity modulate metabolism in mice', Science 341, 1241214.

Rigaud, T., and Juchault, P. (1992). Heredity – Abstract of article: 'Genetic control of the vertical transmission of a cytoplasmic sex factor in Armadillidium vulgare Latr. (Crustacea, Oniscidea)', *Heredity* 68, 47–52.

Riley, D.R., Sieber, K.B., Robinson, K.M., White, J.R., Ganesan, A., Nourbakhsh, S., and Dunning Hotopp, J.C. (2013) 'Bacteria–human somatic cell lateral gene transfer is enriched in cancer samples', *PLoS Comput. Biol.* 9, e1003107.

Roberts, C.S. (1990) 'William Beaumont, the man and the opportunity', in Clinical Methods: The History, Physical, and Laboratory Examinations, H.K. Walker, W.D. Hall, and J.W. Hurst, eds (Boston: Butterworths).

Roberts, S.C., Gosling, L.M., Spector, T.D., Miller, P., Penn, D.J., and Petrie, M. (2005) 'Body Odor Similarity in Noncohabiting Twins', *Chem. Senses* 30, 651–656.

Rogier, E.W., Frantz, A.L., Bruno, M.E., Wedlund, L., Cohen, D.A., Stromberg, A.J., and Kaetzel, C.S. (2014) 'Secretory antibodies in breast milk promote longterm intestinal homeostasis by regulating the gut microbiota and host gene expression', Proc. Natl. Acad. Sci. 111, 3074–3079.

Rohwer, F. and Youle, M. (2010) *Coral Reefs in the Microbial Seas* (United States: Plaid Press).

Rook, G.A.W., Lowry, C.A., and Raison, C.L. (2013) 'Microbial 'Old Friends', immunoregulation and stress resilience', Evol. Med. Public Health 2013, 46–64.

Rosebury, T. (1962) *Microorganisms Indigenous to Man* (New York: McGraw-Hill).

Rosebury, T. (1969) *Life on Man* (New York: Viking Press).

Rosenberg, E., Sharon, G., and Zilber-Rosenberg, I. (2009) 'The hologenome theory of evolution contains Lamarckian aspects within a Darwinian framework', *Environ. Microbiol.* 11, 2959–2962.

Rosner, J. (2014) 'Ten times more microbial cells than body cells in humans?', *Microbe* 9, 47.

Round, J.L., and Mazmanian, S.K. (2009) 'The gut microbiota shapes intestinal immune responses during health and disease', *Nat. Rev. Immunol.* 9, 313–323.

Round, J.L. and Mazmanian, S.K. (2010) 'Inducible Foxp3+ regulatory T-cell development by a commensal bacterium of the intestinal microbiota', *Proc. Natl. Acad. Sci. U. S. A.* 107, 12204–12209.

Russell, C.W., Bouvaine, S., Newell, P.D., and Douglas, A.E. (2013a) 'Shared metabolic pathways in a coevolved insect–bacterial symbiosis', *Appl. Environ. Microbiol.* 79, 6117–6123.

Russell, J.A., Funaro, C.F., Giraldo, Y.M., Goldman-Huertas, B., Suh, D., Kronauer, D.J.C., Moreau, C.S., and Pierce, N.E. (2012) 'A veritable menagerie of heritable bacteria from ants, butterflies, and beyond: broad molecular surveys and a systematic review', *PLoS ONE* 7, e51027.

Russell, J.A., Weldon, S., Smith, A.H., Kim, K.L., Hu, Y., Łukasik, P., Doll, S.,

Anastopoulos, I., Novin, M., and Oliver, K.M. (2013b) 'Uncovering symbiontdriven genetic diversity across North American pea aphids', *Mol. Ecol.* 22, 2045–2059.

Rutherford, A. (2013). Creation: The Origin of Life / The Future of Life (London: Penguin).

Sachs, J.L., Skophammer, R.G., and Regus, J.U. (2011) 'Evolutionary transitions in bacterial symbiosis', Proc. Natl. Acad. Sci. 108, 10800–10807. Sacks, O. (23 April 2015) 'A General Feeling of Disorder.' N. Y. Rev. Books.

Saeidi, N., Wong, C.K., Lo, T-M., Nguyen, H.X., Ling, H., Leong, S.S.J., Poh, C.L., and Chang, M.W. (2011) 'Engineering microbes to sense and eradicate

Pseudomonas aeruginosa, a human pathogen', *Mol. Syst. Biol.* 7, 521.

Sagan, L. (1967) 'On the origin of mitosing cells', *J. Theor. Biol.* 14, 255–274.

Salter, S.J., Cox, M.J., Turek, E.M., Calus, S.T., Cookson, W.O., Moffatt, M.F., Turner, P., Parkhill, J., Loman, N.J., and Walker, A.W. (2014) 'Reagent and laboratory contamination can critically impact sequence-based microbiome analyses', *BMC Biol.* 12, 87.

Salzberg, S.L. (2001) 'Microbial genes in the human genome: lateral transfer or gene loss?', *Science* 292, 1903–1906.

Salzberg, S.L., Hotopp, J.C., Delcher, A.L., Pop, M., Smith, D.R., Eisen, M.B., and Nelson, W.C. (2005) 'Serendipitous discovery of *Wolbachia* genomes in multiple Drosophila species', *Genome Biol.* 6, R23.

Sanders, J.G., Beichman, A.C., Roman, J., Scott, J.J., Emerson, D., McCarthy, J.J., and Girguis, P.R. (2015) 'Baleen whales host a unique gut microbiome with similarities to both carnivores and herbivores', *Nat. Commun.* 6, 8285.

Sangodeyi, F.I. (2014) 'The Making of the Microbial Body, 1900s–2012.' Harvard University.

Sapp, J. (1994) *Evolution by Association: A History of Symbiosis* (New York: Oxford University Press).

Sapp, J. (2002) 'Paul Buchner (1886–1978) and hereditary symbiosis in insects', Int.

Microbiol. 5, 145–150.

Sapp, J. (2009) *The New Foundations of Evolution: On the Tree of Life* (Oxford and New York: Oxford University Press).

Savage, D.C. (2001) 'Microbial biota of the human intestine: a tribute to some pioneering scientists', Curr. Issues Intest. *Microbiol.* 2, 1–15.

Schilthuizen, M.O. and Stouthamer, R. (1997) Horizontal transmission of parthenogenesis-inducing microbes in Trichogramma wasps', *Proc. R. Soc. Lond. B Biol. Sci.* 264, 361–366.

Schluter, J. and Foster, K.R. (2012) 'The evolution of mutualism in gut microbiota via host epithelial selection', *PLoS Biol.* 10, e1001424.

Schmidt, C. (2013) 'The startup bugs', *Nat. Biotechnol.* 31, 279–281.

Schmidt, T.M., DeLong, E.F., and Pace, N.R. (1991) 'Analysis of a marine picoplankton community by 16S rRNA gene cloning and sequencing', *J. Bacteriol.* 173, 4371–4378.

Schnorr, S.L., Candela, M., Rampelli, S., Centanni, M., Consolandi, C., Basaglia, G., Turroni, S., Biagi, E., Peano, C., Severgnini, M., et al. (2014) 'Gut microbiome of the Hadza hunter-gatherers', *Nat. Commun.* 5, 3654.

Schubert, A.M., Sinani, H., and Schloss, P.D. (2015) 'Antibiotic-induced alterations of the murine gut microbiota and subsequent effects on colonization resistance against Clostridium difficile', *mBio* 6, e00974–15.

Sela, D.A. and Mills, D.A. (2014) 'The marriage of nutrigenomics with the microbiome: the case of infant-associated bifidobacteria and milk', *Am. J. Clin. Nutr.* 99, 697S–703S.

Sela, D.A., Chapman, J., Adeuya, A., Kim, J.H., Chen, F., Whitehead, T.R., Lapidus, A., Rokhsar, D.S., Lebrilla, C.B., and German, J.B. (2008) 'The genome sequence of Bifidobacterium longum subsp. infantis reveals adaptations for milk utilization within the infant microbiome', *Proc. Natl. Acad. Sci.* 105, 18964–18969.

Selosse, M-A., Bessis, A., and Pozo, M.J. (2014) 'Microbial priming of plant and animal immunity: symbionts as developmental signals', *Trends Microbiol.* 22, 607–613.

Shanahan, F. (2010) 'Probiotics in perspective', *Gastroenterology* 139, 1808–1812.

Shanahan, F. (2012) 'The microbiota in inflammatory bowel disease: friend, bystander, and sometime-villain', *Nutr. Rev.* 70, S31–S37.

Shanahan, F. and Quigley, E.M.M. (2014) 'Manipulation of the microbiota for treatment of IBS and IBD – challenges and controversies', *Gastroenterology* 146, 1554–1563.

Sharon, G., Segal, D., Ringo, J.M., Hefetz, A., Zilber-Rosenberg, I., and Rosenberg, E. (2010) 'Commensal bacteria play a role in mating preference of Drosophila melanogaster', Proc. *Natl. Acad. Sci.* 107, 20051–20056.

Sharon, G., Garg, N., Debelius, J., Knight, R., Dorrestein, P.C., and Mazmanian, S.K. (2014) 'Specialized metabolites from the microbiome in health and disease. *Cell Metab.* 20, 719–730.

Shikuma, N.J., Pilhofer, M., Weiss, G.L., Hadfield, M.G., Jensen, G.J., and Newman, D.K. (2014) 'Marine tubeworm metamorphosis induced by arrays of bacterial phage tail-Like structures', *Science* 343, 529–533.

Six, D.L. (2013) 'The Bark Beetle holobiont: why microbes matter', *J. Chem. Ecol.* 39, 989–1002.

Sjögren, K., Engdahl, C., Henning, P., Lerner, U.H., Tremaroli, V., Lagerquist, M.K., Bäckhed, F., and Ohlsson, C. (2012) 'The gut microbiota regulates bone mass in mice', *J. Bone Miner. Res. Off. J. Am. Soc. Bone Miner. Res.* 27, 1357–1367.

Slashinski, M.J., McCurdy, S.A., Achenbaum, L.S., Whitney, S.N., and McGuire, A.L. (2012) "Snake-oil,' 'quack medicine,' and 'industrially cultured organisms:' biovalue and the commercialization of human microbiome research', *BMC Med. Ethics* 13, 28.

Slatko, B.E., Taylor, M.J., and Foster, J.M. (2010) 'The *Wolbachia* endosymbiont as an anti-filarial nematode target', *Symbiosis* 51, 55–65.

Smillie, C.S., Smith, M.B., Friedman, J., Cordero, O.X., David, L.A., and Alm, E.J. (2011) 'Ecology drives a global network of gene exchange connecting the human microbiome', *Nature* 480, 241–244.

Smith, C.C., Snowberg, L.K., Gregory Caporaso, J., Knight, R., and Bolnick, D.I. (2015) 'Dietary input of microbes and host genetic variation shape amongpopulation differences in stickleback gut microbiota', *ISME J. 9*, 2515–2526.

Smith, J.E., Shaw, M., Edwards, R.A., Obura, D., Pantos, O., Sala, E., Sandin, S.A., Smriga, S., Hatay, M., and Rohwer, F.L. (2006) 'Indirect effects of algae on coral: algae-mediated, microbe-induced coral mortality', *Ecol. Lett.* 9, 835–845.

Smith, M., Kelly, C., and Alm, E. (2014) 'How to regulate faecal transplants', *Nature* 506, 290–291.

Smith, M.I., Yatsunenko, T., Manary, M.J., Trehan, I., Mkakosya, R., Cheng, J., Kau, A.L., Rich, S.S., Concannon, P., Mychaleckyj, J.C., et al. (2013a) 'Gut microbiomes of Malawian twin pairs discordant for kwashiorkor', *Science* 339, 548–554.

Smith, P.M., Howitt, M.R., Panikov, N., Michaud, M., Gallini, C.A., Bohlooly-Y, M., Glickman, J.N., and Garrett, W.S. (2013b) 'The microbial metabolites, short-chain fatty acids, regulate colonic Treg cell homeostasis', *Science* 341, 569–573.

Smithsonian National Museum of Natural History (2010) Giant Tube Worm: Riftia pachyptila. http://www.mnh.si.edu/onehundredyears/featured-objects/Riftia.html.

Sneed, J.M., Sharp, K.H., Ritchie, K.B., and Paul, V.J. (2014) 'The chemical cue tetrabromopyrrole from a biofilm bacterium induces settlement of multiple Caribbean corals', *Proc. R. Soc. B Biol. Sci.* 281, 20133086.

Sokol, H., Pigneur, B., Watterlot, L., Lakhdari, O., Bermúdez-Humarán, L.G., Gratadoux, J-J., Blugeon, S., Bridonneau, C., Furet, J-P., Corthier, G., et al. (2008) 'Faecalibacterium prausnitzii is an anti-inflammatory commensal bacterium identified by gut microbiota analysis of Crohn disease patients', *Proc. Natl. Acad. Sci.*

Soler, J.J., Martín-Vivaldi, M., Ruiz-Rodríguez, M., Valdivia, E., Martín-Platero, A.M.,

Martínez-Bueno, M., Peralta-Sánchez, J.M., and Méndez, M. (2008) 'Symbiotic association between hoopoes and antibiotic-producing bacteria that live in their uropygial gland', *Funct. Ecol.* 22, 864–871.

Sommer, F. and Bäckhed, F. (2013) 'The gut microbiota — masters of host development and physiology', *Nat. Rev. Microbiol.* 11, 227–238.

Sonnenburg, E.D. and Sonnenburg, J.L. (2014) 'Starving our microbial self: the deleterious consequences of a diet deficient in microbiota-accessible carbohydrates', *Cell Metab.* 20, 779–786.

Sonnenburg, E.D., Smits, S.A., Tikhonov, M., Higginbottom, S.K., Wingreen, N.S., and Sonnenburg, J.L. (2016) 'Diet-induced extinctions in the gut microbiota compound over generations', *Nature* 529, 212–215.

Sonnenburg, J.L., and Fischbach, M.A. (2011) 'Community health care: therapeutic opportunities in the human microbiome', *Sci. Transl. Med.* 3, 78ps12.

Sonnenburg, J. and Sonnenburg, E. (2015) *The Good Gut: Taking Control of Your Weight, Your Mood, and Your Long-Term Health* (New York: The Penguin Press).

Spor, A., Koren, O., and Ley, R. (2011) 'Unravelling the effects of the environment and host genotype on the gut microbiome', *Nat. Rev. Microbiol.* 9, 279–290.

Stahl, D.A., Lane, D.J., Olsen, G.J., and Pace, N.R. (1985) 'Characterization of a Yellowstone hot spring microbial community by 5S rRNA sequences', *Appl. Environ. Microbiol.* 49, 1379–1384.

Stappenbeck, T.S., Hooper, L.V., and Gordon, J.I. (2002) 'Developmental regulation of intestinal angiogenesis by indigenous microbes via Paneth cells', *Proc. Natl. Acad. Sci. U. S. A.* 99, 15451–15455.

Stefka, A.T., Feehley, T., Tripathi, P., Qiu, J., McCoy, K., Mazmanian, S.K., Tjota, M.Y., Seo, G-Y., Cao, S., Theriault, B.R., et al. (2014) 'Commensal bacteria protect against food allergen sensitization', *Proc. Natl. Acad. Sci.* 111, 13145–13150.

Stevens, C.E. and Hume, I.D. (1998) 'Contributions of microbes in vertebrate gastrointestinal tract to production and conservation of nutrients', *Physiol. Rev.* 78,

393–427.

Stewart, F.J. and Cavanaugh, C.M. (2006) 'Symbiosis of thioautotrophic bacteria with Riftia pachyptila', *Prog. Mol. Subcell. Biol.* 41, 197–225.

Stilling, R.M., Dinan, T.G., and Cryan, J.F. (2015) 'The brain's Geppetto – microbes as puppeteers of neural function and behaviour?', *J. Neurovirol.* doi: 10.3389/fcimb.2014.00147.

Stoll, S., Feldhaar, H., Fraunholz, M.J., and Gross, R. (2010) 'Bacteriocyte dynamics during development of a holometabolous insect, the carpenter ant Camponotus floridanus', *BMC Microbiol.* 10, 308.

Strachan, D.P. (1989) 'Hay fever, hygiene, and household size', *BMJ* 299, 1259–1260.

Strachan, D.P. (2015). Re: 'The 'hygiene hypothesis' for allergic disease is a misnomer.' *BMJ* 349, g5267.

Strand, M.R. and Burke, G.R. (2012) 'Polydnaviruses as symbionts and gene delivery systems', *PLoS Pathog.* 8, e1002757.

Subramanian, S., Huq, S., Yatsunenko, T., Haque, R., Mahfuz, M., Alam, M.A., Benezra, A., DeStefano, J., Meier, M.F., Muegge, B.D., et al. (2014) 'Persistent gut microbiota immaturity in malnourished Bangladeshi children', *Nature* 510, 417–421.

Sudo, N., Chida, Y., Aiba, Y., Sonoda, J., Oyama, N., Yu, X-N., Kubo, C., and Koga, Y. (2004) 'Postnatal microbial colonization programs the hypothalamic-pituitary–adrenal system for stress response in mice', *J. Physiol.* 558, 263–275.

Sundset, M.A., Barboza, P.S., Green, T.K., Folkow, L.P., Blix, A.S., and Mathiesen, S.D. (2010) 'Microbial degradation of usnic acid in the reindeer rumen', *Naturwissenschaften* 97, 273–278.

Svoboda, E. (2015) How Soil Microbes Affect the Environment. http://www.quantamagazine.org/20150616-soil-microbes-bacteria-climate-change/.

Tang, W.H.W. and Hazen, S.L. (2014) 'The contributory role of gut microbiota in cardiovascular disease', *J. Clin. Invest.* 124, 4204–4211.

Taylor, M.J. and Hoerauf, A. (1999) '*Wolbachia* bacteria of filarial nematodes', *Parasitol. Today* 15, 437–442.

Taylor, M.J., Makunde, W.H., McGarry, H.F., Turner, J.D., Mand, S., and Hoerauf, A. (2005) 'Macrofilaricidal activity after doxycycline treatment of Wuchereria bancrofti: a double-blind, randomised placebo-controlled trial', *Lancet* 365, 2116–2121.

Taylor, M.J., Hoerauf, A., and Bockarie, M. (2010) 'Lymphatic filariasis and onchocerciasis', *Lancet* 376, 1175–1185.

Taylor, M.J., Voronin, D., Johnston, K.L., and Ford, L. (2013) '*Wolbachia* filarial interactions: *Wolbachia* filarial cellular and molecular interactions', *Cell. Microbiol.* 15, 520–526.

Taylor, M.J., Hoerauf, A., Townson, S., Slatko, B.E., and Ward, S.A. (2014) 'Anti-*Wolbachia* drug discovery and development: safe macrofilaricides for onchocerciasis and lymphatic filariasis', *Parasitology* 141, 119–127.

Teixeira, L., Ferreira, Á., and Ashburner, M. (2008) 'The bacterial symbiont *Wolbachia* induces resistance to RNA viral infections in *Drosophila melanogaster*', *PLoS Biol.* 6, e1000002.

Thacker, R.W. and Freeman, C.J. (2012) 'Sponge–microbe symbioses', in *Advances in Marine Biology* (Philadelphia: Elsevier), pp. 57–111.

Thaiss, C.A., Zeevi, D., Levy, M., Zilberman-Schapira, G., Suez, J., Tengeler, A.C., Abramson, L., Katz, M.N., Korem, T., Zmora, N., et al. (2014) 'Transkingdom control of microbiota diurnal oscillations promotes metabolic homeostasis', *Cell* 159, 514–529.

Theis, K.R., Venkataraman, A., Dycus, J.A., Koonter, K.D., Schmitt-Matzen, E.N., Wagner, A.P., Holekamp, K.E., and Schmidt, T.M. (2013) 'Symbiotic bacteria appear to mediate hyena social odors', *Proc. Natl. Acad. Sci.* 110, 19832–19837.

Thurber, R.L.V., Barott, K.L., Hall, D., Liu, H., Rodriguez-Mueller, B., Desnues, C., Edwards, R.A., Haynes, M., Angly, F.E., Wegley, L., et al. (2008) 'Metagenomic analysis indicates that stressors induce production of herpeslike viruses in the coral Porites compressa', *Proc. Natl. Acad. Sci.* 105, 18413–18418.

Thurber, R.V., Willner-Hall, D., Rodriguez-Mueller, B., Desnues, C., Edwards, R.A., Angly, F., Dinsdale, E., Kelly, L., and Rohwer, F. (2009) 'Metagenomic analysis of stressed coral holobionts', *Environ. Microbiol.* 11, 2148–2163.

Tillisch, K., Labus, J., Kilpatrick, L., Jiang, Z., Stains, J., Ebrat, B., Guyonnet, D., Legrain-Raspaud, S., Trotin, B., Naliboff, B., et al. (2013) 'Consumption of fermented milk product with probiotic modulates brain activity', *Gastroenterology* 144, 1394–1401.e4.

Tito, R.Y., Knights, D., Metcalf, J., Obregon-Tito, A.J., Cleeland, L., Najar, F., Roe, B., Reinhard, K., Sobolik, K., Belknap, S., et al. (2012) 'Insights from "Characterizing Extinct Human Gut Microbiomes"', *PLoS ONE* 7, e51146.

Trasande, L., Blustein, J., Liu, M., Corwin, E., Cox, L.M., and Blaser, M.J. (2013) 'Infant antibiotic exposures and early-life body mass', *Int. J. Obes.* 2005 37, 16–23.

Tung, J., Barreiro, L.B., Burns, M.B., Grenier, J-C., Lynch, J., Grieneisen, L.E., Altmann, J., Alberts, S.C., Blekhman, R., and Archie, E.A. (2015) 'Social networks predict gut microbiome composition in wild baboons', *eLife* 4.

Turnbaugh, P.J., Ley, R.E., Mahowald, M.A., Magrini, V., Mardis, E.R., and Gordon, J.I. (2006) 'An obesity-associated gut microbiome with increased capacity for energy harvest', *Nature* 444, 1027–1131.

Underwood, M.A., Salzman, N.H., Bennett, S.H., Barman, M., Mills, D.A., Marcobal, A., Tancredi, D.J., Bevins, C.L., and Sherman, M.P. (2009) 'A randomized placebo-controlled comparison of 2 prebiotic/probiotic combinations in preterm infants: impact on weight gain, intestinal microbiota, and fecal short-chain fatty acids', J. Pediatr. Gastroenterol. *Nutr.* 48, 216–225.

University of Utah (2012). How Insects Domesticate Bacteria. http://archive.unews.utah.edu/news-releases/how-insects-domesticate-bacteria/.

Vaishnava, S., Behrendt, C.L., Ismail, A.S., Eckmann, L., and Hooper, L.V. (2008)

'Paneth cells directly sense gut commensals and maintain homeostasis at the intestinal host–microbial interface', *Proc. Natl. Acad. Sci.* 105, 20858–20863.

Van Bonn, W., LaPointe, A., Gibbons, S.M., Frazier, A., Hampton-Marcell, J., and Gilbert, J. (2015) 'Aquarium microbiome response to ninety-percent system water change: clues to microbiome management', *Zoo Biol.* 34, 360–367.

Van Leuven, J.T., Meister, R.C., Simon, C., and McCutcheon, J.P. (2014) 'Sympatric speciation in a bacterial endosymbiont results in two genomes with the functionality of one', *Cell* 158, 1270–1280.

Van Nood, E., Vrieze, A., Nieuwdorp, M., Fuentes, S., Zoetendal, E.G., de Vos, W.M., Visser, C.E., Kuijper, E.J., Bartelsman, J.F.W.M., Tijssen, J.G.P., et al. (2013) 'Duodenal infusion of donor feces for recurrent Clostridium difficile', *N. Engl. J. Med.* 368, 407–415.

Verhulst, N.O., Qiu, Y.T., Beijleveld, H., Maliepaard, C., Knights, D., Schulz, S., Berg-Lyons, D., Lauber, C.L., Verduijn, W., Haasnoot, G.W., et al. (2011) 'Composition of human skin microbiota affects attractiveness to malaria mosquitoes', *PLoS ONE* 6, e28991.

Vétizou, M., Pitt, J.M., Daillère, R., Lepage, P., Waldschmitt, N., Flament, C., Rusakiewicz, S., Routy, B., Roberti, M.P., Duong, C.P.M., et al. (2015) 'Anticancer immunotherapy by CTLA-4 blockade relies on the gut microbiota', *Science* 350, 1079–1084.

Vigneron, A., Masson, F., Vallier, A., Balmand, S., Rey, M., Vincent-Monégat, C., Aksoy, E., Aubailly-Giraud, E., Zaidman-Rémy, A., and Heddi, A. (2014) 'Insects recycle endosymbionts when the benefit is over', *Curr. Biol.* 24, 2267–2273.

Voronin, D., Cook, D.A.N., Steven, A., and Taylor, M.J. (2012) 'Autophagy regulates *Wolbachia* populations across diverse symbiotic associations', *Proc. Natl. Acad. Sci.* 109, E1638–E1646.

Vrieze, A., Van Nood, E., Holleman, F., Salojärvi, J., Kootte, R.S., Bartelsman, J.F.W.M., Dallinga-Thie, G.M., Ackermans, M.T., Serlie, M.J., Oozeer, R., et al.

(2012) 'Transfer of intestinal microbiota from lean donors increases insulin sensitivity in individuals with metabolic syndrome', *Gastroenterology* 143, 913–916.e7.

Wada-Katsumata, A., Zurek, L., Nalyanya, G., Roelofs, W.L., Zhang, A., and Schal, C. (2015) 'Gut bacteria mediate aggregation in the German cockroach', *Proc. Natl. Acad. Sci doi*: 10.1073/pnas.1504031112.

Wahl, M., Goecke, F., Labes, A., Dobretsov, S., and Weinberger, F. (2012) 'The second skin: ecological role of epibiotic biofilms on marine organisms', Front. *Microbiol.* 3 doi: 10.3389/fmicb.2012.00292.

Walke, J.B., Becker, M.H., Loftus, S.C., House, L.L., Cormier, G., Jensen, R.V., and Belden, L.K. (2014) 'Amphibian skin may select for rare environmental microbes', *ISME J.* 8, 2207–2217.

Walker, T., Johnson, P.H., Moreira, L.A., Iturbe-Ormaetxe, I., Frentiu, F.D., McMeniman, C.J., Leong, Y.S., Dong, Y., Axford, J., Kriesner, P., et al. (2011) 'The wMel *Wolbachia* strain blocks dengue and invades caged Aedes aegypti populations', *Nature* 476, 450–453.

Wallace, A.R. (1855) 'On the law which has regulated the introduction of new species', *Ann. Mag. Nat. Hist.* 16, 184–196.

Wallin, I.E. (1927) *Symbionticism and the Origin of Species* (Baltimore: Williams & Wilkins Co.).

Walter, J. and Ley, R. (2011) 'The human gut microbiome: ecology and recent evolutionary changes', *Annu. Rev. Microbiol.* 65, 411–429.

Walters, W.A., Xu, Z., and Knight, R. (2014) 'Meta-analyses of human gut microbes associated with obesity and IBD', *FEBS Lett.* 588, 4223–4233.

Wang, Z., Roberts, A.B., Buffa, J.A., Levison, B.S., Zhu, W., Org, E., Gu, X., Huang, Y., Zamanian-Daryoush, M., Culley, M.K., et al. (2015) 'Non-lethal inhibition of gut microbial trimethylamine production for the treatment of atherosclerosis. *Cell* 163, 1585–1595.

Ward, R.E., Ninonuevo, M., Mills, D.A., Lebrilla, C.B., and German, J.B. (2006) 'In vitro fermentation of breast milk oligosaccharides by Bifidobacterium infantis and Lactobacillus gasseri', *Appl. Environ. Microbiol.* 72, 4497–4499.

Weeks, P. (2000) 'Red-billed oxpeckers: vampires or tickbirds?', *Behav. Ecol.* 11, 154–160.

Wells, H.G., Huxley, J., and Wells, G.P. (1930) *The Science of Life* (London: Cassell).

Wernegreen, J.J. (2004) 'Endosymbiosis: lessons in conflict resolution', *PLoS Biol.* 2, e68.

Wernegreen, J.J. (2012) 'Mutualism meltdown in insects: bacteria constrain thermal adaptation', *Curr. Opin. Microbiol.* 15, 255–262.

Wernegreen, J.J., Kauppinen, S.N., Brady, S.G., and Ward, P.S. (2009) 'One nutritional symbiosis begat another: phylogenetic evidence that the ant tribe *Camponotini* acquired *Blochmannia* by tending sap-feeding insects', *BMC Evol. Biol.* 9, 292.

Werren, J.H., Baldo, L., and Clark, M.E. (2008) '*Wolbachia*: master manipulators of invertebrate biology', *Nat. Rev. Microbiol.* 6, 741–751.

West, S.A., Fisher, R.M., Gardner, A., and Kiers, E.T. (2015) 'Major evolutionary transitions in individuality', *Proc. Natl. Acad. Sci. U. S. A.* 112, 10112–10119.

Westwood, J., Burnett, M., Spratt, D., Ball, M., Wilson, D.J., Wellsteed, S., Cleary, D., Green, A., Hutley, E., Cichowska, A., et al. (2014). The Hospital Microbiome Project: meeting report for the UK science and innovation network UK–USA workshop 'Beating the superbugs: hospital microbiome studies for tackling antimicrobial resistance', 14 October 2013. Stand. *Genomic Sci.* 9, 12.

The Wilde Lecture (1901) 'The Wilde Medal and Lecture of the Manchester Literary and Philosophical Society.' *Br. Med. J.* 1, 1027–1028.

Willingham, E. (2012). Autism, immunity, inflammation, and the *New York Times*. http://www.emilywillinghamphd.com/2012/08/autism-immunity-inflammation-and-new.html.

Wilson, A.C.C., Ashton, P.D., Calevro, F., Charles, H., Colella, S., Febvay, G., Jander,

G., Kushlan, P.F., Macdonald, S.J., Schwartz, J.F., et al. (2010) 'Genomic insight into the amino acid relations of the pea aphid, Acyrthosiphon pisum, with its symbiotic bacterium Buchnera aphidicola', Insect *Mol. Biol.* 19 Suppl. 2, 249–258.

Wlodarska, M., Kostic, A.D., and Xavier, R.J. (2015) 'An integrative view of microbiome-host interactions in inflammatory bowel diseases', *Cell Host Microbe* 17, 577–591.

Woese, C.R. and Fox, G.E. (1977) 'Phylogenetic structure of the prokaryotic domain: the primary kingdoms', *Proc. Natl. Acad. Sci. U. S. A.* 74, 5088–5090.

Woodhams, D.C., Vredenburg, V.T., Simon, M-A., Billheimer, D., Shakhtour, B., Shyr, Y., Briggs, C.J., Rollins-Smith, L.A., and Harris, R.N. (2007) 'Symbiotic bacteria contribute to innate immune defenses of the threatened mountain yellow-legged frog, Rana muscosa', *Biol. Conserv.* 138, 390–398.

Woodhams, D.C., Brandt, H., Baumgartner, S., Kielgast, J., Küpfer, E., Tobler, U., Davis, L.R., Schmidt, B.R., Bel, C., Hodel, S., et al. (2014) 'Interacting symbionts and immunity in the amphibian skin mucosome predict disease risk and probiotic effectiveness', *PLoS ONE* 9, e96375.

Wu, H., Tremaroli, V., and Bäckhed, F. (2015) 'Linking microbiota to human diseases: a systems biology perspective', Trends Endocrinol. *Metab.* 26, 758–770.

Wybouw, N., Dermauw, W., Tirry, L., Stevens, C., Grbić, M., Feyereisen, R., and Van Leeuwen, T. (2014) 'A gene horizontally transferred from bacteria protects arthropods from host plant cyanide poisoning', *eLife* 3.

Yatsunenko, T., Rey, F.E., Manary, M.J., Trehan, I., Dominguez-Bello, M.G., Contreras, M., Magris, M., Hidalgo, G., Baldassano, R.N., Anokhin, A.P., et al. (2012) 'Human gut microbiome viewed across age and geography', *Nature* 486 (7402), 222–227.

Yong, E. (2014a) The Unique Merger That Made You (and Ewe, and Yew). http://nautil.us/issue/10/mergers-acquisitions/the-unique-merger-that-made-youand-ewe-and-yew.

Yong, E. (2014b) Zombie roaches and other parasite tales. https://www.ted.com/talks/ed_yong_suicidal_wasps_zombie_roaches_and_other_tales_of_parasites?language=en.

Yong, E. (2014c) 'There is no 'healthy' microbiome', *N. Y. Times*.

Yong, E. (2015a) 'A visit to Amsterdam's Microbe Museum', *New Yorker*.

Yong, E. (2015b) 'Microbiology: here's looking at you, squid', *Nature* 517, 262–264.

Yong, E. (2015c) 'Bugs on patrol', *New Sci.* 226, 40–43.

Yoshida, N., Oeda, K., Watanabe, E., Mikami, T., Fukita, Y., Nishimura, K., Komai, K., and Matsuda, K. (2001) 'Protein function: chaperonin turned insect toxin', *Nature* 411, 44–44.

Youngster, I., Russell, G.H., Pindar, C., Ziv-Baran, T., Sauk, J., and Hohmann, E.L. (2014) 'Oral, capsulized, frozen fecal microbiota transplantation for relapsing *Clostridium difficile* infection', *JAMA* 312, 1772.

Zhang, F., Luo, W., Shi, Y., Fan, Z., and Ji, G. (2012) 'Should we standardize the 1,700-year-old fecal microbiota transplantation?', *Am. J. Gastroenterol.* 107, 1755–1755.

Zhang, Q., Raoof, M., Chen, Y., Sumi, Y., Sursal, T., Junger, W., Brohi, K., Itagaki, K., and Hauser, C.J. (2010) 'Circulating mitochondrial DAMPs cause inflammatory responses to injury', *Nature* 464, 104–107.

Zhao, L. (2013) 'The gut microbiota and obesity: from correlation to causality', *Nat. Rev. Microbiol.* 11, 639–647.

Zilber-Rosenberg, I. and Rosenberg, E. (2008) 'Role of microorganisms in the evolution of animals and plants: the hologenome theory of evolution', *FEMS Microbiol. Rev.* 32, 723–735.

Zimmer, C. (2008) *Microcosm: E-coli and The New Science of Life* (London: William Heinemann).

Zug, R. and Hammerstein, P. (2012) 'Still a host of hosts for *Wolbachia*: analysis of recent data suggests that 40% of terrestrial arthropod species are infected', *PLoS ONE* 7, e38544.

译后记

在亚特兰大卡特中心博物馆的演讲厅外，我第一次见到了埃德·扬本人。瘦瘦高高、精神十足的他，和照片中的形象几乎没有差别，而且也如我想象中的印象，他说话的时候带着抑扬顿挫的兴奋劲儿，时不时地抖点小机灵。他说，这是他第一次见到自己作品的译者。在他满世界飞的繁忙行程中，我有幸和他站在喧闹的大厅角落，简短地聊了几句。

于我而言，这次相遇几乎算是机缘巧合的偶遇。他作为科学节一次演讲活动的嘉宾来到了亚特兰大，而我则通过一个在埃默里大学攻读博士的微博网友无意中提起的一句话，知道了她实验室的导师是这次活动的组织者。此时，距离我第一次读到《我包罗万象》的终校原本，已经过去了整整两年半。

这两年半以来，我亲眼见证了本书原版在英语世界的宣传、出版、畅销、获奖，也亲身体会着语言的壁垒、翻译的折磨，乃至出版流程中所涉事务之多。在此期间，我经历了工作上的挣扎与摸索，出国、回国，并再次出国攻读博士，对于写作和研究都有了全新的认识；但听埃德在演讲台上讲述微生物世界的丰富与神奇，依然如同我第一次翻开这本书时的感受，唯有惊叹连连。

这是一本关于微生物的书，但绝非仅仅是一本“讲”微生物的书。它与其说是“科普”，不如说是一场旅行记录，把人带到一个从未踏足的世界。“写这本书最大的挑战是，你要让读者感兴趣。”埃德告诉我，“为什么是微生物？很多人可能对微生物并不感冒，可能还会认为微生物等于可怕的病菌。所以，要写微生物，就必须建立读者和微生物之间的联系。这个故事从动物园开始——这是许多人儿时的回忆。”

“但我要带读者从一个完全不同的视角观看。原来从微生物的角度看那些熟悉的东西，是另外一个世界。”埃德解释道。

转换视角，是这本书带来的最大启发。原来，从微生物的角度看，我们的世界竟然以如此奇妙的形式展开：母乳中的糖分子喂养的是婴儿肠道里的菌群，胖瘦也由肠道里的菌群影响，失衡的菌群就如同崩溃的生态，都会带来糟糕的炎症。而埃德坦承，他自己最喜欢的是微生物塑造的自然史：与细菌共生而能发光的乌贼，因为微生物而能在切断后重生的蠕虫，以及世界上最成功的微生物——定植了超过1/3的昆虫的沃尔巴克氏体。

所有的一切都如此令人着迷。而更令同样作为科学作者的我惊叹的是，原来科学的故事可以这么精彩。埃德的文字和演讲仿佛有种与生俱来的故事感，能够流畅又生动地把自己所热爱的事物表达出来；在此之上，他又能与读者建立联系，让读者知道“这很重要”。“如果一项研究能够让你‘喔’地惊叹，那么很有可能你的读者也会这么想。”这种敏锐，源于他13年来的经验以及训练。“这大概是我唯一擅长的事。”埃德笑言。

这可真不是一件容易的事。对于大部分科研工作者而言，科学存在于细致的实验和严谨的推论之中，充满了定义、限制条件与技术细节。而这本讲述微生物最前沿研究的书，却连一张表格都没有。这之中的转换与诠释的难度，不亚于我把它从英文翻译为中文。在埃德看来，丰富的故事与情感是一切的关键——科学之所以能够打动人，除了它的严谨与有用，还有面对未知的兴奋和好奇，不断探索求真的执着，探索路程上的茅塞顿开。这本书里有科学，更有科学家们上山、下地、出海的身影，你闻得到医院的消毒水，感受得到咸味的海风扑面，听得到实验室里的喧闹。借着他灵动且充满热情的语言（这种灵动对于一个译者来说是最困难的部分），这些重要的、惊人的、耐人寻味的发现被他一一道来。像其他任何故事一样，科学的故事有角色，有惊喜，有一波三折；而不仅仅是人，动物也可以成为主角。“如果写作者足够出色，一个基因，一颗星星都能成为主角。”

然而，这也不是一本告诉你科学有多么伟大的书。许多微生物相关的前沿研究固然令人兴奋，随之而来的是更多的未知与追问。人们还不清楚怎么用微生物治病，甚至对微生物本身都知之甚少——我们才刚刚看到冰山的一角而已。然而这种未知、不确定，乃至研究中的挫折与徘徊，都是科学必不可少的一部分。“事情远比我们想象的更复杂。不过好在，我们的读者也喜欢这样的故事。”埃德说。

埃德花了一年半的时间写这本书，其中有半年像一个研究生一般翻遍了这个领域前沿的论文，理解前沿领域的话题，寻找值得采访的对象。他亲自去了世界各地的10处实验室，通过面对面和电话采访的方式与100多名科学家对话（有的并没有出现在书里，这太正常了），然后花了10个月时间，把这些东西细细地串起来。这本书融合了科普的平易言语、非虚构的扎实调查，以及作为创作者的文字艺术，但也告诉我们，优质的科学写作背后一定是扎实的耕耘。

至于翻译，我只能说水平有限，我已尽力。确认物种译名，绞尽脑汁幽默地表达一个梗，或者反复揣摩一个长句子让它能够看起来自然一些，这些都是作为译者的自我修养。我也翻了不少论文——许多微生物尚无中文译名，为了确定新物种名字的来源，必须找到命名者的论文予以查证。我在大英自然历史博物馆的指导、意大利昆虫学家阿尔贝托·齐利（Alberto Zilli）给了我很多拉丁文方面的帮助。同样的，我的好朋友（同时也是国内最好的科学写作者和译者之一的）张博然（Ent）也给了我不少建议——很多精彩的东西没法一个人独享。更要感谢的是这本书的编辑费艳夏，在我最困难、最挣扎的时候为我延长了死线，给了我许多文风和言辞上的指正，以及落实各类校对和沟通事宜。

作为作者，在被稿件折磨的时候，在面对惨淡的生活和事业的时候，甚至在微博上与反科学人士争论的时候，往往会怀疑自己存在的价值。但作为译者，我往往能在精读佳作的时候，重拾科学写作的初心——写出真正精彩的故事。科学不是供奉在象牙塔里的东西，它存在于我们的身边，影响着我们的生活，陪伴着人类的文明。而正是因为有了这样精妙、优秀的作品，我们才得以了解科学如此丰富的面貌，更多人会获得继续去探索、去奉献、去讲述、去书写的激励。

对于读者朋友来说，只要简单地享受这个旅程，就是对作者（和译者）最大的鼓励。如果你喜欢他，不妨去推特上告诉他（@edyong209），也欢迎来微博告诉我（@李子李子短信）。

郑李（李子）

2019年3月于佐治亚理工大学

出版后记

埃德·扬有一只以他的姓（Yong）命名的查岛鸲鹟，因为他曾经在《美国国家地理》的“现象”（*Phenomena*）栏目下开设“并不复杂的科学”（Not Exactly Rocket Science）博客，专门写过一篇讲述保育查岛鸲鹟的文章（*In Saving A Species, You Might Accidentally Doom It*）。研究人员发现，查岛鸲鹟的雌鸟有把卵产在鸟巢边缘的行为，所以先不论孵化的成功概率，仅就保证处在边缘的卵不下坠摔碎，就已经困难重重。因此，保育人员人为地把这些卵拾回鸟巢中心，保障顺利孵化。而正是这一“好心”的举动，却在不经意间使得本会经由自然选择淘汰的“边缘产卵”行为一直延续到后代。1984年到1989年间，查岛鸲鹟群体中具有边缘产卵行为的雌性比例从大约20%上升至超过50%。而保育的最终目的并不是暂时性地拯救一种物种，而是希望帮助野生种群可以恢复到不需要人工帮助也能稳定生存的数量状况。但是，边缘产卵行为只会使得对查岛鸲鹟的保育越来越依赖人工的介入。而人工不仅耗费昂贵，还会使得查岛鸲鹟在野外产卵时面临越来越高的失败风险。因此，当野生种群恢复到足够数量后，研究人员决定撤出人为介入，把对边缘产卵行为的选择重新交回给自然。埃德·扬于2014年报道了这一研究，当他于2018年为一项与查岛鸲鹟不相关的新研究再次联系梅勒妮·马萨罗（Melanie Massaro）时，他从这位曾经研究查岛鸲鹟的研究者那里得知：一只编号为81369的查岛鸲鹟被赋予了“扬”这个名字。

埃德本人得知这一消息后，非常激动地在社交网站上分享了这一趣闻，而他作为科学写作者与科学家保持的良性互动和密切联系，也在这一趣例中得到了生动的展现。不仅如此，埃德·扬作为新一代科学写作者中的佼佼者，其化繁为简、深入浅出的普及能力，也与此保持一致。在《我包罗万象》中，我们同样可以看到作者深度走访了一个又一个怀揣着旺盛好奇心的科学家，而作者本人丰富且扎实的采写经历，以及对相关研究的持续跟踪与多次更新，令一直追随他至今的读者都很难相信:《我包罗万象》才是他的第一部图书作品。

从美国圣迭戈动物园的穿山甲启程，到黄石公园章鱼泉中的粉红色游丝；从17世纪荷兰代尔夫特市的制镜匠列文虎克，到20世纪为长寿的保加利亚农民所深深吸引的俄国科学家埃利·梅奇尼科夫；从亚里士多德关于罗德斯岛牡蛎生长史的记述，再到现今饱受小小华美盘管虫困扰的珍珠港海军基地——读者一定不难像埃德·扬一样，历览一个个关于微生物的精彩例子后选出自己最中意的微小生物（埃德·扬最喜欢的微生物是什么？您找到了吗？），也一定不难对其中的某位或多位精力充沛、探索无止境的研究者印象深刻——是关系如夏威夷短尾乌贼和费氏弧菌的麦克福尔-恩盖和内德·鲁比夫妇，还是痴迷于肠道微生物、作者采访了6年才最终回复邮件、以“教授”称呼每个学生的杰夫·戈登？在这部信息量浓度极高的科普作品中，读者不止会惊叹于微生物与各种动物之间的微妙关系，更可以尝试通过这其中涉及的详尽细节，拼贴出人类对微生物认知——从不可见又不可知，到敌人到亦敌亦友，再到主动与微生物“洽谈”合作——的起伏变化，而这不单单关乎人类对自然的单向理解，还有在此理解基础上开发出的新型实用类生存手段。

至此，书名中的“包罗万象”已不止局限于重新认识人类自身的生态处境，书中所涵盖的动物物种、所采写的研究人员与相关项目——从人到动物再到更微小的微生物，再反方向掉过头来，都无不在通过广博的微观视角重新解读自然万物的相处与互动——而这都不单单关乎人类而已。如果巴巴可以读懂人类的文字，那么它下次再以动物园大使的身份前往福利院或儿童医院时，也许可以用自己的语言告诉人类：我也包罗万象。

服务热线：133-6631-2326　188-1142-1266

读者信箱：reader@hinabook.com

后浪出版公司

2019年4月

图书在版编目（CIP）数据

我包罗万象 / (英) 埃德·扬著；郑李译. -- 北京：
北京联合出版公司, 2019.4（2020.5重印）

书名原文: I Contain Multitudes

ISBN 978-7-5596-2921-0

Ⅰ. ①我… Ⅱ. ①埃… ②郑… Ⅲ. ①微生物—普及读物 Ⅳ. ①Q939-49

中国版本图书馆CIP数据核字(2019)第036791号

我包罗万象

著　　者：［英］埃德·扬　　译　　者：郑　李
选题策划：后浪出版公司　　出版统筹：吴兴元
特约编辑：费艳夏　　责任编辑：宋延涛
营销推广：ONEBOOK　　装帧制造：墨白空间·曾艺豪

北京联合出版公司出版
（北京市西城区德外大街 83 号楼 9 层 100088）
北京盛通印刷股份有限公司印刷　新华书店经销
字数 316 千字　655 毫米 × 1000 毫米　1/16　22 印张　插页 16
2019 年 7 月第 1 版　2020 年 5 月第 3 次印刷
ISBN 978-7-5596-2921-0
定价：88.00 元

后浪出版咨询(北京)有限责任公司常年法律顾问：北京大成律师事务所　周天晖 copyright@hinabook.com